"十二五"职业教育国家规划教材

经全国职业教育教材审定委员会审定

发酵制药技术

巩 健 主编

化学工业出版社

·北京·

本书以发酵制药生产人员的职业岗位需求为导向，以发酵生产工艺流程为主线，阐述了各生产工艺环节的基本原理、重要设备和基本操作技术，突出实践性和实用性。其主要内容包括微生物发酵过程的菌种选育、培养基制备、灭菌、种子扩大培养、发酵设备、发酵过程控制、发酵液处理和安全生产，细胞工程及基因工程等现代生物制药技术，典型发酵药物生产案例等。

　　本书适用于应用型、技能型人才培养，可以作为生物制药、生物技术、发酵工程及相关专业的教学用书，也可以作为从事生物制药、发酵、生物技术等工作人员的参考书使用。

图书在版编目（CIP）数据

发酵制药技术/巩健主编. —北京：化学工业出版社，2015.1
"十二五"职业教育国家规划教材
ISBN 978-7-122-22351-7

Ⅰ.①发… Ⅱ.①巩… Ⅲ.①微生物-发酵-应用-制药工业-教材 Ⅳ.①TQ460.38

中国版本图书馆 CIP 数据核字（2014）第 269940 号

责任编辑：于　卉	文字编辑：张春娥
责任校对：宋　玮	装帧设计：关　飞

出版发行：化学工业出版社（北京市东城区青年湖南街 13 号　邮政编码 100011）
印　　装：三河市万龙印装有限公司
787mm×1092mm　1/16　印张 14　字数 371 千字　　2015 年 9 月北京第 1 版第 1 次印刷

购书咨询：010-64518888（传真：010-64519686）　售后服务：010-64518899
网　址：http://www.cip.com.cn
凡购买本书，如有缺损质量问题，本社销售中心负责调换。

前　言

生物制药业作为我国生物产业之首，是医药工业发展的重点，也是"十二五"发展的战略重点领域，其增长速度逐年加快，需要大量一线高素质技术技能人才。生物工程包括基因工程、细胞工程制药、酶工程、蛋白质工程和发酵工程，其中发酵工程是生物工程技术的核心，也是其他现代生物工程的技术基础。发酵制药技术是高职高专生物技术类专业的必修核心课程，本教材在编写过程中突出高职教育的特点，根据发酵制药职业岗位群对技术操作人员知识和能力的要求，以理论满足实践需要为度，突出技术的实践性和实用性。

教材内容的设计以产品生产流程为主线，系统介绍了发酵制药生产各环节的基本原理、操作技术和重要设备，同时也反映了现代生物技术制药的新工艺和新技术。为了便于学习，每个单元都列出了知识目标和能力目标要求。

本书内容分三篇，第一篇微生物发酵制药，是按照产品的生产流程为主线，将各生产环节需要的知识原理和技术技能融于一体，基于工作过程展开；第二篇现代生物技术制药，是适应现代生物制药行业的发展，介绍了动植物细胞的大规模培养技术和基因工程制药技术等现代生物工程制药技术；第三篇发酵制药生产案例，列举了细菌、放线菌、霉菌为生产菌的微生物发酵典型产品生产案例，以及基因工程制药的案例，兼顾了经典的发酵制药技术和现代生物技术制药，有利于对产品生产和工作过程有一个完整的认识，有利于与生产实际相结合的学习，同时开发了发酵设备虚拟仿真软件和青霉素虚拟工厂，以帮助学习者建立实际操作经验。每个单元后面都提供了拓展学习资料，全书贯穿职业素质培养的理念。

本书由淄博职业学院巩健主编，编写了绪论、第一篇概述、第十单元、第十一单元，淄博职业学院白靖琨编写第三单元、第八单元和第三篇，苏艳编写第五单元、第九单元，宋健编写第六单元、第七单元，滨州职业学院王淑欣编写第二单元、第五单元，山东大学生命科学院陈琦编写第一单元、第四单元，山东金城生物药业股份有限公司杨修亮参与编写指导。

本书是国家精品资源共享课程发酵制药的配套教材，网址：http://www.icourses.cn。

编写基于生产流程的理论与实践、工艺与设备结合的教材是尝试，一定存在着不足之处，欢迎各位专家和使用本教材的教师、学生、读者提供批评和建议以及具体修改意见。

编　者
2015.6

目　录

绪论 ··· 1
　　一、生物制药的概念和研究内容 ··· 1
　　二、生物药物的性质 ·· 1
　　三、生物药物的分类 ·· 2
　　四、生物医药产业现状和展望 ··· 5
　　拓展学习 ·· 6

第一篇　微生物发酵制药

概述 ··· 8
　　一、微生物发酵制药的类型 ·· 8
　　二、生物反应器 ··· 9
　　三、微生物发酵制药的特点 ·· 9
　　四、微生物发酵制药研发 ··· 11
　　拓展学习 ·· 11

第一单元　发酵制药菌种选育 ·· 12
　　任务一　发酵制药生产菌种 ·· 12
　　任务二　生产用菌种的选育 ·· 14
　　任务三　实训　应用紫外线诱变筛选耐高糖的谷氨酸高产菌株 ····· 20
　　拓展学习 ·· 22
　　思考与测试 ··· 23

第二单元　工业发酵培养基 ·· 25
　　任务一　工业发酵培养基的成分 ··· 25
　　任务二　工业发酵培养基的类型和设计 ································· 30
　　任务三　淀粉水解糖的制备 ·· 37
　　任务四　实训　玉米淀粉液化及糖化 ··································· 44
　　拓展学习 ·· 46
　　思考与测试 ··· 47

第三单元　灭菌 ··· 49
　　任务一　灭菌的方法 ·· 49
　　任务二　培养基和发酵设备的湿热灭菌 ································· 53
　　任务三　空气除菌 ··· 58
　　任务四　无菌检测及发酵废气废物的安全处理 ······················ 66
　　拓展学习 ·· 67

思考与测试 ·· 67

第四单元　微生物代谢产物的生物合成与调节 ······························ 69

　　任务一　微生物初级代谢产物的生物合成与调节 ····················· 69

　　任务二　微生物次级代谢产物的生物合成与调节 ····················· 80

　　拓展学习 ·· 84

　　思考与测试 ·· 85

第五单元　种子扩大培养 ·· 86

　　任务一　种子扩大培养的目的和任务 ··································· 86

　　任务二　工业微生物的培养类型 ··· 86

　　任务三　种子制备 ··· 88

　　任务四　影响种子质量的主要因素 ······································ 90

　　任务五　实训　酵母的摇瓶实验 ··· 92

　　拓展学习 ·· 93

　　思考与测试 ·· 94

第六单元　发酵罐及附属设备 ·· 96

　　任务一　需氧发酵罐 ··· 96

　　任务二　嫌气发酵罐 ··· 104

　　任务三　实训　发酵罐的使用与维护 ································· 106

　　拓展学习 ·· 111

　　思考与测试 ·· 112

第七单元　发酵生产过程控制 ·· 114

　　任务一　溶解氧 ··· 116

　　任务二　温度控制 ·· 119

　　任务三　pH 值的控制 ··· 122

　　任务四　泡沫的控制 ··· 124

　　任务五　补料的控制 ··· 126

　　任务六　二氧化碳 ·· 128

　　任务七　染菌的控制 ··· 130

　　任务八　发酵过程参数监测的研究概况 ····························· 146

　　拓展学习 ·· 150

　　思考与测试 ·· 151

第八单元　发酵产物的提取与精制 ·· 152

　　任务一　发酵液的预处理和固液分离 ································· 153

　　任务二　微生物细胞的破碎 ·· 153

　　任务三　发酵产物的提取 ··· 155

　　任务四　发酵产物的精制 ··· 157

　　任务五　选择纯化方法的依据 ·· 158

　　拓展学习 ·· 159

　　思考与测试 ·· 160

第九单元　安全生产与环境保护 ··· 161

　　任务一　安全生产 ·· 161

　　任务二　环境保护 ·· 163

　　拓展学习 ··· 170

　　思考与测试 ··· 171

第二篇　现代生物技术制药

第十单元　动植物细胞的培养 ··· 173

　　任务一　动物细胞的大规模培养 ·· 173

　　任务二　植物细胞的大规模培养 ·· 185

　　拓展学习 ··· 191

　　思考与测试 ··· 192

第十一单元　基因工程制药 ··· 193

　　任务一　基因工程的概念和基因工程制药的发展历程 ······· 193

　　任务二　基因工程制药技术 ·· 196

　　拓展学习 ··· 199

　　思考与测试 ··· 200

第三篇　发酵制药生产案例

　　案例一　青霉素 ·· 201

　　案例二　维生素 C ··· 205

　　案例三　干扰素 ·· 210

　　案例四　氢化可的松 ·· 214

参考文献 ·· 216

绪　论

　　医药产业是国民经济的重要组成部分，与人民群众的生命健康和生活质量等切身利益密切相关。近年来，我国国民经济较快增长，庞大的人口基数及老龄化以及人民生活水平的提高、健康意识的增强等需求合力拉动着中国生物医药产业快速发展。全球医药市场的发展重心也正在逐步从小分子化学药转向大分子生物药，生物药在全球医药市场的比重从 2006 年的 13％攀升至 2010 年的 17％。作为七大战略性新兴产业之一，我国生物医药产业的发展前景颇受关注。与其他医药子行业相比，生物医药在应用前景、政策扶持等方面都将处于领先地位。

　　发酵技术是利用生物机体、组织、细胞或其所产生的酶来生产生物技术产品、生物药物的一门融现代科学与工程为一体的科学技术，已广泛用于医药、农业、轻工业、食品、环保等领域。而结合基因工程、细胞工程、酶工程等的现代发酵技术在生物制药领域的应用是最有前途和最富有发展潜力的。

一、生物制药的概念和研究内容

　　生物药物是指运用生物学、医学、生物化学等的研究成果，综合利用物理学、化学、生物化学、生物技术和药学等学科的原理和方法，利用生物体、生物组织、细胞、体液等制造的一类用于预防、治疗和诊断的生物制品。生物药物（包括生物技术药物和原生物药物），是指包括生物制品在内的生物体的初级和次级代谢产物或生物体的某一组成部分，甚至整个生物体用作诊断和治疗的医药品。

　　正常机体之所以能保持健康状态、具有抵御和自我战胜疾病的能力，正是由于生物体内部不断产生各种与生物体代谢紧密相关的调控物质，如蛋白质、酶、核酸、激素、抗体、细胞因子等，通过它们的调节作用使生物体维持正常的机能。根据这一特点，可以用不同的方法利用生物体得到这些物质作为药物。

　　生物制药既有着悠久的历史，又包含现代科学技术的应用科学领域，具有非常丰富的内容。从总体上看，一切由生物材料为原料或用生物学方法制造的药物都属于生物药物。因此，广义上的生物药物应包括由微生物发酵产生的微生物药物，由动植物组织提取和加工得到的生化药物，由微生物免疫技术生产的疫苗与抗体，由基因工程菌产生的基因工程药物，由微生物细胞或生物酶进行生物转化而得到的生物转化药物，以及由动植物组织细胞培养后制得的药物等。传统的中药、草药从本质上也属于生物药物，但由于其发展历史悠久，已成为独立的中药制药体系，一般不将其纳入生物药物的范围。

二、生物药物的性质

（一）生物药物药理学特性

1. 治疗的针对性强、疗效高

疾病之所以会发生，就是由于受到内外环境的影响，机体内的酶、激素、核酸、蛋白质等生物活性物质发生功能障碍，导致新陈代谢失常。正常的机体之所以能够战胜疾病，就在于生物体内部具有调节控制恢复这些活性物质的作用。如果不能够恢复，也就意味着你得了病。那么，应用与机体内活性物质相类似的生物药物来治疗针对性强、疗效高。如细胞色素c用于治疗组织缺氧所引起的一系列疾病，注射用的纯 ATP 可以直接供给机体能量。

2. 营养价值高、毒副作用小

氨基酸、蛋白质、核酸都是人体内维持正常代谢的原料，因此这些生物药物进入人体内不会引起什么毒副作用，它们能参与到人体正常的代谢过程中。

3. 免疫性副作用常有发生

生物体之间的种属差异或同种生物体之间的个体差异都很大。生物药物不同于化学药物，它们的分子量往往很大。一旦大分子物质进入体内，人体的免疫系统将会识别这些大分子物质，认为它们是外来物质，而导致一系列的免疫反应及过敏反应，这是人体正常的一种防御机能。

（二）生产、制备中的特殊性

1. 原料中的有效物质含量低

如生物材料中激素、酶的含量极低，而杂质的含量相对较高。

2. 稳定性差

生物药物的分子结构中具有特定的活性部位，该部位有严格的空间结构，一旦结构破坏，生物活性也就随着消失。所以，生物药物对酸、碱、重金属、pH、热等各种理化因素的变化往往比较敏感。另外，生产过程中的机械搅拌、金属器械、空气、日光等因素对生物活性都会产生影响。

3. 易腐败

生产生物药物的原料及产品通常营养价值高，易染菌、腐败，被微生物分解或者被自身的代谢酶分解，原料的保存加工、生产过程中应确保低温、无菌。

4. 剂型要求

生物药物容易被肠道中的酶所分解，所以多采用注射给药。注射药的均一性、安全性、稳定性、有效性等比口服药要求更严格。生物药物的理化性质、检验方法、剂型、剂量、处方、储存方式等也有特殊要求。

（三）检验上的特殊性

由于生物药物具有生理功能，因此生物药物不仅要有理化检验指标，更要有生物活性检验和生理毒性检验等。

三、生物药物的分类

为研究方便，生物药物可依据不同的标准进行分类。

（一）按生物药物的化学本质和特性分类

这种分类有利于比较一类药物的结构与功能的关系、分离制备方法的特点和检验方法。

1. 氨基酸及其衍生物类药物

氨基酸药物分天然氨基酸和氨基酸混合物及衍生物。氨基酸类药物的生产主要有天然原料的直接提取、化学合成和微生物发酵，其中主要是微生物发酵法生产。如蛋氨酸可防治肝炎、肝坏死和脂肪肝；谷氨酸可用于防治肝昏迷、神经衰弱和癫痫。

2. 多肽和蛋白质类药物

多肽和蛋白质类药物的化学本质相同，各种多肽和蛋白质性质相似，但相对分子质量和生物功能差异较大。这类药物又可以分为多肽、蛋白类激素、细胞因子等三类。如蛋白质类药物：血清白蛋白、丙种球蛋白、胰岛素；多肽类药物：催产素、胰高血糖素；神经生长因子（NGF）、表皮生长因了（EGF）。

3. 酶和辅酶类药物

绝大多数酶都属于蛋白质。酶类药物已经广泛用于疾病的诊断和治疗，按功能不同分为：促消化酶类，如胃蛋白酶、胰酶、麦芽淀粉酶；消炎酶，如溶菌酶、胰蛋白酶；心血管疾病治疗酶等。辅酶类药物在酶促反应中有传递氢、电子和基团的作用，如辅酶Ⅰ（NAD）、辅酶Ⅱ（NADP）、黄素单核苷酸（FMN）等药物已广泛用于肝病和冠心病的治疗。

4. 核酸及其降解物和衍生物类药物

核酸类药物可分为两类。一类是具有天然结构的核酸类物质，如：ATP、GTP、CTP、UTP、IMP、CoA、CoⅠ（NAD^+）、CoⅡ（$NADP^+$）。这类药物有助于改善物质代谢和能量平衡，修复受损组织，促使缺氧组织恢复正常生理机能。这些药物多数是生物体自身能够合成的物质，在具有一定临床功能的前提下，毒副作用小，它们的生产基本上都可以经微生物发酵或从生物资源中提取。例如，ATP，用于心肌炎、心肌梗死、心力衰竭及动脉或冠状动脉硬化、肝炎等的治疗或辅助治疗；肌苷，用于急慢性肝炎、肝硬化、白细胞减少、血小板减少等。一类是自然结构核酸类物质的类似物和聚合物，它们是当今人类治疗病毒、肿瘤、艾滋病的重要药物，也是产生干扰素、免疫抑制的临床药物，包括有叠氮胸苷、阿糖腺苷、阿糖胞苷、聚肌胞等。

5. 糖类药物

糖类药物按其聚合程度分为单糖、寡糖和多糖等。单糖及其衍生物如葡萄糖、果糖、甘露醇等；寡糖是由2～10个单糖以糖苷键相连成的聚合物，如麦芽乳糖、乳果糖等；多糖是由10个以上单糖聚合而成的醛糖或酮糖组成的大分子物质，如香菇多糖、人参多糖、刺五加多糖。糖类药物有抗凝血、降血脂、抗病毒、抗肿瘤、增强免疫功能和抗衰老等作用。

6. 脂类药物

脂类系脂肪、类脂及其衍生物的总称。其共同性质是不溶或微溶于水，易溶于某些有机溶剂，在休内以游离或结合的形式存于组织细胞中，其中具有特定药理效应者称为脂类药物。脂类生化药物分为复合脂类及简单脂类两大类，复合脂类包括与脂肪酸结合的脂类药物，如卵磷脂、脑磷脂等可用于治疗肝病、冠心病和神经衰弱症；简单脂类药物为不含脂肪酸的脂类，如甾体化合物、色素类及CoQ_{10}等。脂类药物可用直接提取法、化学合成或半合成法以及生物转化法生产。

7. 细胞生长因子

生长因子是一类通过与特异的、高亲和的细胞膜受体结合，调节细胞生长与其他细胞功能等多效应的多肽类物质。存在于血小板和各种成体与胚胎组织及大多数培养细胞中，对不同种类细胞的功能具有一定的专一性。生长因子有多种，如血小板类生长因子（PDGF）、表皮生长因子类、神经生长因子、白细胞介素类生长因子等。

8. 生物制品

生物制品是以微生物、细胞、动物或人源组织和体液等为原料，应用传统技术或现代生物技术制成，用于人类疾病的预防、治疗和诊断。人用生物制品包括：细菌类疫苗（含类毒素）、病毒类疫苗、抗毒素及抗血清、血液制品、细胞因子、生长因子、酶、体内及体外诊断制品，以及其他生物活性制剂，如毒素、抗原、变态反应原、单克隆抗体、抗原抗体复合物、免疫调节及微生态制剂等。

（二）按原料来源分类

生物药物的原料来源于天然生物材料，如动物、植物、微生物等。还有人工生物材料，如免疫法制备的动物原料、基因工程技术制备的微生物或其他细胞原料。按照原料来源分类有利于对不同原料进行综合利用、开发研究。

1. 人体来源的药物

人体来源的生物药物种类多、安全性好、效价高、疗效可靠、稳定性好，但受法律和伦理的限制，其来源有限，主要有人血液制品类、人胎盘制品类、人尿制品类。人类来源的原料的利用如人胎盘的利用：提取免疫球蛋白、白蛋白、RNA 酶抑制剂、绒毛膜促性腺激素（HCG）等。从尿液中提取尿激酶、激肽释放酶、尿抑胃素、蛋白酶抑制剂、睡眠因子、CSF、EGF、HCG 等。用现代生物技术生产人类活性物质，如基因工程、蛋白质工程、细胞工程、酶工程、发酵工程在生物制药中可发挥重要作用。

2. 动物来源的药物

我国现阶段的生物药是从动物药开始发展起来的。如 20 世纪 50 年代的胰岛素和脑啡肽。1976—1980 年后发展迅速，成为"脏器制药"阶段；1980 年以后，由于生产技术提高，原料使用面广，称为"生化制药"阶段，至 1985 年我国可以生产 200 多种生化药物。生化药物具有生物药物的共同特性，原料来源丰富。但由于动物与人类的种族差异，其蛋白质等在结构上有一定差异，而产生抗原性，所以其安全性要特别重视。动物来源的药包括多肽与蛋白质类药物、动物酶与辅酶类药物、动物核酸类药物、动物糖类药物、动物脂类药物、动物细胞因子等许多类型和种类。

3. 植物来源的药物

约 40％的药物来源于植物。我国中草药有记载的近 5000 种，中医药已形成完整的科学体系。现代科技对于植物药物有效成分的研究形成了"天然药物化学"的新领域。植物药物种类繁多，结构复杂。除小分子天然有机化合物外，还含有生物大分子活性物质，如蛋白质、多肽、核酸、糖、脂类等。由于植物与人体细胞差异较大，导致部分植物来源药物免疫反应强烈，目前多用于口服和外用。新鲜药材中生物活性物质的研究、植物细胞大规模培养技术及其培养装置、植物组织培养以及天然药用植物有效成分的分离、纯化、结构功能测定等是研究的重点。

4. 微生物来源的药物

微生物药物的概念是随着微生物药物的研究进展而不断发展的。微生物药物不仅仅指抗生素，微生物产生的次级代谢产物也不仅仅是针对病原菌的，也可以作用于肿瘤细胞、某个生理过程、某个大分子等。因此一般狭义的定义为：微生物在其生命过程中产生的，能以极低浓度有选择地抑制或影响其他生物机能的代谢物。微生物药物通过发酵生产，产生菌有放线菌、真菌和细菌，其中 70％的抗生素来自于放线菌。放线菌类有如产生链霉素的灰色链霉菌（*Str. griseus*）、产生四环素的生绿链霉菌（*Str. viridifaciens*）、产生红霉素的红霉素链霉菌 ER-598 等；真菌类有如产生青霉素的产黄青霉（*Pen. chrysogenum*）、产头孢霉素的顶头孢（*Cephalosporium acremonium*）等；细菌类有如产生杆菌肽的枯草芽孢杆菌（*Bacillus subtilis*）、产生多黏菌素的多黏芽孢杆菌（*B. polymyxa*）等。根据微生物药物的作用对象进行分类，通常分为广谱抗菌药物、抗革兰阳性菌药物、抗革兰阴性菌药物、抗真菌药物、抗病毒药物、抗肿瘤药物、抗原虫昆虫药物、除草剂、酶抑制剂、免疫调节剂等。

5. 海洋生物来源的药物

海洋生物制药（marine biopharmacy）是指应用海洋药源生物中具明确药理作用的活性物质（active substance），按制药工程进行系统的研究而研制成为海洋药物。该制药工程是当前正处于发展阶段的生物医药科学领域。

海洋生物物种极其丰富，生物多样性远胜于陆生生物，而生物多样性孕育着化学物质的多样性。在海洋特殊环境下，海洋生物产生出众多种类的生物活性极强的化学物质，这些化学物质往往具有独特的复杂化学结构，可以成为开发创新药物的重要源泉。海洋药用生物资源是开发创新药的"富矿"，近几十年来，人们已经从海洋微生物、海洋植物、海洋动物中发现了很多具有抗肿瘤的活性物质，包括萜类、酰胺类、肽类、大环内酯、聚醚、核苷等多种类型的化合物。投入使用的海洋抗心血管疾病的药物如藻酸双酯钠、甘糖酯、甘露醇烟酸酯等。

（三）按生理功能和用途分类

1. 治疗药物

用于治疗肿瘤、艾滋病、心脑血管疾病等。

2. 预防药物

用于预防传染性强的疾病，如疫苗、菌苗、类毒素等。

3. 诊断药物

这类药物作用速度快、灵敏度高、特异性强，有免疫诊断、酶诊断、放射性诊断、基因诊断试剂。

4. 其他

如生化试剂、保健品、化妆品、食品、医用材料等。

四、生物医药产业现状和展望

1. 生物医药产业历史及现状

生物制药技术伴随着人类与疾病进行斗争的历史，经历了数百年的发展过程。从接种"牛痘"预防"天花"到用青霉素治疗感染性疾病；从免疫抑制剂——环孢素 A 在器官移植上的应用到基因工程药物——人生长激素、干扰素的应用，生物制药领域每一新技术的出现都极大地造福于人类，为防治人类疾病、改善人们的生活质量、延长人类的寿命做出了巨大的贡献。

在 2001 年，人类基因组测序的完成，标志着人类对自身的认识达到了新的水平，对疾病本质的认识达到了新的高度。上千个与疾病相关的基因已经被定位，近百个疾病基因已被克隆，这为新药研究、设计提供了新依据。

上文已提及，近年来，全球医药市场的发展重心正在逐步从小分子化学药转向大分子生物药，后者在全球医药市场的比重从 2006 年的 13% 攀升至 2010 年的 17%。然而，在中国，近五年来生物药的比重则一直停留在 5% 左右，发展亟待提速。国家"十二五"规划也大力培育发展战略性新兴产业，其中包括大力发展生物产业。国务院在 2012 年 12 月发布了《生物产业发展规划》，其中指出，未来三年生物产业每年以 20％的速度增长。到 2020 年，生物产业将成为我国经济的支柱产业。生物产业是中国政府确定的七大战略性新兴产业之一，而生物医药产业居生物产业之首。生物医药产业的发展有助于中国在各类疾病治疗领域实现突破创新，弥补大量尚未满足的医疗需求，尤其是在糖尿病、癌症、血友病以及免疫系统缺陷等疾病领域。

2. 中国生物医药产业面临的挑战

患者及时获得安全有效的创新生物药是目前面临的最大挑战。在现行监管政策影响下，创新型生物药进入中国市场的速度缓慢，对患者及时获得安全有效的创新生物药造成了障碍。另外，现有的监管审批流程和要求未能有效区分生物类似物与创新生物药，监管政策的一致性尚不明确，而且上市后监测机制相对较弱，这就不能有效规范生物药的质量来保障病人安全。现行医保政策对生物药的报销有限，这也制约了患者及时获得生物药的帮助。例如在癌症等疾病领域常用的单克隆抗体类生物药，目前其医保报销还很少。

3. 中国生物医药产业展望

我国生物技术药物的研究和开发起步较晚，但在国家产业政策特别是国家高技术计划的大力支持下，这一领域发展迅速，逐步缩短了与先进国家的差距。产品从无到有，基本上做到了国外有的我国也有，目前已有多种基因工程药物和若干种疫苗批准上市，另有十几种基因工程药物正在进行临床验证，还在研究中的药物数十种。国产基因工程药物的不断开发生产和上市，打破了国外生物制品长期垄断中国临床用药的局面。目前，国产干扰素 α 的销售市场占有率已经超过了进口产品。我国首创的一种新型重组人干扰素 γ 已具备向国外转让技术和承包工程的能力，新一代干扰素正在研制之中。

我国在"十二五"期间还将从重大新药创制专项、研发投资加计扣除等税收政策、资本市场三个方面扩大对生物医药企业的财税金融支持。尤其是将加大对生物医药企业税收优惠政策的落实力度。而资本市场角度主要涉及在风险投资基金、股权投资基金、创业投资基金以及创业板、中小板市场等方面对生物医药产业和企业提供支持。可以预期，"十二五"时期我国的生物医药必将实现跨越式发展。

.... **拓展学习** ....

全球主要国家发展生物医药产业的政府举措

主要国家	政府举措	要 点
美国	产业立法支持	"贝-多尔法案"。允许研究机构将用联邦资金开发的产品或技术申请专利并享有收益。个性化药物规定：放宽生物药品管理，开始受理为有独特基因或生理特征的病人量身定做的药物
	产业规划	制定生物技术发展计划，实施分子生命过程研究计划
德国	政府投资引导	2001 年，德国通过的预算案将生物技术、基因技术与信息技术并列列为未来三大科研重点，加大了对生物医药技术的投入力度
	强化专利保护	在德国，专利可为技术成果的产业化提供 20 年的法律保护。在专利有效期内，第三方可与专利所有者协商以许可证的形式使用发明成果
英国	改革税制	为进一步鼓励风险投资，政府将对小型高技术企业的投资减免 20％的公司税
	建立新的风险投资基金	建立了多个支持较小型高技术企业的风险资本资金，用于支持英国生物技术等高技术中小企业

续表

主要国家	政府举措	要 点
日本	制定生物经济立国战略	强调把"科研重点转向生命科学和生物技术",决心把生物技术产业作为国家核心产业加以发展,并计划 15 年内将政府在生命科学和生物技术的研究预算增加 1 倍,力争使日本生物技术达到世界领先水平,以实现"生物经济立国"的战略目标
	产业立法支持	修订《药品事务法》以加快生物药审批,允许制药公司将制造外包给符合药品生产质量管理规范的制造商;修订《日本商业法》促进企业并购,2006 年 5 月修订的日本商业法允许兼并方使用现金和母公司股份,2007 年通过国外认购方案,使得生物技术领域加快并购活动
印度	加强政府引导	印度自 20 世纪 80 年代中期就很重视生物技术的研发,1982 年成立生物技术局,以推动现代生物学和生物技术产业的发展
	制定《国家生物信息技术政策》	1993 年印度科技部制定的《新技术政策》把生物工程列为关键突破技术之一,并采取强力措施支持其发展。有意识地将软件产业方面的优势运用于生物技术产业

第一篇　微生物发酵制药

概　述

　　发酵制药主要是指利用微生物的生长繁殖通过发酵代谢合成药物，然后从中分离提取、精制纯化，获得药品的过程。生产药物的天然微生物主要包括细菌、放线菌和丝状真菌三大类。微生物制药开创了生物工程制药的先河，为各种生物工程制药打下了技术基础。目前，临床应用的微生物工程药物约有 60 余种，加上半合成产品有 200 余种，产值约占医药工业总产值的 15%。

　　微生物药物是指包含抗生素在内，在抗生素研究发展过程中逐渐扩展开的，由微生物生产的具有抗细菌、抗真菌、抗病毒、抗肿瘤、抗高血脂、抗高血压作用的药物，以及抗氧化剂、酶抑制剂、免疫调节剂、镇定止痛剂等药物的总称。它们都是微生物代谢产物，具有相同的生物合成机制，有相似的筛选研究程序和生产工艺。

　　微生物制药的一般过程如图 0-1 所示。

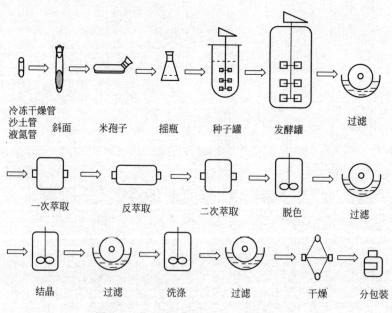

图 0-1　微生物发酵制药的一般工艺过程

一、微生物发酵制药的类型

1. 微生物菌体发酵

　　这是以获得具有某种用途的菌体为目的的发酵，菌体发酵可用来生产一些药用真菌，如：香菇类、冬虫夏草菌、与天麻共生的密环菌、茯苓菌、担子菌等，可通过发酵培养的手段来产生与天然产品具有等同疗效的药用产物。

2. 微生物酶发酵

通过微生物发酵手段来实现酶的生产，用于医药生产和医疗检测中。如青霉素酰化酶用来生产半合成青霉素所用的中间体 6-APA；胆固醇氧化酶用于检查血清中胆固醇的含量；葡萄糖氧化酶用于检查血液中葡萄糖的含量等。

3. 微生物代谢产物发酵

利用微生物发酵，可以获得不同的代谢产物。由于抗生素不仅具有广泛的抗菌作用，而且还有抗毒素、抗癌、镇咳等其他生理活性，因而得到了大力发展，已成为发酵工业的主导产品。

4. 微生物转化发酵

微生物转化发酵是利用微生物细胞的一种或多种酶把一种化合物转变成结构相关的更有经济价值的产物。

5. 生物工程细胞的发酵

这是利用生物工程技术所获得的细胞，如 DNA 重组的"工程菌"以及细胞融合所得的"杂交"细胞等进行培养的新型发酵，其产物多种多样。用基因工程菌生产的有胰岛素、干扰素、青霉素酰化酶等，用杂交瘤细胞生产的有用于治疗和诊断的各种单克隆抗体。

二、生物反应器

微生物发酵药物的生产设备主要是生物反应器，它是微生物实现目标生物化学反应过程的关键场所，是以活细胞或酶为生物催化剂进行细胞增殖或生化反应的设备。生物反应器的结构、操作方式和操作条件的选定对生物化工产品的质量、收率（转化率）和能耗有密切关系。比较常见的生物反应器有机械搅拌式反应器、气升式反应器、鼓泡式反应器、固定床反应器、流化床反应器、膜生物反应器等。生物反应器与化学反应器不同，化学反应器从原料进入到产物生成，常常需要加压和加热，是一个高能耗过程。而生物反应器则不同，在酶和微生物的参与下，在常温和常压下就可以进行化学合成。生物反应器性能的好坏将影响产品的质量及产量，生物反应器的性能常常受到传热、传质能力的限制。因此，改进生物反应器的传递性能，同时力争反应器向大型化及自动化方向发展是今后发展的主要方向。尽可能多地让化学合成过程由生物去完成，设计理想的生物反应器，成了现代生物技术产业的一个重要任务。

三、微生物发酵制药的特点

1. 以活的生命体（微生物）作为目标反应的实现者，反应过程中既涉及特异的化学反应的实现，又涉及生命个体的代谢存活及生长发育，生物反应机理非常复杂，较难控制，反应液中杂质也多，不容易提取、分离。因此，微生物发酵制药是一个极其复杂的生产过程，但目标反应过程是以生命体的自动调节方式进行，数十个反应过程能够在发酵设备中一次完成。

2. 反应通常在常温常压下进行，条件温和，能耗小，设备较简单。

3. 原材料来源丰富，价格低廉，生产过程中废物的危害性较小，但原料成分往往难以控制，给产品质量带来一定影响。生产原料通常以糖蜜、淀粉及碳水化合物为主，可以是农副产品、工业废水或可再生资源，微生物本身能有选择地摄取所需物质。

4. 由于活的生命体参加反应，受微生物代谢特征的限制（不能耐高渗透压，高浓度底物或产物易导致酶活性下降），反应液中底物浓度不应过高，产物浓度不应过高，设备体积庞大。

5. 微生物参与制药反应，能够高度选择性地进行复杂化合物在特定部位进行氧化、还原、脱氢、脱氨及官能团引入或去除等反应，易产生复杂的高分子化合物。

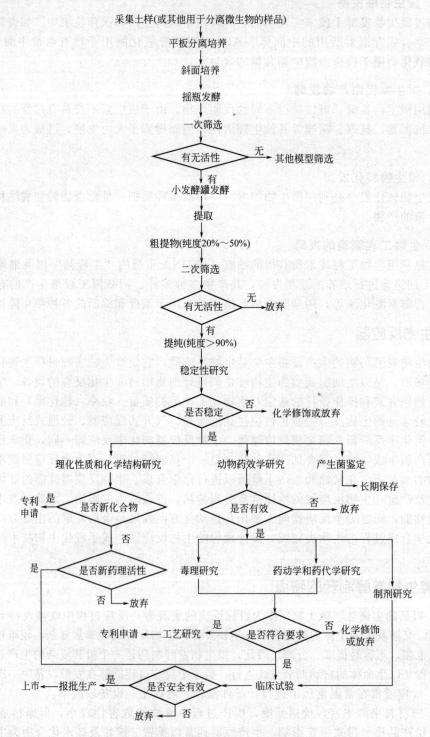

图 0-2 微生物发酵制药研发的一般程序

6. 微生物发酵过程是微生物菌体非正常的、不经济的代谢过程，生产过程中应为其代谢活动提供良好的环境。因此，需防止杂菌污染，要进行严格的冲洗和灭菌，空气需要过滤等。另外，微生物药物生产周期长、生产稳定性差、技术复杂、不确定因素多，废物排放及治理要求高、难度大，因此应在实践中不断摸索创新。

7. 药品的质量标准不同，生产环境亦不同，对要求无菌的药品，其最后一道工序必须在洁净车间内完成，所有接触该药物的设备、容器必须灭菌，而操作者亦需进行检验及工作前的无菌处理等。

8. 现代微生物发酵制药的最大特点是高技术含量、智力密集、全封闭自动化、全过程质量控制、大规模反应器生产和新型分离技术综合利用等。

四、微生物发酵制药研发

微生物发酵制药研发的一般程序如图 0-2 所示。

生物药物的三大来源为微生物、植物和动物，由于植物和动物的生长周期比较长、收集量有限，因此开发新型生物药物的重点逐渐转向微生物和海洋生物。尤其近年来随着基因工程和细胞工程等现代生物技术手段的发展，许多植物和动物中控制珍贵药物的基因通过生物技术可以转入到微生物中，进而在发酵过程中表达，实现大规模收获珍贵药物。目前应用微生物技术研究开发新药，改造和替代传统工业技术，加快医药生物技术产品的产业化规模和速度是当代医药工业的一个重要发展方向。

拓展学习

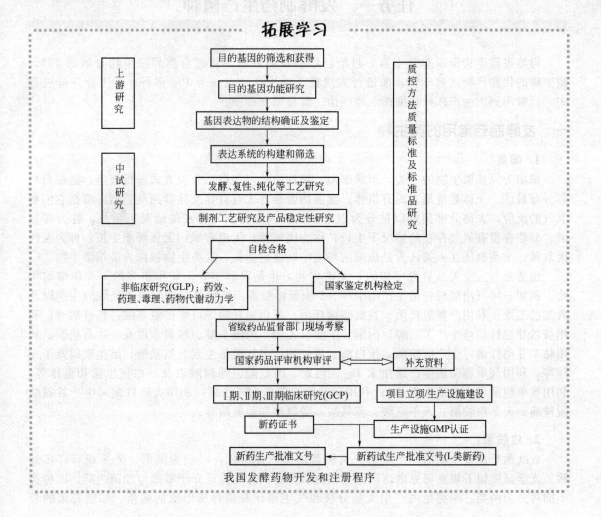

我国发酵药物开发和注册程序

第一单元　发酵制药菌种选育

【知识目标】
能了解工业发酵对生产菌种的要求及菌种来源。

能理解自然选育、诱变育种的操作要点。

能掌握影响种子质量的因素。

能理解掌握工业发酵种子扩大培养的工艺过程及操作要点。

【能力目标】

能利用自然选育技术对生产菌种进行纯种分离或复壮。

能进行实验室和生产车间固体或液体种子制备。

能正确进行种子转移工作。

任务一　发酵制药生产菌种

自然界微生物资源非常丰富，目前已经初步研究的不超过自然界微生物总数的 10%。微生物的代谢产物达数千种，而进行大规模工业生产的也仅为 100 多种。在工业发酵过程中，经常用到的生产菌种是细菌、放线菌、酵母菌和霉菌。

一、发酵制药常用的微生物

1. 细菌

细菌为原核微生物的一类，形状细短，结构简单，多以二分裂方式进行繁殖，是在自然界分布最广、个体数量最多的有机体。细菌的营养方式有自养及异养两种类型。根据它们对氧气的反应，大部分细菌可以被分为以下三类：只能在氧气存在的情况下生长，称为需氧菌；只能在没有氧气存在的情况下生长，称为厌氧菌；无论有氧、无氧都能生长，称为兼性厌氧菌。细菌也能在人类认为是极端的环境中旺盛地生长，这类生物被称为极端微生物。

细菌是与人类关系最为密切的一类微生物，也是发酵工业上使用最多的一种单细胞生物。例如，可利用醋酸杆菌生产山梨醇、5-酮葡糖酸等；乳酸菌广泛应用于乳酸的生产以及乳制品工业；利用产氨短杆菌、谷氨酸棒杆菌、黄色短杆菌等可生产氨基酸、核苷酸等；利用梭状芽孢杆菌可生产丁二醇、丙酮、丁醇、乙醇、丙酮丁醇、核黄素以及一些有机酸；利用枯草芽孢杆菌可生产淀粉酶、蛋白酶、果胶酶、多肽类抗生素、氨基酸、维生素以及丁二醇等；利用假单胞菌能生产维生素 B_{12}、色素、丙氨酸、葡糖酸以及一些抗生素和甾体等，利用黄单胞菌可生产维生素 B_{12}；利用运动单胞菌可生产乙醇；利用大肠杆菌可生产谷氨酸脱羧酶、天冬酰胺酶、天冬氨酸、苏氨酸、缬氨酸和赖氨酸等。

2. 放线菌

放线菌是原核生物的一个类群。其菌落由菌丝体组成，一般为圆形、光平或有许多皱褶，光学显微镜下观察可见菌落周围具辐射状菌丝。总的特征介于霉菌与细菌之间，因种类不同可分为两类：一类是由产生大量分枝和气生菌丝及菌种所形成的菌落，如链霉菌的菌落。另一类菌落由不产生大量菌丝体的种类形成，如诺卡放线菌的菌落，黏着力差、结构呈粉质状，用针挑起则粉碎。放线菌以无性孢子和菌体断裂方式繁殖。绝大多数为异养型需氧菌。有的种类可在高温下分解纤维素等复杂的有机质。在自然界分布很广，绝大多数为腐生，少数寄生。产生种类繁多的抗生素，据估计，已发现的 4000 多种抗生素中，有 2/3 是放线菌产生的。重要的属有：链霉菌属、小单孢菌属和诺卡菌属等。

（1）链霉菌属（*Streptomyces*）　共约有 1000 多种，其中包括很多不同的种别和变种。研究表明，抗生素主要由放线菌产生，而其中 90% 又由链霉菌产生，著名的、常用的抗生素如链霉素、土霉素，抗肿瘤的博来霉素、丝裂霉素，抗真菌的制霉菌素，抗结核的卡那霉素，能有效防治水稻纹枯的井冈霉素等，都是链霉菌的次生代谢产物。

（2）小单孢菌属（*Micromonospora*）　菌丝体纤细，直径 $0.3\sim0.6\mu m$，无横隔膜，不断裂。菌丝体侵入培养基内不形成气生菌丝，只在菌丝上长出很多分枝小梗，顶端着生一个孢子。菌落比链霉菌小得多，一般 $2\sim3mm$，通常呈橙黄色，也有深褐色、黑色、蓝色者；菌落表面覆盖着一薄层孢子堆。大多分布在土壤或湖底泥土中，堆肥的厩肥中也有不少。此属约有 30 多种，也是产抗生素较多的一个属。例如庆大霉素即由绛红小单孢菌和棘孢小单孢菌产生，有的能产生利福霉素、氯霉素等共 30 余种抗生素。现在认为，此菌属产生抗生素的潜力较大。

（3）诺卡菌属（*Nocardia*）　又名原放线菌属，在培养基上形成典型的菌丝体，剧烈弯曲如树根或不弯曲，具有长菌丝。菌落外貌与结构多样，一般比链霉菌菌落小，表面崎岖多皱，致密干燥，一触即碎；有的种菌落平滑或凸起，无光或发亮呈水浸状。诺卡菌主要分布于土壤中。现已报道有 100 余种，能产生 30 多种抗生素。另外，诺卡菌也可用于石油脱蜡、烃类发酵以及污水处理中分解腈类化合物。

3. 酵母

酵母菌是工农业生产中极为重要的一类微生物，也是微生物遗传学研究的非常有价值的材料。除了广泛用于面包及酒精制造外，还应用在石油脱蜡、单细胞蛋白制造、酶制剂生产以及糖化饲料、猪血饲料发酵等许多方面。此外，从酵母菌体中还可以提取如核糖核酸、细胞色素 c、凝血质及辅酶 A 等医药产品。

能产生子囊孢子并进行芽殖的酵母菌，属于有性繁殖的类型，这是鉴别酵母种属之间差别的一个重要特征。按照洛德（Lodder）的分类系统，酵母菌共分 39 属 372 种。发酵工业上常用的酵母菌除了酵母属（*Saccharomyces*）外，还有假丝酵母属、汉逊酵母属、毕赤酵母属及裂殖酵母属等。

4. 霉菌

霉菌与人类日常生活密切相关。除了用于传统的酿酒、酿制酱油外，近代广泛用于发酵工业和酶制剂工业。工业上常用的霉菌，有子囊菌纲的红曲霉，藻状菌纲的毛霉、根霉和犁头霉，以及半知菌纲的曲霉及青霉等。

（1）曲霉属（*Aspergillus*）　曲霉种类繁多、分布广泛，工业上利用曲霉生产各种酶制剂和有机酸。

（2）青霉属（*Penicillium*）　既是使果实腐败和食物变坏的有害菌，又是青霉素的产生菌。

（3）根霉属（*Rhizopus*）　用于米酒、黄酒生产。此外，广泛用作淀粉糖化菌、有机酸发酵以及甾体转化等许多方面。

（4）毛霉属（*Mucor*）　产生蛋白酶，有分解大豆蛋白的能力。

（5）犁头霉属（*Absidia*）　犁头霉的菌丝体与根霉相似，有匍匐枝和假根，但孢囊梗在匍匐枝中间，不与假根对生。此属菌广泛分布于土壤、酒曲和各种粪便中，有些菌株为转化甾族化合物的重要菌株。

二、发酵制药工业对生产菌种的要求

发酵制药工业使用的微生物菌种多种多样，但不是所有的微生物都可作为菌种，即使同属于一个种的不同株的微生物，其生产能力也不同。因此，无论是野生菌株，还是突变菌株或基因工程菌株，都必须经过精心选育，达到生产菌种的要求才可用于发酵制药工业。一般说来，优良的生产菌种应该具备以下基本特性：

（1）能在易得、价廉的原料制成的培养基上迅速生长，且代谢产物产量高（目标产物的产量尽可能接近理论转化率）。目标产物最好能分泌到胞外，以降低产物抑制并利于产物分离。

（2）发酵条件粗放、易于控制，且所需的酶活性高。

（3）菌种生长和发酵速度较快，发酵周期短。发酵周期短的优点在于感染杂菌的机会减少；还可以提高设备的利用率。

（4）根据代谢控制的要求，选择单产高的营养缺陷型突变菌株（微生物菌种缺少或丧失了合成某种或多种必需生长因子的能力）或调节突变菌株或野生菌株。

（5）抗杂菌、抗噬菌体能力强。

（6）菌种纯粹、遗传性状稳定（不易变异退化），以保证发酵生产和产品质量的稳定性。菌种退化和生产性能下降是生产中常遇到的问题。

（7）菌体不是病原菌，不产生任何有害的生物活性物质和毒素（包括抗生素、激素和毒素等），以保证安全。使用新菌种时更应注意。

具备以上条件的菌株，才能应用于发酵制药工业生产，保证发酵产品的产量和质量，而这些要求也是菌种选育工作需要解决的问题。

任务二　生产用菌种的选育

根据微生物遗传变异的特点，人们在生产实践中已经试验出一套行之有效的微生物育种方法。主要包括自然选育、诱变育种、杂交育种、原生质体融合、基因工程育种等。

一、自然选育

在生产过程中，不经过人工处理，利用菌种的自发突变，从而选育出优良菌种的过程，叫做自然选育。菌种的自发突变往往存在两种可能性：一种是菌种衰退，生产性能下降；另一种是代谢更加旺盛，生产性能提高。具有实践经验和善于观察的工作人员，能利用自发突变而出现的菌种性状的变化，选育出优良菌种。例如，在谷氨酸发酵过程中，人们从被噬菌体污染的发酵液中分离出了抗噬菌体的菌种。又如，在抗生素发酵生产中，从某一批次高产的发酵液取样进行分离，往往能够得到较稳定的高产菌株。但自发突变的频率较低，出现优良性状的可能较小，需坚持相当长的时间才能收到效果。

新的微生物菌种需要从自然生态环境中混杂的微生物群中挑选出来，因此必须要有快速而准确的新种分离和筛选方法。

分离微生物新种的具体过程大体可分为采样、增殖、纯化和性能测定，如图1-1所示。

二、诱变育种

诱变育种是指用人工的方法处理微生物，使它们发生突变，再从中筛选出符合要求的突

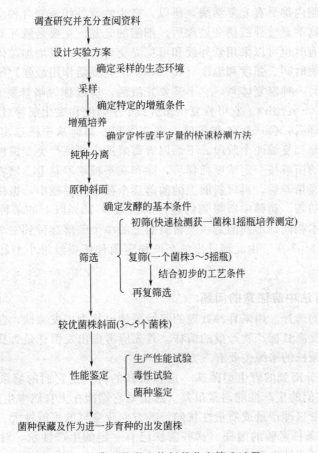

图 1-1　典型的微生物新种分离筛选过程

变菌株，供生产和科学实验用。诱变育种与其他育种方法相比，具有操作简便、速度快和收效大的优点，至今仍是一种重要的、广泛应用的微生物育种方法。诱变育种包括出发菌种选择、诱变处理和筛选突变株三个部分。

出发菌种是指用于诱变的原始菌种。出发菌种可以是从自然界的土样或水样中分离出来的野生型菌种；也可以是生产中正在使用的菌种；还可以从菌种保藏机构购买。选择的原则是菌种要对诱变剂的敏感性强、变异幅度大、产量高。

为了使菌体与诱变剂均匀接触，通常要将出发菌种制成细胞（或孢子）悬浮液，再进行诱变处理。诱变剂有物理诱变剂（如紫外线、X 射线、γ 射线、快中子）、化学诱变剂（如亚硝酸、硫酸二乙酯、氮芥）等。在生产实践中，选用哪种诱变剂、剂量大小、处理时间等，都要视具体的情况和条件，并经过预备实验后才能确定。

过量的紫外线照射会造成菌体丢失大段的 DNA，或使交联的 DNA 无法打开，不能进行复制和转录，从而引起菌体死亡。

在正常的微生物细胞中，紫外线造成的 DNA 损伤是可以得到及时修复的。若将受紫外线照射后的细胞立即暴露在可见光下，菌体的突变率和致死率均会下降，这就是光复活作用。

光复活作用是因为微生物等生物的细胞内存在光复活酶（photoreactivating enzyme），即光裂合酶（photolyase）。光复活酶会识别胸腺嘧啶二聚体，并与之结合形成复合物，此时的光复活酶没有活性。可见光（300～500nm）光能可以激活光复活酶，使之打开二聚体，将 DNA 复原。与此同时，光复活酶也从复合物中释放出来，以便重新执行光复活功能。

一般微生物细胞内都具有光复活酶，所以，微生物紫外线诱变育种应在避光或红光条件下操作。但因为在高剂量紫外线诱变处理后，细胞的光复活主要是致死效应的回复，突变效应不回复，所以，有时也可以采用紫外线和可见光交替处理，以增加菌体的突变率；光复活的程度与可见光照射时间、强度和温度（45～50℃下光复活作用最强）等因素有关。

细胞内还存在另一种修复体系，它不需要光激活，所以称为暗修复（dark repair）或切除修复作用（excision repair）。它可修复由紫外线、γ射线和烷化剂等对DNA造成的损伤。

菌种经诱变处理后，会产生各种各样的突变类型。如何从中挑选出所需要的突变类型呢？一般要经过初筛和复筛两个阶段。下面以青霉素产生菌高产突变菌种的筛选为例进行说明。将经诱变处理的菌液按一定浓度稀释后，涂布在平板培养基上。培养后，将单个菌落挑到斜面培养基上，经培养后，再将斜面上的菌落逐个接种到摇瓶中，振荡培养后测它们的抗生素效价。这就是初筛。初筛中所得到的超过对照效价10%以上的菌种，再进行复筛。复筛的过程与初筛基本相同，不同的是一般将斜面上的单个菌落接种到三个摇瓶中，得出平均效价。复筛可进行1～3次。由此筛选出的高产稳定菌种还要经过小型甚至中型试验，才能用到发酵生产中。

1. 诱变育种方法中应注意的问题

（1）出发菌株的选择 用来育种处理的起始菌株也称为出发菌株，合适的出发菌株就是通过育种能有效地提高目标产物产量的菌株。首先应考虑出发菌株是否具有特定生产性状的能力或潜力。出发菌株的来源主要有三方面：

① 自然界直接分离到的野生型菌株 这些菌株的特点是它们的酶系统完整、染色体或DNA未损伤，但它们的生产性能通常很差（这正是它们能在大自然中生存的原因）。通过诱变育种，它们正突变（即产量或质量性状向好的方向改变）的可能性大。

② 经历过生产条件考验的菌株 这些菌株已有一定的生产性状，对生产环境有较好的适应性，正突变的可能性也很大。

③ 已经历多次育种处理的菌株 这些菌株的染色体已有较大的损伤，某些生理功能或酶系统有缺损，产量性状已经达到了一定水平。它们负突变（即产量或质量性状向差的方向改变）的可能性很大，可以正突变的位点已经被利用了，继续诱变处理很可能导致产量下降甚至死亡。

一般可选择①类或②类菌株，第②类较佳，因为已证明它可以向好的方向发展。在抗生素生产菌育种中，最好选择已通过几次诱变并发现每次的效价都有所提高的菌株作出发菌株。

出发菌株最好已具备一些有利的性状，如生长速度快、营养要求低和产孢子早而多的菌株。

（2）制备菌悬液 待处理的菌悬液应考虑微生物的生理状态、悬液的均一性和环境条件。一般要求菌体处于对数生长期。

悬液的均一性可保证诱变剂与每个细胞机会均等并充分地接触，避免细胞团中变异菌株与非变异菌株混杂，出现不纯的菌落，给后续的筛选工作造成困难。为避免细胞团出现，可用玻璃珠振荡打散细胞团，再用脱脂棉花或滤纸过滤，得到分散的菌体。对产孢子或芽孢的微生物最好采用其孢子或芽孢。将经过一定时期培养的斜面上的孢子洗下，用多层擦镜纸过滤。

利用孢子进行诱变处理的优点是能使分散状态细胞均匀地接触诱变剂，更重要的是它尽可能地避免了出现表型延迟现象。

所谓的表型延迟（phenotypic lag）就是指某一突变在DNA复制和细胞分裂后，才在细胞表型上显示出来，造成不纯的菌落。表型延迟现象的出现是因为对数期细胞往往是多核的，很可能一个核发生突变，而另一个核未突变，若突变性状是隐性的，在当代并不表现出来，在筛选时就会被淘汰；若突变性状是显性的，那么在当代就表现出来，但在进一步传代后，就会出现分离现象，造成生产性状衰退。所以应尽可能选择孢子或单倍体的细胞作为诱变对象。

另外，还有一种生理性延迟现象，就是虽然菌体发生了突变，并且突变基因由杂合状态变成了纯合状态，但仍不表现出突变性状。这可以用营养缺陷型来说明。

一个发生营养缺陷型突变的菌株，产某种酶的基因已发生突变，但是由于突变前菌体内所含的酶系仍然存在，仍具有野生型表型。只有通过数次细胞分裂，细胞内正常的酶得以稀释或被分解，营养缺陷型突变的性状才会表现出来。

（3）诱变处理　仅仅采用诱变剂的理化指标控制诱变剂的用量常会造成偏差，不利于重复操作。例如，同样功率的紫外线照射诱变效应还受到紫外灯质量及其预热时间、灯与被照射物的距离、照射时间、菌悬液的浓度、厚度及其均匀程度等诸多因素的影响。另外，不同种类和不同生长阶段的微生物对诱变剂的敏感程度不同，所以在诱变处理前，一般应预先做诱变剂用量对菌体死亡数量的致死曲线，选择合适的处理剂量。致死率表示诱变剂造成菌悬液中死亡菌体数占菌体总数的比率。

要确定一个合适的剂量，常常需要经过多次试验。就一般微生物而言，突变率随剂量的增大而增高，但达到一定剂量后，再加大剂量反而会使突变率下降。对于诱变剂的具体用量有不同的看法。有人认为应采用高剂量，就是造成菌体致死率在$90.0\%\sim99.9\%$时的剂量是合适的，这样能获得较高的正突变率，并且淘汰了大部分菌体，减轻了筛选工作的负担。许多人倾向于采用低剂量（致死率在$70\%\sim80\%$），甚至更低剂量（致死率在$30\%\sim70\%$），他们认为低剂量处理能提高正突变率，而负突变较多地出现在偏高的剂量中。

诱变育种中还常常采取诱变剂复合处理，使它们产生协同效应。复合处理可以将两种或多种诱变剂分先后或同时使用，也可用同一诱变剂重复使用。因为每种诱变剂有各自的作用方式，引起变异有局限性，复合处理则可扩大突变的位点范围，使获得正突变菌株的可能性增大。因此，诱变剂复合处理的效果往往好于单独处理。

2. 抗噬菌体菌株的选育

在工业微生物发酵过程中，不少品种遭受噬菌体的感染，使生产不能进行。为此，可采用以下方法：消灭噬菌体和选育抗噬菌体菌株。噬菌体易变异，要不断地选育抗噬菌体菌株。

（1）抗噬菌体菌株选育的方法

① 自然选育　以噬菌体为筛子，敏感的菌株不经任何诱变自然突变获得的抗性菌株，抗性突变频率低。

② 诱变选育　敏感菌株经诱变因素处理，然后将处理过的孢子液分离在含有高浓度的噬菌体的平板培养基上，经处理后的存活的孢子中，如存在抗性变异菌株就能在此平板上生长。

③ 筛选菌株　将敏感菌株经诱变因素处理后接入种子培养基，待菌丝长浓后加入高浓度的噬菌体再继续培养几天；再加入噬菌体反复感染，使敏感菌被噬菌体所裂解，最后取出菌丝进行平板分离，从中筛选抗性菌株。

（2）抗噬菌体菌株的特性试验

① 抗噬菌体性状的稳定性试验　抗性菌株分别在孢子培养、种子培养、发酵培养过程中用点滴法或双层琼脂法测定噬菌斑，要多次传代考察稳定性。

② 抗性菌株的产量试验　抗性菌株与原敏感菌株在发酵特性上有所改变，因此，要考

察碳源、氮源、通气量等发酵条件对产量的影响。

③ 真正抗性与溶源性的区别试验。

三、基因工程育种

基因工程是用人为的方法将所需的某一供体生物的遗传物质 DNA 分子提取出来，在离体条件下切割后，把它与作为载体的 DNA 分子连接起来，然后导入某一受体细胞中，让外来的遗传物质在其中进行正常的复制和表达，从而获得新物种的一种新的育种技术。如图 1-2 所示。

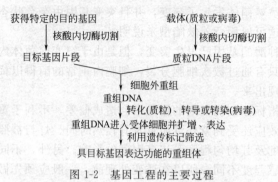

图 1-2　基因工程的主要过程

目标基因可以从酶切的供体细胞染色体碎片中获得，或首先提取目标产物的 mRNA，然后将其反转录合成 cDNA 而获得，或从目标蛋白的氨基酸顺序推测出基因的碱基顺序，人工合成 DNA 片段。

将目标基因的两端和载体 DNA 的两端用特定的核酸内切酶酶切后，让它们连接成环状重组 DNA。因为这是在细胞外进行的基因重组过程，所以，有人将基因工程又称为体外重组 DNA 技术。

以质粒为载体的重组 DNA 可以通过转化进入受体细胞，而用噬菌体为载体的重组 DNA 可以通过转导或转染进入受体细胞。

重组 DNA 在受体细胞中将自主复制扩增。多拷贝的重组 DNA 将有利于积累更多的目标产物。

基因工程的操作有着非常强的方向性，但是，最终获得的并非是目标重组体的纯培养物，因为还有许多其他的细胞存在，如：目标基因可能没有被重组、重组的目标基因可能是反向的、重组 DNA 无法稳定存在于受体细胞中等。所以，筛选仍然是基因工程育种工作中的重要内容。因为在载体 DNA 中可以较容易地设置多种特定遗传标记（如药物抗性标记），因此筛选工作的目标性和有效性很高，是其他育种工作所无法比拟的。

四、菌种筛选方法

所有的微生物育种工作都离不开菌种筛选。尤其是在诱变育种工作中，筛选是最为艰难的也是最为重要的步骤。经诱变处理后，突变细胞只占存活细胞的百分之几，而能使生产状况提高的细胞又只是突变细胞中的少数。要在大量的细胞中寻找真正需要的细胞，就像是在大海捞针，工作量很大，简洁而有效的筛选方法无疑是育种工作成功的关键。

1. 菌种筛选方案

在实际工作中，为了提高筛选效率，往往将筛选工作分为初筛和复筛两步进行。初筛的目的是删去明显不符合要求的大部分菌株，把生产性状类似的菌株尽量保留下来，使优良菌种不至于漏网。复筛的目的是确认符合生产要求的菌株，应精确测定每个菌株的生产指标。一般的筛选方案如图 1-3 所示。

如需要，再进行第三轮、第四轮……（操作同上）筛选。

初筛和复筛工作可以连续进行多轮，直到获得较好的菌株为止。采用这种筛选方案，不仅能以较少的工作量获得良好的效果，而且，还可使某些眼前产量虽不很高，但有发展前途的优良菌株不至于落选。

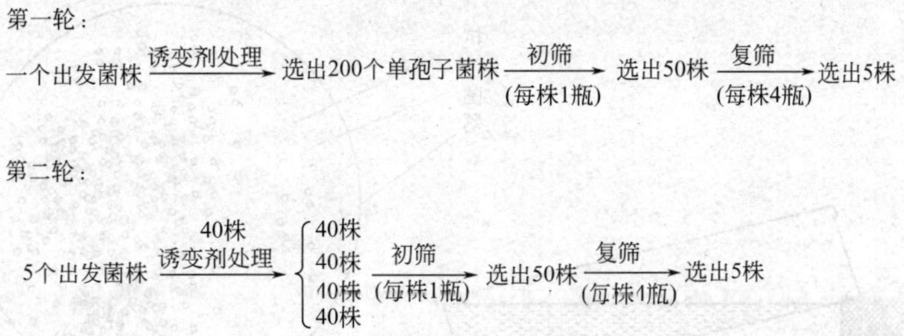

第一轮：

一个出发菌株 $\xrightarrow{\text{诱变剂处理}}$ 选出200个单孢子菌株 $\xrightarrow[\text{(每株1瓶)}]{\text{初筛}}$ 选出50株 $\xrightarrow[\text{(每株4瓶)}]{\text{复筛}}$ 选出5株

第二轮：

5个出发菌株 $\xrightarrow{\text{诱变剂处理}}$ $\left\{\begin{array}{l}40株\\40株\\40株\\40株\end{array}\right.$ $\xrightarrow[\text{(每株1瓶)}]{\text{初筛}}$ 选出50株 $\xrightarrow[\text{(每株1瓶)}]{\text{复筛}}$ 选出5株

图 1-3　筛选方案

筛选获得的优良菌株还将进一步做工业生产试验，考察它们对工艺条件和原料等的适应性及遗传稳定性。

2. 筛选方法

抗性突变株的筛选相对比较容易，只要有 10^{-6} 频率的突变体存在，就容易筛选出来。抗性突变株的筛选常用的有一次性筛选法和阶梯性筛选法两种手段。

（1）一次性筛选法　一次性筛选法就是指在对出发菌株完全致死的环境中，一次性筛选出少量抗性变异株。

抗噬菌体菌株常用此方法筛选。将对噬菌体敏感的出发菌株经变异处理后的菌悬液大量接入含有噬菌体的培养液中，为了保证敏感菌不能存活，可使噬菌体数大于菌体细胞数。此时出发菌株全部死亡，只有变异产生的抗噬菌体突变株能在这样的环境中不被裂解而继续生长繁殖。通过平板分离即可得到纯的抗性变异株。

（2）阶梯性筛选法　药物抗性即抗药性突变株可在培养基中加入一定量的药物或对菌体生长有抑制作用的代谢物结构类似物来筛选，大量细胞中少数抗性菌在这种培养基平板上能长出菌落。但是在相当多的情况下，无法知道微生物究竟能耐受什么浓度的药物，这时，药物抗性突变株的筛选需要应用阶梯性筛选法。

阶梯筛选法由梯度平板或纸片扩散在培养皿的空间中造成药物的浓度梯度，可以筛选到耐药浓度不等的抗性变异菌株，使暂时耐药性不高，但有发展前途的菌株不至于被遗漏，所以说，阶梯性筛选法较适合于药物抗性菌株的筛选，特别是在暂时无法确定微生物可以接受的药物浓度情况下。

① 梯度平板法（gradient plate）　如图 1-4 所示，先将 10mL 左右的一般固体培养基倒入培养皿中，将皿底斜放，使培养基凝结成斜面，然后将皿底放平，再倒入 7～10mL 含适当浓度药物的培养基，凝固后放置过夜。由于药物的扩散，上层培养基越薄的部位，其药物浓度越稀，造成由稀到浓的药物浓度渐增的梯度。再将菌液涂布在梯度平板上，药物低浓度区域菌落密度大，大都为敏感菌，药物高浓度区域菌落稀疏甚至不长，浓度越高的区域里长出的菌抗性越强。在同一个平板上可以得到耐药浓度不等的抗性变异菌株。如果菌体对药物有个耐受临界浓度，则会形成明显的界线。

阶梯性筛选法也有一定的缺点，它们只有在抑制区域才能挑选抗性菌，而低浓度区域面积较大，优良的抗性突变株若被分散在低浓度区域或远离纸片的区域，则可能没有被检出，因此，漏检的概率较大。

② 纸片扩散法　纸片扩散法与梯度平板法的原理类似，用打孔器将较厚的滤纸打成小圆片，并使纸片吸收一定浓度的药物，经干燥或不经干燥，放入涂布了菌悬液的平板上，一般 9cm 的培养皿中等距放置三片为宜。经培养后观察围绕纸片的抑菌圈，抑菌圈内出现的可能就是抗性菌。

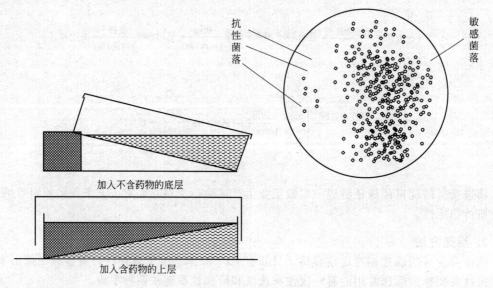

图 1-4 梯度平板法

任务三 实训 应用紫外线诱变筛选耐高糖的谷氨酸高产菌株

一、实训目的

通过实训，掌握紫外线诱变育种的基本原理和方法。

二、基本原理

紫外线是一种最常用的物理诱变因素。它的主要作用是使 DNA 双链之间或同一条链上两个相邻的胸腺嘧啶形成二聚体，阻碍双链的分开、复制和碱基的正常配对，从而引起突变。紫外线照射引起的 DNA 损伤，可由光复活酶的作用进行修复，使胸腺嘧啶二聚体解开恢复原状。为了避免光复活，用紫外线照射处理时以及处理后的操作应在红光下进行，并且将照射处理后的微生物放在暗处培养。

谷氨酸棒杆菌 S9114 是谷氨酸生产菌种，是生物素缺陷型菌株，而耐高糖菌种的选育对发酵工艺上提高发酵培养基初糖浓度具有积极的意义。菌种经过紫外线诱变处理后利用含有茚三酮的高糖选择性平板培养，耐高糖、产酸的菌株不但能够在平板上长成菌落，而且菌落周围呈现红色。因此，根据平板上菌落生长情况可以得到耐高糖产酸的突变株，再经过摇瓶初筛、复筛可获得耐高糖、高产的突变株。

三、主要仪器设备、试剂和用品

1. 菌种
谷氨酸棒杆菌 S9114。

2. 仪器
紫外诱变箱，磁力搅拌器，离心机，恒温振荡培养箱，显微镜，血细胞计数板，培养皿，吸管，涂布棒，试管，三角瓶，玻璃珠和烧杯等。

3. 培养基及试剂

（1）斜面培养基 细菌营养琼脂培养基。

（2）选择性固体培养基 以细菌营养琼脂培养基为基础，加入 $140\sim220g/L$ 的葡萄糖（可分为 $140g/L$、$180g/L$ 以及 $220g/L$ 三个质量浓度）、$30\mu g/L$ 的生物素、$2mg/L$ 的 $FeSO_4$、$2mg/L$ 的 $MnSO_4$ 和 $8g/L$ 的茚三酮，调节 pH 到 7.2。

（3）增殖培养基 葡萄糖 $25g/L$，牛肉膏 $5g/L$，尿素 $5g/L$，KH_2PO_4 $2g/L$，$MgSO_4 \cdot 7H_2O$ $0.6g/L$，生物素 $40\mu g/L$，$FeSO_4$ 和 $MnSO_4$ 各 $2mg/L$，调节 pH 到 7.0。

（4）摇瓶种子培养基 葡萄糖 $25g/L$，尿素 $6g/L$，玉米浆 $35g/L$，KH_2PO_4 $2g/L$，$MgSO_4 \cdot 7H_2O$ $0.6g/L$，$FeSO_4$ 和 $MnSO_4$ 各 $2mg/L$，调节 pH 到 7.0。

（5）摇瓶发酵培养基 葡萄糖 $220g/L$，尿素 $6g/L$，Na_2HPO_4 $1.7g/L$，KCl $1.2g/L$，$MgSO_4 \cdot 7H_2O$ $0.8g/L$，玉米浆 $35g/L$，糖蜜 $10g/L$，$FeSO_4$ 和 $MnSO_4$ 各 $2mg/L$，调节 pH 到 7.0。

四、操作步骤

1. 菌悬液的制备

用接种环取一环经斜面活化的菌接于 50mL/500mL 三角瓶的增殖培养基中，置于振荡培养箱，32℃、96r/min 培养 8h。取培养液于 3500r/min 离心 20min，弃去上清液，用无菌生理盐水离心洗涤菌体 2 次，然后，在装有玻璃珠的无菌三角瓶中，以适量无菌生理盐水与菌体混合，充分振荡，制成菌悬液，用显微镜直接计数，调节菌体浓度为 10^8 个/mL。

2. 诱变处理

（1）预热紫外灯 诱变箱的紫外灯为 15W，照射距离为 30cm，照射前开启紫外灯预热 20min，使紫外线强度稳定。

（2）加菌悬液 取 5 套装有磁力搅拌子的无菌培养皿（ϕ90mm），分别标记 40s、60s、80s、100s、120s，并在每个培养皿中加入上述菌悬液 10mL。

（3）紫外线照射 将上述培养皿置于磁力搅拌器上，开启开关使菌悬液旋转，打开皿盖，分别照射 40s、60s、80s、100s、120s。照射后，盖上皿盖，取出放在红灯下。

（4）稀释菌液及涂布选择性平板 将未经照射的菌悬液和上述经照射的菌悬液用生理盐水以 10 倍稀释法进行稀释，一般稀释成原浓度的 $10^{-1}\sim10^{-6}$，分别取 10^{-4}、10^{-5}、10^{-6} 的菌液各 0.1mL 涂布不同葡萄糖浓度的平板。对于每个稀释度以及每个葡萄糖浓度选择性培养基，重复 3 个平板（用无菌涂布棒涂布均匀，并于每个平板背面标明处理时间、稀释度以及平板培养基的葡萄糖浓度）。

3. 培养

将涂布好的平板用黑纸包好，倒置，于 32℃ 培养 48h。

4. 菌落计数、计算致死率以及绘制致死率曲线

将培养好的平板取出进行细菌菌落计数。根据葡萄糖质量浓度为 $140g/L$ 的平板上菌落数，计算出紫外线处理的致死率，计算公式如下：

$$致死率 = \frac{对照每毫升菌液中活菌数 - 处理后每毫升菌液中活菌数}{对照每毫升菌液中活菌数} \times 100 \qquad (1-1)$$

以诱变时间为横坐标、致死率为纵坐标绘制致死率曲线。

5. 观察诱变效应及挑取菌落

目前，一般倾向于选择致死率为 $60\%\sim70\%$ 的诱变剂量。因此，首先从众多平板中选出致死率为 $70\%\sim80\%$ 的平板，再从中选出有菌落且葡萄糖浓度最高的平板。观察菌落周围颜色，选取 30 个左右红色较深、直径较大的菌落，移接到斜面上于 32℃培养 24h，作为摇瓶初筛、复筛使用。

6. 摇瓶产酸筛选

（1）初筛 对照斜面及上述挑取菌株的斜面培养好后，分别用接种环取 1 环接于装有 50mL 摇瓶发酵培养基的 500mL 三角瓶中，1 个菌株接 1 瓶。置于振荡培养床，于 32℃、96r/min 培养 36h。培养过程中，在无菌操作条件下，定时检测 pH，当 pH 降至 6.8～7.0 时，加适量无菌尿素溶液，应参照谷氨酸含量（参照谷氨酸测量方法）确定产酸较高的 5 株菌株，作为复筛使用。

（2）复筛 取培养好的对照斜面及上述初筛到的 5 株菌株的斜面，分别用接种环取 1 环接于装有 20mL 摇瓶种子培养基的 250mL 三角瓶中，1 个菌株接 1 瓶，置于振荡培养床，于 32℃、96r/min 培养 10h。然后，以 5％的接种量，将种子培养液接于装有 47.5mL 摇瓶发酵培养基的 500mL 三角瓶中，1 个菌株接 3 瓶。培养过程中参照谷氨酸生产工艺，采用变速调温进行培养条件控制，并定时检测 pH，当 pH 降低至 6.8～7.0 时，加入适量无菌尿素溶液。发酵结束，检测发酵液中谷氨酸含量，筛选出产酸率最高的 1～2 株菌株，作为进一步鉴定其他性能使用。

五、实训结果与讨论

1. 紫外线照射操作时，操作者须戴上玻璃防护眼镜，以免紫外线伤害眼睛。
2. 照射计时从培养皿开盖起，加盖止。
3. 从紫外线照射处理开始，直到涂布完平板的所有操作都必须在红灯下进行。
4. 设计表格填写菌落计数结果以及绘制致死率曲线。
5. 设计表格填写诱变效应的观察结果。
6. 设计表格填写初筛以及复筛的产酸结果。
7. 本实训中，影响紫外线诱变效率的操作有哪些？
8. 本实训中，为什么用选择性培养基筛选出来的菌株还需要进行摇瓶发酵筛选？

拓展学习

菌种是微生物工业不可缺少的重要资源。在科研和生产上所需的有用菌株，其来源除了从自然界分离筛选外，还可以向有关菌种保藏单位有偿或无偿索取。世界各国对菌种极为重视，设置了各种专业性的菌种保藏机构，国内外重要的微生物菌种保藏机构介绍如下：

（一）国内重要保藏菌种机构

1. 中国普通微生物菌种保管管理中心（CGMCC）

中国科学院微生物研究所（AS）

中国科学院武汉病毒研究所（AS-IV）

2. 中国农业微生物菌种保藏管理中心（ACCC）

中国农业科学院土壤与肥料研究所（ISF）

3. 中国工业微生物菌种保藏管理中心（CICC）

中国食品发酵工业研究所（IFFI）

4. 中国医学微生物菌种保藏管理中心（CMCC）

中国医学科学院皮肤病研究所（ID）

卫生部药品生物制品检定所（NICPBP）

中国预防医学科学院病毒研究所

5. 中国抗生素微生物菌种保藏管理中心（CACC）

中国医学科学院医药生物技术研究所

四川抗生素研究所（SIA）

华北制药厂抗生素研究所（IANP）

6. 中国兽医微生物菌种保藏管理中心（CVCC）

农业部兽药监察研究所（NCIVBP）

7. 中国林业微生物菌种保藏管理中心（CFCC）

中国林业科学院林业研究所（RIF）

（二）国外重要保藏菌种机构

1. 美国标准菌种收藏所（ATCC），美国马里兰州罗克维尔市

2. 荷兰真菌中心收藏所（CBS），荷兰巴尔恩市

3. 英联邦真菌研究所（CMI），英国丘（园）

4. 冷泉港实验室（CSH），美国

5. 日本东京大学应用微生物研究所（IAM），日本东京

6. 发酵研究所（IF），日本大阪

7. 科研化学有限公司（KCC），日本东京

8. 国立标准菌种收藏所（NCTC），英国伦敦

9. 国立卫生研究院（NIH），美国马里兰州贝塞斯达

10. 美国农业部，北方开发利用研究部（NRRL），美国皮奥里亚市

11. 国立血清研究所（SSI），丹麦

12. 威斯康星大学，细菌学系（WB），美国威斯康星州麦迪逊

13. 世界卫生组织（WTO）

14. 日本北海道大学农业部（AHU），日本北海道札幌市

思考与测试

一、填空题

1. 70%左右的抗生素来源于哪类微生物_____。

2. 土霉素、四环素、链霉素、红霉素是由_____菌产生的。

3. 酵母菌的应用有_____、_____。

4. 霉菌包括_____、_____、_____、_____。

5. 青霉素是由_____产生的。

6. 发酵工程是指采用_____手段，利用_____的某些特定功能，为人类生产有用的产品，或直接把微生物应用于工业生产过程的一种新技术。

7. 由于生命体特有的反应机制，微生物能_____地在复杂化合物的特定部位进行氧化、还原、官能团导入等转化反应，从而获得某些具有重大经济价值的物质。

8. 从广义上讲，发酵工程由三部分组成：上游工程、_____、_____。

9. 发酵的流程主要是：保藏菌种—斜面活化—_____—种子罐（灭菌）—_____—产物分离纯化—成品。

10. 生物药物是利用生物体、_____或其成分，综合应用生物学、_____、微生物学、免疫学、_____和药学的原理与加工方法进行加工、制造而成的一大类预防、诊断、治疗疾病的物质。

11. 人们可有目的地从自然界中筛选有用的微生物菌种，并可通过_____、细胞融合和_____等育种技术获得高产菌株。

二、选择题

1. 与化学工程相比，发酵工程的特点有（　　）。

A. 在高温高压下进行

B. 发酵过程需防止杂菌污染

C. 微生物发酵液成分较单一

D. 微生物发酵液一般含对生物体有害的物质

2. 现代发酵工程是（　　）。

A. 经验发酵时期
B. 深层培养发酵时期

C. 定向育种发酵时期
D. 纯培养发酵技术时期

3. （　　）在第二次世界大战时利用深层通气培养法从土壤中分离得到医用抗生素30多种。

A. 弗莱明
B. 巴斯德
C. 达尔文
D. 列文·虎克

4. 大肠杆菌不可以用于生产哪种氨基酸？（　　）

A. 天冬氨酸
B. 苏氨酸
C. 缬氨酸
D. 谷氨酸

三、简答题

举例说明紫外线诱变育种的基本原理和主要步骤。

第二单元　工业发酵培养基

　　培养基是人工配制的供微生物或动、植物细胞生长、繁殖、代谢和合成人们所需产物的营养物质和原料，同时培养基也为微生物等提供除营养外的其他生长所必需的环境条件。培养基成分和配比合适与否，对微生物生长发育、物质代谢、发酵产物的积累以及生产工艺都有很大的影响。良好的培养基配比可以充分发挥菌种的生物合成能力，以达到最良好的生产效果；相反，若培养基成分、配比或原材料不合适，则菌种生长及发酵的效果就较差。对某一微生物和产品来讲，需经过一系列实验的摸索，才能确定一种既有利于微生物的生长，又能保证得到高产优质产品的较为理想的培养基配方。当然，一种好的培养基配方还应随菌种的改良、发酵控制条件和发酵设备的变化而作相应的变化调整。针对不同的应用目的，所使用的培养基也各不相同。

任务一　工业发酵培养基的成分

　　工业发酵所用培养基的营养成分与实验室所用培养基的成分基本相同，包括碳源、氮源、无机盐、生长因子和水分等。此外，为了合成某些特殊目的物和工艺控制需要，有些发酵培养基还需加入前体、抑制剂、促进剂和消沫剂等。

一、碳源

　　凡可构成微生物细胞和代谢产物中碳素来源的营养物质，统称为碳源。碳源是培养基的主要成分之一。因为微生物细胞的原生质体（细胞内碳架结构）以及几乎所有的代谢产物都是含有碳素的有机物质，碳源是微生物细胞壁、荚膜和细胞贮藏物质的主要构成成分，再加上绝大多数微生物的碳源可以兼作能源，所以，碳源不仅需要量大，而且是组成培养基的最基本的营养要素。

　　常用的碳源有糖类、油脂、有机酸、低碳醇和碳氢化合物。在特殊情况下，蛋白质水解产物或氨基酸等也可被某些菌种作为碳源使用。由于菌种所含的酶系统不完全一样，各种菌种对不同碳源的利用速率和效率也不一样。

　　按被菌体利用的速率不同，碳源可分为迅速利用的碳源（速效碳）和缓慢利用的碳源（缓效碳）。前者能较快速地参与代谢、合成菌体和产生能量，并产生分解产物，因此有利于菌体的生长。但迅速利用的碳源对很多产物的合成产生阻遏作用。缓慢利用的碳源，多数有利于产物形成。速效碳主要有葡萄糖，其他包括有些微生物能直接吸收利用的单糖和低级碳类物质。缓效碳主要包括二糖、多糖等物质。工业发酵两种碳源一般配合使用，以分别满足微生物生长和产物合成的需要。

1. 糖类

工业发酵中常用的糖类按化学结构可分为单糖、双糖、多糖及高级碳类物质。

葡萄糖是碳源中最易利用的糖，几乎所有的微生物都能利用葡萄糖，所以葡萄糖常作为培养基的一种主要成分，并且作为加速微生物生长的一种速效糖。但是过多的葡萄糖会过分加速菌体的呼吸，以致培养基中的溶解氧不能满足需要，使一些中间代谢产物不能完全氧化而积累在菌体或培养基中，如丙酮酸、乳酸、乙酸等，导致 pH 下降，影响某些酶的活性，从而抑制微生物的生长和产物的合成。木糖和其他单糖在工业发酵生产中应用得很少。

工业生产中常用的双糖主要有蔗糖、乳糖和麦芽糖。糖蜜是制糖厂生产糖时的结晶母液，是甘蔗糖厂或甜菜糖厂的副产物。糖蜜含有较丰富的糖、氮素化合物、无机盐和维生素等，是微生物发酵工业价廉物美的原料。糖蜜主要含蔗糖，总糖可达 50%～60%。糖蜜一般包括甘蔗糖蜜和甜菜糖蜜，二者糖的含量和无机盐的含量都有所不同，使用时应注意。

工业发酵用的多糖有淀粉、糊精及其水解液。玉米淀粉及其水解液是发酵中常用的碳源。马铃薯、小麦和燕麦淀粉等常用于有机酸、醇等的生产中。它们一般都要经菌体产生的胞外酶水解成单糖后再被吸收利用。

2. 油脂

霉菌和放线菌还可以利用油脂作碳源。一般来说，在培养基中糖类缺乏或发酵至某一阶段，菌体可以利用油脂。在发酵过程中加入的油脂有消沫和补充碳源的双重作用。菌体利用油脂作碳源时耗氧量增加，因此必须提供充足的氧气，否则容易导致有机酸积累，使发酵液的 pH 降低。油脂在贮藏过程中容易酸败，同时还可能增加过氧化物的含量，对微生物的代谢有毒副作用。

3. 有机酸、醇、碳氢化合物

某些有机酸、醇在单细胞蛋白、氨基酸、维生素、麦角碱和某些抗生素的发酵生产中作为碳源使用。如嗜甲烷棒状杆菌，用甲醇作碳源生产单细胞蛋白，在分批发酵的最佳条件下，该菌的甲醇转化率达 47.4%。

有机酸盐可作为碳源，它氧化产生的能量能被菌体用于生长繁殖和合成代谢产物，同时对发酵过程的发酵液 pH 起调节作用，如：$CH_3COONa + 2O_2 \Longrightarrow 2CO_2 + H_2O + NaOH$，发酵液的 pH 随有机酸的氧化而升高。

许多石油产品作为微生物发酵的主要原材料正在进行深入研究和推广之中。现有的研究结果表明，在单细胞蛋白、氨基酸、核苷酸、有机酸、维生素、酶类、糖类和某些抗生素发酵中应用石油产品作原料，均获得了较好的效果。如用裂烃棒状菌 R_T 的抗青霉素突变株生产谷氨酸，用正十六烷作碳源，在发酵液中加入一定浓度的青霉素，发酵至 100h，谷氨酸产量达 84g/L。

二、氮源

凡可构成微生物细胞的原生质（蛋白质、核酸、酶等）或其代谢产物中氮素来源的营养物质，统称为氮源。它们为微生物的菌体蛋白和核酸等结构的形成提供主要组成成分。氮源主要用来构成菌体细胞物质和代谢产物，即蛋白质及氨基酸之类的含氮代谢物。通常所用的氮源可分为有机氮源和无机氮源。

氮源与碳源一样，也包括速效氮和缓效氮。前者指氨基氮或铵基氮，如氨基酸或铵盐；后者指不能被微生物直接吸收利用，必须通过微生物分泌的胞外水解酶的消化才能被利用的物质，如黄豆饼粉、花生饼粉等。速效氮通常有利于机体的生长，用于发酵前期；缓效氮有利于代谢产物的形成，用于发酵后期。在工业发酵过程中，往往是将速效氮源与缓效氮源按一定的比例制成混合氮源加到培养基中，以控制微生物生长时期与代谢产物形成期的长短，达到提高产量的目的。

1. 有机氮源

常用的有机氮源有花生饼粉、黄豆饼粉、棉子饼粉、玉米浆、玉米蛋白粉、蛋白胨、酵母粉、鱼粉、蚕蛹粉、尿素、菌丝体和酒糟等。它们在微生物分泌的胞外蛋白酶作用下水解为氨基酸，被菌吸收后再进一步分解代谢。

有机氮源除含有丰富的蛋白质、多肽和游离氨基酸外，往往还含有少量的糖类、脂肪、无机盐、维生素及某些生长因子，因而微生物在含有机氮源的培养基中常表现出生长旺盛、菌体浓度增长迅速的特点，这可能是因为微生物在有机氮源培养基中，直接利用氨基酸和其他有机氮化合物中的各种不同结构的碳架，来合成生命所需要的蛋白质和其他细胞物质，而无需从糖代谢的分解产物来合成各种所需的物质。有些微生物对氨基酸有特殊的需要，例如，在合成培养基中加入缬氨酸可以提高红霉素的发酵单位，因为在此发酵过程中缬氨酸既可供菌体作氮源，又可供红霉素合成之用。在一般工业生产中，因价格昂贵，都不直接加入氨基酸。大多数发酵工业都借助于有机氮源来获得所需氨基酸，例如在赖氨酸生产中，甲硫氨酸和苏氨酸的存在可提高赖氨酸的产量，但生产中常用黄豆水解液来代替。只有当利用血清培养基培养哺乳动物细胞生产某些用于人类的疫苗、抗体和细胞因子时，才选用无蛋白质的化学纯氨基酸作培养基原料。

玉米浆是一种用亚硫酸浸泡玉米而得的浸泡水浓缩物，含有丰富的氨基酸（丙氨酸、赖氨酸、谷氨酸、缬氨酸及苯丙氨酸）、核酸、维生素、无机盐等，它的平均化学组成见表2-1。

表 2-1　玉米浆的平均化学组成　　　　　　　　　　　　　　单位：%

成分	氨基氮	还原糖	总糖	溶磷	酸度	铁	总灰分
43	3.9～4.0	1.9～2.32	3.6～3.7	1.25～1.52	10～11	0.05～0.5	20

玉米浆是一种很容易被微生物利用的良好氮源。玉米浆中固形物含量在 50% 左右，还含有较多的有机酸，所以玉米浆的 pH 在 4 左右。由于玉米浆的来源不同、加工条件不同，因此玉米浆的成分常有较大波动，在使用时应注意适当调配。

尿素也是常用的有机氮源，但成分单一，不具有上述有机氮源的特点。在谷氨酸等生产中常被采用，可提高谷氨酸的产量。有机氮源除了作为菌体生长繁殖的营养外，有的还是产物的前体，例如甘氨酸可作为 L-丝氨酸的前体。

2. 无机氮源

常用的无机氮源有铵盐、硝酸盐和氨水等。微生物对它们的吸收利用一般比有机氮源快，所以也称之为迅速利用的氮源。但无机氮源的迅速利用会引起 pH 的变化，如：

$$(NH_4)_2SO_4 = 2NH_3 + H_2SO_4$$

$$NaNO_3 + 4H_2 = NH_3 + 2H_2O + NaOH$$

反应中所产生的 NH_3 被菌体作为氮源利用后，培养液中就留下了酸性物质或碱性物质，这种经微生物作用后能形成酸性物质的无机氮源称为生理酸性物质，如硫酸铵；若菌体代谢后能产生碱性物质，则此种无机氮源称为生理碱性物质，如硝酸钠。正确使用生理酸碱性物质，对稳定和调节发酵过程的 pH 有积极作用。例如在制液体曲时，用 $NaNO_3$ 作氮源，菌丝长得粗壮，培养时间短，且糖化力较高。这是因为 $NaNO_3$ 代谢得到的 NaOH 可中和曲霉生长中所释放的酸，使 pH 稳定在工艺要求的范围内。又如黑曲霉发酵过程中用 $(NH_4)_2SO_4$ 作氮源，培养液中留下的 H_2SO_4 使 pH 下降，而这对提高糖化型淀粉酶的活力有利，且较低的 pH 还能抑制杂菌生长，防止污染。

　　氨水在发酵中除可以调节 pH 外，也是一种容易被利用的氮源，在许多抗生素的生产中得到普遍使用。氨水因碱性较强，因此使用时要防止局部过碱，加强搅拌，并少量多次加入。另外，在氨水中还含有多种嗜碱性微生物，因此在使用前应用石棉等过滤介质进行除菌过滤，这样可防止因通氨水而引起的污染。

三、无机盐及微量元素

　　微生物生长发育和生物合成过程中需要钙、镁、硫、磷、铁、钾、钠、氯、锌、钴、锰和铜等无机盐和微量元素，以作为其生理活性物质的组成或生理活性作用的调节物。这些物质一般在低浓度时对微生物生长和产物合成有促进作用，在高浓度时常表现出明显的抑制作用。而各种不同微生物及同种微生物在不同的生长阶段对这些物质的最适浓度要求均不相同，因此，在生产中要通过试验预先了解菌种对无机盐和微量元素的最适需求量，以稳定或提高产量。

　　在培养基中，钙、镁、硫、磷、钾和氯等常以盐的形式加入，而铁、钴、锰、锌、钼和铜等缺少了对微生物生长固然不利，但因其需要量很少，除了合成培养基外，一般在复合培养基中不再另外单独加入，因为复合培养基中的许多动、植物原料中都含有微量元素。但有些发酵工业中也有单独加入微量元素的，例如生产维生素 B_{12}，尽管用的也是天然复合材料，但因钴是维生素 B_{12} 的组成成分，其需要量随产物量的增加而增加，所以在培养基中加入氯化钴以补充钴。

　　磷是核酸和蛋白质的必要成分，也是重要的能量传递者——三磷酸腺苷的成分。在代谢途径的调节方面，磷起着很重要的作用。磷有利于糖代谢的进行，因此它能促进微生物的生长。但磷若过多时，许多产物的合成常受抑制，例如在谷氨酸的合成中，磷浓度过高会抑制 6-磷酸葡萄糖脱氢酶的活性，使菌体生长旺盛，而谷氨酸的产量却很低，代谢向缬氨酸方向转化。还有许多产品如链霉素、土霉素等都受到磷浓度的影响。

　　培养基中钙盐过多时，会形成磷酸钙沉淀，降低培养基中可溶性磷的含量，因此，当培养基中磷和钙均要求较高浓度时，可将二者分别灭菌或逐步补加。

　　镁除了是组成某些细胞叶绿素的成分外，并不参与任何细胞结构物质的组成。但它处于离子状态时，则是许多重要酶的激活剂。镁离子不但影响基质的氧化，还影响蛋白质的合成。镁常以硫酸镁的形式加入培养基中，但在碱性溶液中会生成氢氧化镁沉淀，因此配料时应注意。

　　硫存在于细胞的蛋白质中，是含硫氨基酸的组成成分和某些辅酶的活性基，所以在这些产物的生产培养基中，需要加入如硫酸钠等含硫化合物作硫源。

　　铁是细胞色素、细胞色素氧化酶和过氧化氢酶的成分，因此铁是菌体有氧氧化不可缺少的元素。工业生产上一般用铁制发酵罐，这种发酵罐内的溶液即使不加任何含铁化合物，其铁离子质量浓度已可达 $30\mu g/mL$。另外，一些天然培养基的原料中也含有铁。所以在一般发酵培养基中不再加入含铁化合物。而有些产品对铁很敏感，如在柠檬酸生产中，铁离子的存在会激活顺乌头酸酶的活力，使柠檬酸进一步代谢为异柠檬酸，这样不但降低了产率，而且还给提取工艺带来了麻烦。据报道，在无铁培养基中产酸率可比含铁培养基中提高近 3 倍。生产啤酒时，糖化用水若铁离子浓度高，就降低了酵母的发酵活力，引起啤酒的冷浑浊，而影响啤酒质量。因此，一般酿造用水铁离子含量应在 0.5mg/L 以下。上述产品应使用不锈钢发酵罐。

氯离子在一般微生物中不具有营养作用，但对一些嗜盐菌来说是需要的。在一些产生含氯代谢物（如金霉素）的发酵中，除了从其他天然的原料和水中带入的氯离子外，还需加入约 0.1% 的氯化钾以补充氯离子。啤酒在糖化时，氯离子含量在 20~60mg/L 内，则能赋予啤酒柔和口味，并对酶和酵母的活性有一定的促进作用。但氯离子含量过高会引起酵母早衰，使啤酒带有咸味。

钠离子、钾离子、钙离子等离子虽不参与细胞结构物质的组成，但仍是微生物发酵培养基的必要成分。钠离子与维持细胞渗透压有关，故在培养基中常加入少量钠盐，但用量不能过高，否则会影响微生物生长。钾离子也与细胞渗透压和透性有关，并且还是许多酶的激活剂，能促进糖代谢。在谷氨酸发酵中，菌体生长时需要钾离子约 0.01%；生产谷氨酸时需要钾离子 0.02%~0.10%。钙离子能控制细胞透性，常用的碳酸钙本身不溶于水，几乎是中性，但它能与代谢过程中产生的酸起反应，形成中性化合物和二氧化碳，后者从培养基中逸出，因此碳酸钙对培养液 pH 有一定的调节作用。在配制培养基时要注意，先要将配好的培养基（除碳酸钙外）调到 pH 近中性，才能将碳酸钙加入培养基中，这样可防止碳酸钙在酸性培养基中被分解而失去其在发酵过程中的缓冲能力，所采用的 $CaCO_3$ 要对其 CaO 等杂质含量作严格控制。

锌、钴、锰和铜大部分作为酶的辅基和激活剂，一般来讲只有在合成培养基中才需加入这些元素。

四、生长因子

生长因子是一类对微生物正常生活所不可缺少而需要量又不大，但微生物自身不能用简单的碳源或氮源合成，或合成量不足以满足机体生长需要的有机营养物质。从广义上讲，凡微生物生长不可缺少的微量有机物，统称为生长因子，一般指 B 族维生素，也有氨基酸、嘌呤和嘧啶；而狭义的生长因子一般仅指维生素。不同微生物需求的生长因子的种类和数量不同。缺乏合成生长因子能力的微生物称为生长因子异养型微生物、生物素营养缺陷型。如以糖质原料为碳源的谷氨酸生产菌均为生物素营养缺陷型，以生物素为生长因子，生长因子对发酵的调控起到重要的作用。

有机氮源是生长因子的重要来源，多数有机氮源含有较多的 B 族维生素和微量元素及其他微生物生长不可缺少的生长因子。在微生物的科研和生产中，酵母膏、玉米浆、肝脏浸出液等，通常被作为生长因子的来源物质。事实上，许多作为碳源和氮源的天然成分，如麦芽汁、牛肉膏、麸皮、米糠、马铃薯汁等本身就含有极为丰富的生长因子，一般在这类培养基中，无需再另外添加生长因子。但在某些特殊情况下需单独加入维生素。例如在谷氨酸生产过程中需加入生物素，某些植物细胞培养中需要硫胺素。

五、前体、抑制剂和促进剂

在产物合成过程中，被菌体直接用于产物合成而自身结构无显著改变的物质称为前体。前体能明显提高产品的产量，在一定条件下还能控制菌体合成代谢产物的流向。例如丝氨酸、色氨酸、异亮氨酸及苏氨酸发酵时，培养基中须分别添加各种氨基酸的前体物质如甘氨酸、吲哚、高丝氨酸等，这样可避免氨基酸合成途径的反馈抑制作用，从而获得较高的产率。但是培养基中前体物质的浓度超过一定量时，对菌体的生长显示毒副作用。为了避免此现象发生，发酵过程中，一般采用间歇分批添加或连续滴加的方法加入前体物质。

发酵中有时为了促进菌体生长或产物合成，或抑制不需要的代谢产物的合成，需要向培养基中加入某种抑制剂或促进剂。例如，谷氨酸发酵时容易产生噬菌体引起的异常发酵，现在采取的措施除了交替更换菌种或选用抗噬菌体菌株外，也采用添加氯霉素、多聚磷酸盐、植酸等抑制剂的措施。赖氨酸发酵等营养缺陷型菌株容易发生回复突变，现在已采用发酵时定时添加红霉素而解决。发酵过程中添加促进剂的用量极微，若选择得好，则效果较显著，但一般说来，促进剂的专一性较强，往往不能相互套用。

六、水

水是培养基的主要组成成分。水既是构成菌体细胞的主要成分，又是微生物体内和体外的溶剂，营养物质只有溶解于水才能被细胞吸收；代谢产物也只有通过水才能排出菌体外。此外，水还能调节细胞的温度。所以说水的质量对微生物的生长繁殖和产物合成有着重要的作用。生产中使用的水有深井水、自来水、地表水和纯净水等。

七、消沫剂

工业发酵中常用一些消沫剂来消除发酵中产生的泡沫，以防止逃液和染菌，保证生产的正常运转。常用的消沫剂有植物油脂、动物油脂和一些化学合成的高分子化合物。应用何种消沫剂，视生产菌种的生理特性和地域情况确定。有的国家主要用植物油脂如玉米油、豆油等作消沫剂，有的国家主要用动物油脂如鲸鱼油、猪油作消沫剂，有的国家采用高分子化合物作为消沫剂。这些消沫剂中，以合成的高分子消沫剂效果最好。

任务二 工业发酵培养基的类型和设计

根据发酵目的的不同，工业发酵培养基有很多种类型。工业发酵培养基目前还不能完全从生化反应的基本原理来推断和计算出适合某一菌种的培养基配方，只能用生物化学、细胞生物学、微生物学等基本理论，参照前人所使用的较适合某一类菌种的经验配方，再结合所用菌种和产品的特性，采用摇瓶、玻璃罐等小型发酵设备，按照一定的实验设计和实验方法选择出较为适合的培养基。

一、培养基的类型

由于微生物种类不同，它们所需要的培养基也有所不同。即使对同一菌种，由于使用目的不同，对培养基的要求也不完全一样。培养基按其组成物质的来源、用途、状态可分为以下几大类型。

1. 按营养物质的来源分

培养基按其组成的营养物质来源可分为天然培养基、半合成培养基和合成培养基（复合培养基）。

（1）天然培养基 天然培养基是采用各种植物和动物组织或微生物的浸出物、水解液等物质（如牛肉膏、酵母膏、麦芽汁、米曲汁、蛋白胨等）以及天然含有丰富营养的有机物质（如马铃薯、玉米粉、麸皮、花生饼粉等）制成的培养基。发酵工业中普遍使用天然培养基，它的原料是一些天然动植物产品，营养丰富，适合于微生物生长。一般天然培养基中不需要另加微量元素、维生素等物质，而培养基组成的原料来源丰富（大多为农副产品）、价格低廉，适用于工业化生产。但是，由于组分复杂、化学成分不清楚或不稳定（受产地、品种、加工以及保存方法等因素影响），故不易重复，如果对原料质量等方面不加控制会影响生产的稳定性。

（2）合成培养基　合成培养基是使用成分完全了解的化学药品配制而成。合成培养基组分的化学成分明确、稳定，重复性好，但价格较贵，培养的微生物生长较慢。适用于实验室进行微生物生理、遗传育种及高产菌种性能的研究。在生产某些疫苗过程中，为防止异性蛋白等杂质混入，也经常使用。培养放线菌的高氏一号培养基和培养真菌的察氏培养基都属于合成培养基。但这种培养基营养单一，价格较高，不适于大规模工业生产。

（3）半合成培养基　半合成培养基以天然的有机物作为碳源、氮源及生长因子的来源，并适当加入一些化学药品以补充无机盐成分，使其更能充分满足微生物对营养的需求。例如，培养真菌用的马铃薯蔗糖培养基等。半合成培养基配制方便、成本低、微生物生长良好、应用很广，大多数微生物都能在此类培养基上生长。发酵生产和实验室中应用的大多数培养基都属于半合成培养基。

2. 按用途分

工业发酵培养基按其用途主要可分为孢子培养基、种子培养基和发酵培养基三种。孢子培养基是供菌种繁殖孢子的一种常用固体培养基，对这种培养基的要求是能使菌体迅速生长，产生较多优质的孢子，并要求这种培养基不易引起菌种发生变异。所以对孢子培养基的基本配制要求是：第一，营养不要太丰富（特别是有机氮源），否则不易产生孢子。第二，所用无机盐的浓度要适量，不然也会影响孢子量和孢子颜色。第三，要注意孢子培养基的pH和湿度。生产上常用的孢子培养基有：麸皮培养基、小米培养基、大米培养基、玉米碎屑培养基和用葡萄糖、蛋白胨、牛肉膏及食盐等配制成的琼脂斜面培养基。

3. 根据培养基的物理性状分

培养基按其物理性状可分为液体培养基、固体培养基和半固体培养基。

（1）液体培养基（liquid medium）　将各营养成分按一定比例配制而成的水溶液或液体状态的培养基。工业上绝大多数发酵都采用液体培养基。实验室中微生物的生理、代谢研究和获取大量菌体时也常利用液体培养基。

（2）固体培养基（solid medium）　在液体培养基中加入一定量的凝固剂（如琼脂、明胶等）配制而成的固体状态的培养基。固体培养基在科学研究和生产实践中具有很多用途，例如它可用于菌种分离、鉴定、菌落计数、检测杂菌、选种、育种、菌种保藏、抗生素等生物活性物质的效价测定及获取孢子等，在发酵工业中常用固体培养基进行固体发酵。

（3）半固体培养基（semi-solid medium）　半固体培养基是指琼脂加入量为0.5%～0.8%而配制的固体状态的培养基。半固体培养基有许多特殊的用途，如可以通过穿刺培养观察细菌的运动能力、进行厌氧菌的培养及菌种保藏等。

4. 根据培养基在发酵生产中的不同用途分

培养基按其在发酵生产中的不同用途可分为繁殖和保藏培养基、种子培养基和发酵培养基。

（1）繁殖和保藏培养基（reproducible medium）　主要用于微生物细胞生长繁殖和保藏，大部分情况下就是斜面培养基，包括细菌、酵母菌等的斜面培养基以及霉菌、放线菌产孢子培养基或麸曲培养基等。配置繁殖和保藏培养基时需注意：①富含有机氮源，少含碳源；②所用无机盐的浓度要适量；③pH和湿度要适中。

（2）种子培养基（seed culture medium）　种子培养基是适合微生物菌体生长的培养基，

目的是为下一步发酵提供数量较多、强壮而整齐的种子细胞。配置的一般要求是：①氮源、维生素丰富，氮源含量高些，总浓度相对较低；②碳源少量，若糖分过多，菌体代谢活动旺盛，产生有机酸，使 pH 下降，菌种容易衰老；③种子培养基成分应与发酵培养基的主要成分相近，以缩短发酵阶段的适应期（延滞期）。

（3）发酵培养基（fermentation medium） 用于生产预定发酵产物的培养基。因此必须根据产物合成的特点来设计培养基。一般的发酵产物以碳为主要元素，所以发酵培养基中的碳源含量往往高于种子培养基。若产物的含氮量高，应增加氮源。在大规模生产时，原料应该价廉易得，还应有利于下游的分离提取工作。

二、工业发酵培养基的设计

一般来讲培养基的选择首先是培养基成分的确定，然后再决定各成分之间如何最佳地复配。培养基的组分（包括这些组分的来源和加工方法）、配比、缓冲能力、黏度、消毒是否彻底、消毒后营养破坏的程度以及原料中杂质的含量都对菌体生长和产物形成有影响，目前还不能完全从生化反应的基本原理来推断和计算出适合某一菌种的培养基配方。尽管用于发酵工业的培养基配制缺乏一定的理论性，但近百年来发酵工业和有关学科的发展，为人们提供了相当丰富的经验和理论依据。

1. 培养基成分选择的原则

考虑某一菌种对培养基的总体要求，在成分选择时应注意以下几个方面的问题。

（1）菌体的同化能力 一般只有小分子能够通过细胞膜进入细胞体内进行代谢。微生物能够利用复杂的大分子是由于微生物能够分泌各种各样的水解酶类，在体外将大分子水解为能够直接利用的小分子物质。由于微生物来源和种类的不同，所能分泌的水解酶系是不一样的。因此有些微生物由于水解酶系的缺乏只能够利用简单的物质，而有些微生物则可以利用较为复杂的物质。因而在选择培养基成分时，必须充分考虑菌种的同化能力，从而保证所选用的培养基成分是微生物能够利用的。

这一点在碳源和氮源的选取时特别要注意。许多碳源和氮源都是复杂的有机物大分子，如淀粉、黄豆饼粉等。用这类原料作为培养基，微生物必须要具备分泌胞外淀粉酶和蛋白酶的能力，但不是所有的微生物都具备这种能力。

例如，对于酵母，一般仅能利用二糖至三糖，最多为四糖，因此酿造行业用粮食原料制酒时，对于原材料必须经过一系列的处理，最终获得酵母能够利用的碳源。如以中国为代表的制曲（大曲中含有丰富的淀粉酶和糖化酶，可以将淀粉转化为糖）酿酒工艺，国外以麦芽（麦芽中含有丰富的淀粉水解酶类，可以将淀粉转化为麦芽糖）制酒为代表的酿酒工艺，都是千百年来广大人民实践摸索的结果。

葡萄糖是几乎所有的微生物都能利用的碳源，因此在培养基选择时一般被优先加以考虑。但由于直接选用葡萄糖作为碳源成本相对较高，工业上一般采用淀粉水解糖。在工业生产上将淀粉水解为葡萄糖的过程称为淀粉的"糖化"，所得的糖液称为淀粉水解糖。

淀粉水解糖液中主要的糖类是葡萄糖。因水解条件不同，糖液中尚有少量的麦芽糖及其他一些二糖、低聚糖等复合糖类。这些低聚糖的存在不仅降低了原料的利用率，而且会影响糖液的质量，降低减少糖液可发酵的营养成分。除此以外，原料中带来的杂质如蛋白质、脂肪等以及其分解产物也混于糖液中。因此，为了保证发酵正常生产，生产的水解糖液必须达到一定的质量指标（表2-2）。影响淀粉水解糖的质量因素除原料外，很大程度上与制备方法密切相关。目前淀粉水解糖的制备方法分为酸法、酸酶法和双酶法，其中以双酶法制得的糖液质量最好（表2-3）。

表 2-2　谷氨酸生产中糖液的质量指标

项　目	要　求	项　目	要　求
色泽	浅黄、杏黄色透明液	葡萄糖值(DE 值)	90％以上
糊精反应	无	透光率	60％以上
还原糖含量	18％左右	pH	4.6～4.8

表 2-3　不同糖化工艺所得糖液质量的比较

项　目	酸法	酸酶法	双酶法
葡萄糖值(DE 值)	91	95	98
葡萄糖含量(以干重计)/％	86	93	97
灰分/％	1.6	0.4	0.1
蛋白值/％	0.08	0.08	0.10
羟甲基糠醛/％	0.30	0.008	0.003
色度	10.0	0.3	0.2
葡萄糖收得率	80％～90％	较酸法高 5％	较酸法高 10％

对于氮源，许多有机氮源都是复杂的大分子蛋白质。有些微生物，如大多数氨基酸产生菌，缺乏蛋白质分解酶，不能直接分解蛋白质，必须将有机氮源水解后才能被利用。常用的有大豆饼、花生饼粉和毛发的水解液。各种蛋白质水解液的氨基酸含量见表 2-4。豆饼水解液制备方法如下：豆饼粉（100kg）＋水（133kg）＋盐酸，调 pH 至 1.0 以下，100℃、常压水解 16h，或于 0.25～0.3MPa 压力下水解 6h，也可用硫酸水解，用氨中和。

表 2-4　各种蛋白质水解液的氨基酸含量　　　　　　　　单位：％

组成	棉籽饼水解液	毛发水解液	血蛋白水解液	味精母液	豆饼水解液
精氨酸	12.10	4.16	4.50	2.10	7.00
组氨酸	2.70	0.33	6.40	0.88	5.60
赖氨酸	4.40	1.32	9.20	0.55	6.60
酪氨酸	1.30	1.08	2.50	2.06	1.20
色氨酸	2.20	—	1.40	—	3.20
苯丙氨酸	5.40	0.98	7.70	1.80	4.80
胱氨酸	1.60	4.96	1.40	—	1.20
蛋氨酸	1.40	0.45	1.20	—	1.10
丝氨酸	3.90	2.66	8.40	—	5.60
苏氨酸	3.40	2.26	4.40	—	3.90
亮氨酸	5.70	3.25	11.60	4.14	7.60
异亮氨酸	3.60	1.23	2.30	—	5.80
缬氨酸	4.60	1.81	8.30	0.88	5.20
谷氨酸	17.10	4.60	9.30	0.77	18.50
天冬氨酸	10.00	2.41	12.40	0.84	8.30
甘氨酸	3.90	1.33	4.70	0.46	1.90
丙氨酸	4.00	1.73	1.00	3.77	4.50
脯氨酸	3.00	6.29	4.90	3.00	5.40

（2）代谢的阻遏和诱导　在配制培养基考虑碳源和氮源时，应根据微生物的特性和培养的目的，注意快速利用的碳（氮）源和慢速利用的碳（氮）源的相互配合，以发挥各自的优势，避其所短。

对于快速利用的碳源葡萄糖来讲，当菌体利用葡萄糖时产生的分解代谢产物会阻遏或抑制某些产物合成所需的酶系的形成或酶的活性，即发生葡萄糖效应。因此在抗生素发酵时，作为种子培养时的培养基所含的快速利用的碳源和氮源往往比作为合成目的产物发酵培养时的培养基所含的多。当然也可考虑分批补料或连续补料的方式，以及在基础培养基中添加诸如磷酸三镁等称为铵离子捕捉剂的化合物来控制微生物对底物的合适利用速率，以解除所谓的"葡萄糖效应"来得到更多的目的产物。另外，对于孢子培养基的配制来说，营养不能太丰富（特别是有机氮源），否则只长营养菌丝而不产孢子。这种培养基中所用无机盐浓度要适量，不然也会影响孢子量和孢子颜色。

例如，对于酶制剂生产，应考虑碳源的分解代谢产生的阻遏的影响。对许多诱导酶来说，易被利用的碳源（例如葡萄糖与果糖等）不利于产酶，而一些难被利用的碳源（如淀粉、糊精等）对产酶是有利的（表 2-5）。因而淀粉与糊精等多糖也是常用的碳源，特别是在酶制剂生产中几乎都选用淀粉类原料作为碳源。

表 2-5 碳源对生产和产酶的影响

碳源	地衣芽孢杆菌		黑曲霉
	细胞量/(g/L)	α-淀粉酶活力/(U/mL)	果胶酶活力/(U/mL)
葡萄糖	4.20	0	0.77
果糖	4.18	0	—
蔗糖	4.02	0	0.66
糊精	3.06	38.2	0.52
淀粉	3.09	40.2	1.93

微生物利用氮源的能力因菌种、菌龄的不同而有差异。多数能分泌胞外蛋白酶的菌株，在有机氮源（蛋白质）上可以良好地生长。同一微生物处于生长不同阶段时，对氮源的利用能力不同。在生长早期容易利用易同化的铵盐和氨基氮，在生长中期则由于细胞的代谢酶系已经形成而利用蛋白质的能力增强。因此在培养基中有机氮源和无机氮源应当混合使用。

有些产物会受氮源的诱导与阻遏，这在蛋白酶的生产中表现尤为明显。除个别蛋白酶外（例如黑曲霉生产酸性蛋白酶需高浓度的铵盐），通常蛋白酶的生产受培养基中蛋白质或多肽的诱导，而受铵盐、硝酸盐、氨基酸的阻遏。这时在培养基氮源选取时应考虑以有机氮源（蛋白质类）为主。

（3）合适的碳、氮比 培养基中碳氮比对微生物生长繁殖和产物合成的影响极为显著。氮源过多，会使菌体生长过于旺盛，pH 偏高，不利于代谢产物的积累；氮源不足，则菌体繁殖量少，从而影响产量。碳源过多容易形成较低的 pH；若碳源不足则容易引起菌体的衰老和自溶。另外，碳氮比不当还会引起菌体按比例吸收营养物质，从而直接影响菌体的生长和产物的合成。

微生物在不同的生长阶段对碳氮比的最适要求也不一样。一般来讲，因为碳源既作为碳架参与菌体和产物的合成，又作为生命过程中的能源，所以比例要求比氮源高。一般工业发酵培养基的碳氮比为 100:(0.2~2.0)。但在谷氨酸发酵中，因为产物含氮量较多，所以氮源比例就相对高些。在谷氨酸生产中选取的碳氮比为 100:(15~21)；若碳氮比例为 100:(0.5~2.0)，则出现只长菌体而几乎不合成谷氨酸的现象。应该指出的是，碳氮比也随碳源及氮源的种类以及通气搅拌等条件而异，因此很难确定一个统一的比值。

2. pH 的要求

微生物的生长和代谢除了需要适宜的营养环境外，其他环境因子也应处于适宜的状态，其中 pH 是极为重要的一个环境因子。微生物在利用营养物质后，由于酸碱物质的积累或代谢会造成培养体系 pH 的波动。发酵过程中调节 pH 的方式一般不主张直接用酸碱来调节，因为培养基 pH 的异常波动常常是由于某些营养成分过多（或过少）而造成的，因此用酸碱虽然可以调节 pH，但不能解决引起 pH 异常的根本原因，其效果常常不甚理想。

要保证发酵过程中 pH 能满足工艺的要求，合理配制培养基是成功的决定因素。因而在配制培养基选取营养成分时，除了考虑营养的需求外，也要考虑其代谢后对培养体系 pH 缓冲体系的贡献，从而保证整个发酵过程中 pH 能够处于较为适宜的状态。

三、培养基的优化

应该指出的是，选择培养基成分以及设计培养基配方虽然有一些理论依据，但最终的确定是通过实验的方法获得的。一般一个培养基设计过程大约经过以下几个步骤：①根据前人的经验和确定培养基成分时一些必须考虑的问题，初步确定可能的培养基成分；②通过单因子实验最终确定出最为适宜的培养基成分；③当培养基成分确定后，剩下的问题就是各成分最适的浓度。由于培养基成分很多，为减少实验次数常采用一些合理的实验设计方法。

最终培养基成分和浓度的确定都是通过实验获得的。一般首先是通过单因子实验确定培养基的成分，然后通过多因子实验确定各成分对培养基的影响大小及其适宜的浓度，最后为了精确确定主要影响因子的适宜浓度，也可以进行进一步的单因子实验。

单因子实验比较简单。对于多因子实验，为了通过较少的实验次数获得所需的结果，常采用一些合理的实验设计方法，如正交实验设计、响应面分析等。

1. 正交实验设计

正交实验设计是安排多因子的一种常用方法，通过合理的实验设计，可用少量的具有代表性的试验来代替全面试验，较快地取得实验结果。正交实验的实质就是选择适当的正交表，合理安排实验方案以及分析实验结果的一种实验方法。具体可以分为下面四步：①根据问题的要求和客观的条件确定因子和水平，列出因子水平表；②根据因子和水平数选用合适的正交表，设计正交表头，并安排实验；③根据正交表给出的实验方案，进行实验；④对实验结果进行分析，选出较优的"试验"条件以及对结果有显著影响的因子。

2. 响应面分析法

正交实验设计是多因子实验安排中最常用的实验设计方法，其他实验设计方法还有很多。特别是一些实验方法结合计算机统计分析软件，使实验的安排和对结果的分析较正交设计更加完善和方便，这里仅仅就响应面分析法作一介绍。

响应面分析（response sur face analysis）方法是数学与统计学相结合的产物。和其他统计方法一样，由于采用了合理的实验设计，能以最经济的方式、用很少的实验数量和时间对实验进行全面研究，科学地提供局部与整体的关系，从而取得明确的、有目的的结论。它与"正交设计法"不同，响应面分析方法以回归方法作为函数估算的工具，将多因子实验中因子与实验结果的相互关系用多项式近似，把因子与实验结果（响应值）的关系函数化，依此可对函数的面进行分析，研究因子与响应值之间、因子与因子之间的相互关系，并进行优化。Box 及其合作者于 20 世纪 50 年代完善了响应面方法学，后广泛应用于化学、化工、农业、机械工业等领域。

四、培养基设计时注意的一些相关问题

有关培养基的设计优化前面介绍了一些原则，但在具体应用时还要注意许多相关的问题，以确保培养基的设计符合稳定、大规模发酵产品的需要。

1. 原料及设备的预处理

发酵培养基所用的原料，有些必须经过适当的预处理。如一些谷物或山芋干等农产品，使用前要去除杂草、泥块、石头、小铁钉等杂物以避免损坏粉碎机。国外生产抗生素用的培

养基均要通过 200 目（75μm）的筛子。有些谷物如大麦、高粱、橡子等原料最好先去皮，这样一方面可以防止皮壳中的有害物质如单宁等带入发酵醪，影响微生物的生长和产物的形成；另一方面大量的皮壳占去一定的体积，降低了设备的利用率，且易堵塞管道，增加流动阻力。

在使用糖蜜时要特别注意，由于糖蜜中含有大量的无机盐、胶体物质和灰分，对于有些产品的生产必须进行预处理。例如在柠檬酸生产时，由于糖蜜中富含铁离子，会导致异柠檬酸的形成，所以糖蜜要预先加入黄血盐除铁。在酒精或酵母生产时，由于糖蜜中干物质浓度大，糖分高、产酸菌多，灰分和胶体物质也很多，酵母无法生长，因此必须经过稀释、酸化、灭菌、澄清和添加营养盐等处理后才能被使用。

工业上一般使用铁制的发酵罐，这种发酵罐内的溶液即使不加入任何含铁的化合物，其铁离子的浓度也可达 30μg/mL。有些产品对铁离子是非常敏感的，如青霉素的最适铁离子浓度应在 20μg/mL 以下。因此，新发酵罐或腐蚀的发酵罐会造成铁离子的浓度过高，这在生产过程中必须加以重视。目前，常用的处理方法是在罐内壁涂生漆或耐热环氧树脂作保护剂以防止铁离子的脱落。

2. 原材料的质量

培养基的配制在发酵过程的控制和优化中有着极其重要的地位。但是由于目前研究得不深入，对于绝大部分产品培养基成分中关键的调控因子还不很清楚。这些关键的调控因子常常是一些微量的物质，它们包含在碳源、氮源中等，特别是从有机氮源中被添加到培养基中。因而这些物质（碳源、氮源等）和其质量（包括成分、含量）的稳定性是获得连续、稳定高产的关键。

在选择培养基所用的有机氮源时，特别要注意原料的来源、加工方法和有效成分的含量以及储存方法。有机氮源大部分为农副产品，其中所含的成分受产地、加工、储存等的影响较大。如常用的黄豆饼粉虽然加工方法都是压榨法，但所用的压榨温度可以是低温（40～50℃）、中温（80～90℃）或高温（100℃以上）。黄豆饼粉不同的加工方法对抗生素发酵的影响很大，如在红霉素生产时应该用热榨的黄豆饼粉，而在链霉素发酵时应该用冷榨的黄豆饼粉。表 2-6 列出了热榨黄豆饼粉和冷榨黄豆饼粉中主要成分的含量。

表 2-6　热榨黄豆饼粉和冷榨黄豆饼粉中主要成分含量　　　　　　　　　单位：％

加工方法　　成分	水分	粗蛋白	粗脂肪	碳水化合物	灰分
冷榨	12.12	46.45	6.12	26.64	5.44
热榨	3.28	47.94	3.74	22.84	6.31

因此每个工厂对这些原料都应进行定点采购和加工，如原料有变化，应事先进行试验，一般不得随意更换原料。对所有的培养基组成都要有一定的质量标准。

3. 发酵特性的影响

培养基中各成分的含量往往是根据经验和摇瓶或小罐试验结果来决定的，但在大规模发酵时要综合考虑。如红霉素摇瓶发酵时，提高基础培养基中的淀粉含量能够延缓菌丝自溶、提高发酵单位。但在大规模发酵时，淀粉含量过高不仅成本增加且发酵液黏稠影响氧的传质，进而影响红霉素的生物合成和后序工段的处理。因此在抗生素发酵生产中往往喜欢所谓的"稀配方"，因为它既降低成本、灭菌容易，且使氧传递容易，从而有利于目的产物的生物合成。如果营养成分缺乏，则可通过中间补料方法予以弥补。

使用淀粉时，如果浓度过高培养基会很黏稠，所以培养基中淀粉的含量大于 2.0% 时，应该先用淀粉酶糊化，然后再混合、配制、灭菌，以免产生结块现象。糊精的作用和淀粉极为相似，因其在热水中的溶解性好，所以补料中一般不补淀粉而补糊精。

4. 灭菌

发酵培养基都要经过灭菌，目前所使用的方法基本上是湿热蒸汽灭菌法。在灭菌的同时必然存在着营养物质的损失。由于灭菌条件的差异造成培养基营养成分的差异，这一点也常常是造成放大的失败和发酵结果波动的重要原因。在大规模发酵中应该尽可能采取连续灭菌的操作，而且保证灭菌条件的稳定，这是保证发酵稳定的前提。

不适当的灭菌操作除了降低营养物质的有效浓度外，还会带来其他有害物质的积累，进一步抑制产物的合成。所以有时为了避免营养物质在加热条件下的相互作用，可以将营养物质分开消毒。如培养基中钙盐过多时，会形成磷酸钙沉淀，降低培养基中可溶性磷的含量。因此，当培养基中磷和钙均要求较高浓度时，可将二者分别灭菌或逐步补加。

有些物质由于挥发和对热非常敏感，不能采用湿热的灭菌方法，如氨水的灭菌常用过滤除菌的方法进行。

任务三　淀粉水解糖的制备

许多工业微生物不能利用淀粉（如所有的氨基酸生产菌、大部分酵母），故发酵前必须将淀粉水解成糖。在工业生产上将淀粉水解为葡萄糖的过程称为淀粉的糖化，制得的水解糖液叫淀粉糖。

一、淀粉颗粒的外观

淀粉颗粒呈白色，不溶于冷水和有机溶剂，其内部呈复杂的结晶组织结构。随原料品种和种类的不同，淀粉颗粒具有不同的形状和大小。其形状不规则，大致上可分为圆形、椭圆形和多角形。

一般来说，水分含量高、含蛋白质少的植物，其淀粉颗粒较大、形状较整齐，大多为圆形或卵形，如马铃薯、甘薯的淀粉。

颗粒较大的薯类淀粉较易糊化，颗粒较小的谷物淀粉相对较难糊化。

二、淀粉的结构

淀粉可分为直链淀粉和支链淀粉两类。直链淀粉通过 α-1,4 键连接。支链淀粉的直链部分通过 α-1,4 键连接，分支点则由 α-1,6 键连接，支链平均有 25 个葡萄糖基团，因而还原性末端数量较少，直链淀粉和支链淀粉的结构示意如图 2-1 所示。一般植物中直链淀粉含量为 20%～25%，支链淀粉占 75%～80%。直链淀粉在 70～80℃的水中可溶，溶液的黏度较小，遇碘呈纯蓝色；支链淀粉在高温水中可溶，溶液的黏度大，遇碘呈蓝紫色。

三、淀粉的特性

淀粉没有还原性，也没有甜味，不溶于冷水、酒精、醚等有机溶剂。淀粉在热水中能吸收水分而膨胀，致使淀粉颗粒破裂，淀粉分子溶解于水中形成带有黏性的淀粉糊，这个过程称为糊化。糊化过程一般经历三个阶段：①可逆性地吸收水分，淀粉颗粒稍微膨胀，此时将淀粉冷却、干燥，淀粉颗粒可恢复原状；②当温度升至 65℃左右，淀粉颗粒不可逆性地吸收大量水分，体积膨胀数十倍至百倍，并扩散到水中，黏度增加很大；③当温度继续升高，大部分的可溶性淀粉浸出，形成半透明的均质胶体，即糊化液。

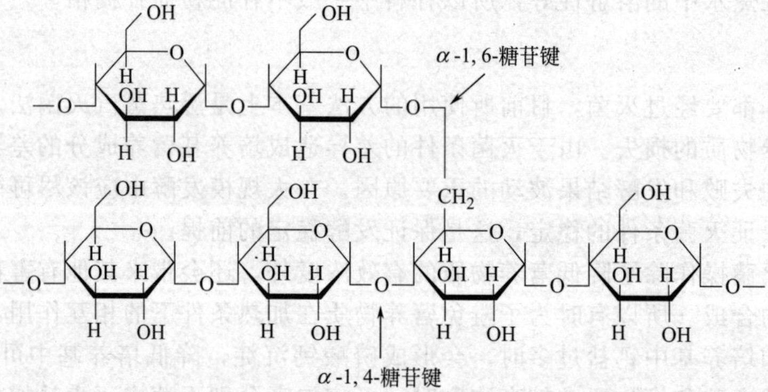

图 2-1 直链淀粉和支链淀粉的结构示意图

淀粉与碘作用，反应强烈，生成鲜明蓝色的"淀粉-碘"复合物。若加热，呈现的蓝色消失，冷却后又重复出现。如果加热温度太高，冷却后蓝色有可能不重现，这是因为碘经加热全部逸出的缘故。

四、淀粉制备葡萄糖的方法与原理

制备淀粉的农产品主要有薯类、玉米、小麦、大米等。根据原料淀粉的性质及采用的催化剂不同，淀粉制备葡萄糖的方法有酸解法、酶解法和酸酶结合法三种。

1. 酸解法及其原理

酸解法又称酸糖化法，它是利用酸为催化剂，在高温高压下将淀粉水解转化为葡萄糖的方法。在加酸、加热的条件下，淀粉可发生水解反应转变为葡萄糖。水解反应的同时，一部分葡萄糖发生复合反应和分解反应。其化学反应的关系如图 2-2 所示。

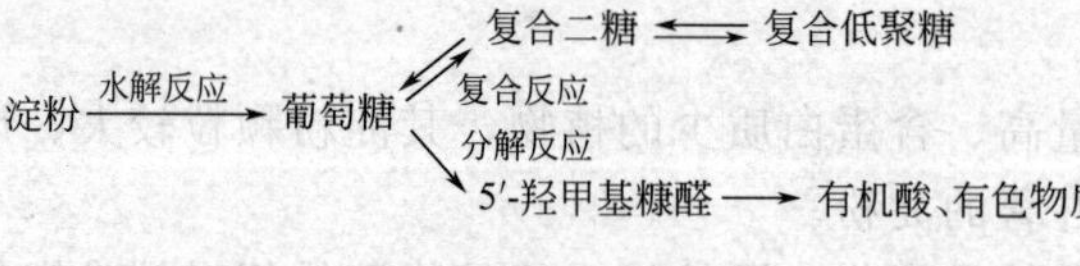

图 2-2 淀粉酸解化学反应的关系

(1) 水解反应 在酸催化作用下，α-1,4-糖苷键与 α-1,6-糖苷键逐步被无序地切断，淀粉颗粒结构被破坏，同时有糊精、低聚糖、麦芽糖和葡萄糖生成。但随着水解作用的进行，中间产物逐渐减少，生成物质的分子质量逐渐变小，最后生成葡萄糖。其反应式如下：

$$(C_6H_{10}O_5)_n \longrightarrow (C_6H_{10}O_5)_x \longrightarrow C_{12}H_{22}O_{11} \longrightarrow C_6H_{12}O_6$$
淀粉　　　　　　　　　糊精　　　　　　麦芽糖　　　　　葡萄糖

糊精是若干种分子大于低聚糖的含有不同数量脱水葡萄糖单位的碳水化合物的总称。糊精具有还原性、旋光性，溶于水，不溶于乙醇。若将糊精滴入无水乙醇中，有白色沉淀析出。由于水解程度不同，所生成糊精分子大小不同，遇碘呈色也不同，随着水解进行所生成的糊精分别为蓝色糊精、紫色糊精、红褐色糊精、红色糊精、浅红色糊精、无色糊精等。在工业生产中，根据糊精的这些性质，用无水乙醇或碘溶液检验淀粉糖化过程的水解情况。

淀粉水解产生葡萄糖的总化学反应可用下式表示：

$$(C_6H_{10}O_5)_n + nH_2O \longrightarrow nC_6H_{12}O_6$$
162　　　　　　18　　　　　　　180

从化学反应式可知，淀粉水解过程中水参与了反应，发生了化学增重。从反应式可以计算淀粉水解产生葡萄糖的理论收率为：

$$\frac{180}{162} \times 100\% = 111\%$$

（2）复合反应　在淀粉酸解过程中，一部分生成的葡萄糖在酸和热的催化作用下，能通过糖苷键聚合，失掉水分子，生成二糖、三糖和其他低聚糖等，这种反应称为复合反应。其化学反应式可表示为：

$$2C_6H_{12}O_6 \longrightarrow C_{12}H_{22}O_{11} + H_2O$$
$$\text{葡萄糖} \qquad\qquad \text{复合二糖} \quad \text{水}$$

葡萄糖复合反应的程度及所生成复合糖的种类和数量，取决于水解条件。一般而言，在较高的淀粉乳浓度、较高的酸浓度、较高的温度和较长的水解时间条件下，复合反应进行的程度高、复合二糖的生成量多、聚合的程度也高。

对于氨基酸发酵来说，复合反应是极其有害的。水解糖液中多数复合糖并不能被氨基酸产生菌所利用，反而抑制氨基酸产生菌的生长繁殖。氨基酸发酵结束时表现为残糖高，使发酵糖酸转化率降低。因此，在酸解法制备葡萄糖工艺操作中，应注意尽量控制复合反应的发生程度。

（3）分解反应　在淀粉的酸水解过程中，由于反应温度过高和时间过长，使部分葡萄糖脱水，发生分解反应，生成 $5'$-羟甲基糠醛。$5'$-羟甲基糠醛的性质不稳定，又可进一步分解成乙酰丙酸、甲酸等物质。这些物质有的自身相互聚合，有的与淀粉中所含的有机物质相结合，产生色素。葡萄糖的分解反应与葡萄糖的浓度、酸度、温度、时间有关。一般来说，加热时间越长、酸浓度越大、葡萄糖的浓度越高，葡萄糖的分解反应越容易发生，生成的有色物质越多。实验证明，葡萄糖因分解反应所损失的量并不多，但有色物质的存在将影响葡萄糖液的质量。

2. 酶解法及其原理

酶解法是用专一性很强的淀粉酶和糖化酶作为催化剂将淀粉水解成为葡萄糖的方法。酶解法制备葡萄糖可分为两步：第一步是液化过程，即利用 α-淀粉酶将淀粉液化，转化为糊精及低聚糖。第二步是糖化过程，即利用糖化酶将糊精或低聚糖进一步水解为葡萄糖。淀粉的液化和糖化都是在酶的作用下进行的，故酶解法又称为双酶法。

（1）液化原理　淀粉的液化是在 α-淀粉酶的作用下完成的。但淀粉颗粒的结晶性结构对酶作用的抵抗力非常强，α-淀粉酶不能直接作用于淀粉。在作用之前，需要加热淀粉乳，使淀粉颗粒吸水膨胀、糊化，破坏其结晶性的结构。

α-淀粉酶是内切型淀粉酶，可从淀粉分子的内部任意切开 α-1,4-糖苷键，使直链淀粉迅速水解生成麦芽糖、麦芽三糖和较大分子的寡糖，然后缓慢地将麦芽三糖、寡糖水解为麦芽糖和葡萄糖。当 α 淀粉酶作用于支链淀粉时，不能水解 α-1,6-糖苷键，但能越过 α-1,6-糖苷键继续水解 α-1,4-糖苷键。因此，液化产物除了麦芽糖和葡萄糖外，还含有一系列带有 α-1,6-糖苷键的寡糖。在 α-淀粉酶作用完全时，淀粉失去黏性，同时无碘的呈色反应。

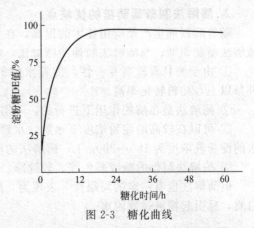

图 2-3　糖化曲线

（2）糖化原理　糖化过程是在淀粉葡萄糖苷酶（俗称糖化酶）的作用下完成的。糖化酶是一种外切型淀粉酶，能从淀粉分子非还原端依次水解 α-1,4-糖苷键和 α-1,6-糖苷键，不过 α-1,6-糖苷键的水解速度仅为 α-1,4-糖苷键的 1/10。在糖化酶的作用下，可将液化产物进一步水解为葡萄糖。糖化过程中,葡萄糖的含量不断增多,其变化趋势如图 2-3 所示。

工业上用 DE 值(也称葡萄糖值)表示淀粉糖的糖组成。糖化液中的还原糖含量(以葡萄糖计算)占干物质的百分率称为 DE 值。可用下式计算:

$$DE\ 值 = \frac{还原糖含量(\%)}{干物质含量(\%)} \times 100\%$$

3. 酸酶结合法及其原理

酸酶结合法是集中酸解法及酶解法制糖的优点而采用的生产方法,它又可分为酸酶法和酶酸法两种。

(1)酸酶法 酸酶法是先将淀粉用酸水解成糊精或低聚糖,然后再用糖化酶将其水解为葡萄糖的工艺。该法适用于玉米、小麦等谷类淀粉。这些淀粉颗粒坚实,如果用 α-淀粉酶液化,在短时间内作用,液化反应往往不彻底。因此,采用酸先将淀粉水解至 DE 值为 10%~15%,然后将水解液降温、中和,再加入糖化酶进行糖化。

酸酶法制糖具有酸液化速度快的优点。由于糖化过程用酶法来进行,可采用较高的淀粉乳浓度,提高生产效率。另外,此法酸用量少,产品色泽浅,糖液质量高。

(2)酶酸法 酶酸法工艺主要是将淀粉乳先用 α-淀粉酶液化到一定程度,过滤除去杂质后,然后用酸水解成葡萄糖的工艺。

对于一些颗粒大小很不均匀的淀粉,如果用酸水解法常导致水解不均匀,出糖率低。酶酸法比较适用于此类淀粉,且淀粉浓度可以比酸法高;在第二步水解过程中 pH 可稍高,以减少副反应,使糖液色泽较浅。

五、酸解法与酶解法的优缺点

1. 酸解法的优缺点

酸解法具有工艺简单、水解时间短、生产效率高、设备周转快的优点。但是,由于水解作用是在高温、高压以及在一定酸浓度条件下进行的,酸解法要求设备耐腐蚀、耐高温和耐压,同时,淀粉在酸水解过程中存在一些副反应,所生成的副产物多,影响糖液纯度,使淀粉实际收率降低。采用酸解法生产的糖液,一般 DE 值只有 90%左右。

另外,酸解法对淀粉原料要求较严格,要求淀粉颗粒度均匀,颗粒过大会使水解不完全。淀粉乳浓度不宜过高,过高的淀粉乳浓度会使淀粉转化率下降,这些是酸解法有待解决的问题。

2. 酶解法制备葡萄糖的优缺点

随着酶制剂生产及应用技术的提高,在氨基酸发酵工业上,酶解法制葡萄糖将逐渐取代酸解法制葡萄糖。与酸解法制葡萄糖对比,酶解法具有很多优点:

① 由于酶具有较高专一性,淀粉水解的副产物少,因而水解糖液纯度高,DE 值可达 98%以上,淀粉转化率高。

② 酶解法是在酶的作用下进行的,不需要耐高温、高压、耐酸腐蚀的设备。

③ 可以在较高的淀粉浓度下水解,水解糖液的还原糖含量可达到 30%以上。一般酸解法的淀粉乳浓度为 180~200g/L;酶解法的淀粉乳浓度为 320~400g/L,而且可用粗原料。

④ 酶解法制得的糖液颜色浅、较纯净、无苦味、质量高,有利于糖液的充分利用。

但酶解法也有一定的局限性,表现为:酶解法反应时间长,要求设备较多,酶本身是蛋白质,易引起糖液过滤困难。

六、酶解法制备葡萄糖的工艺

用 α-淀粉酶对淀粉乳进行液化的方法很多。按操作不同,可分为间歇式、半连续式和连续式；按设备不同，可分为管式、罐式和喷射式；按 α-淀粉酶制剂的耐温性不同，可分为中温酶法、高温酶法、中温酶与高温酶混合法；按加酶方式不同，可分为一次加酶、二次加酶、三次加酶液化法。目前，在淀粉液化过程中，一般采用连续喷射式、一次或二次加酶的高温酶法。

（一）淀粉液化

1. 一次加酶喷射液化工艺

（1）工艺流程　一次加酶喷射的工艺也有很多，其中 Novo 公司的一次加酶喷射工艺流程（图 2-4）和丹麦 DDS 公司的一次加酶喷射工艺流程（图 2-5）应用较多。

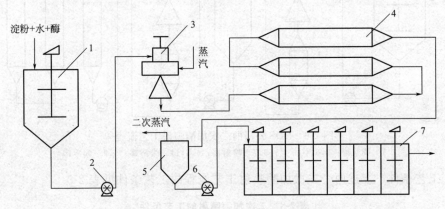

图 2-4　Novo 公司的一次加酶喷射工艺流程

1—调浆罐；2,6—泵；3—喷射器；4—维持管道；5—闪冷罐；7—卧式隔板层流罐

（2）工艺条件　上述两个公司的一次加酶喷射工艺条件见表 2-7。

表 2-7　一次加酶喷射的工艺条件

项目	Novo 公司的一次加酶喷射工艺	DDS 公司的一次加酶喷射工艺
淀粉乳浓度	300～320g/L	300～320g/L
pH	6.5	6.5
耐高温淀粉酶用量	固形物的 0.1%（质量分数）	固形物的 0.1%（质量分数）
喷射温度	105℃	110℃
管道保温	5～8min	—
闪冷	闪冷至 95℃	闪冷至 95℃
闪冷后保温	隔板罐内维持 60～120min	层流罐内维持 60～120min

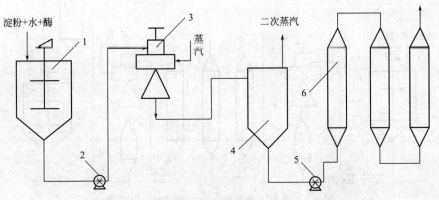

图 2-5　丹麦 DDS 公司的一次加酶喷射工艺流程

1—调浆罐；2,5—泵；3—喷射器；4—闪冷罐；6—立式层流罐

2. 二次加酶喷射液化工艺

（1）**工艺流程** 二次加酶喷射的工艺很多，下面介绍丹麦 DDS 公司的二次加酶喷射工艺流程（图 2-6）和淮海工学院生物技术中心提出的二次加酶喷射工艺流程（图 2-7）。

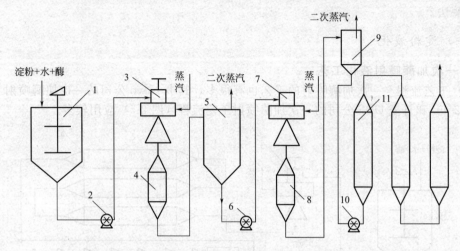

图 2-6 DDS 公司的二次加酶喷射工艺流程

1—调浆罐；2,6,10—泵；3,7—喷射器；4,8,11—维持罐；5,9—闪冷罐

（2）**工艺条件** 上述两个二次加酶喷射工艺流程的工艺条件见表 2-8。

表 2-8 二次加酶喷射的工艺条件

项目	DDS 公司的二次加酶喷射工艺	淮海工学院的二次加酶喷射工艺
淀粉乳浓度	300～320g/L	300～320g/L
pH	6.5	6.5
一次耐高温酶用量	固形物的 0.05%（质量分数）	固形物的 0.03%（质量分数）
一次喷射温度	110℃，并保温 5min	95～97℃，并保温 60min
二次喷射温度	136℃，并保温 5min	145℃，并保温 3～5min
闪冷	95～97℃	闪冷至 95～97℃
二次淀粉酶用量	固形物的 0.05%（质量分数）	固形物的 0.02%（质量分数）
闪冷后保温	层流罐内维持 60～120min	维持 30min

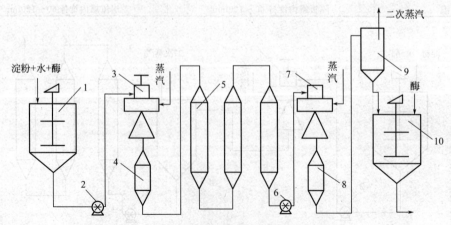

图 2-7 淮海工学院的二次加酶喷射工艺流程

1—调浆罐；2,6—泵；3,7—喷射器；4,5,8—维持罐；9—闪冷罐；10—液化罐

3. 淀粉酶液化条件的选择

（1）液化温度的选择　工业生产中，为了便于淀粉酶作用，首先要对淀粉乳加热至较高温度，以加速淀粉的糊化。温度升高对糊化有利，但酶活力损失加快。淀粉液化温度必须根据所用淀粉酶的热稳定性进行选择。不同来源的淀粉酶对热的稳定性不同。一般来说，来源于地衣芽孢杆菌的 α-淀粉酶，热稳定性为 95～110℃（15min），最适作用温度为 90℃左右。因此，液化工艺中，通常采用较高的喷射温度，以促使淀粉的糊化，然后闪冷至较低温度，以符合淀粉酶的作用温度要求。

淀粉、糊精能提高 α-淀粉酶的最适作用温度，某些金属离子，如 Ca^{2+} 也能提高酶对热的稳定性。工业上，通常在淀粉乳中加入 0.01mol/L 左右的 Ca^{2+}，使酶活力稳定性有所提高。

（2）液化 pH 的选择　来源不同的淀粉酶，其最适作用 pH 范围不同。一般用于淀粉糖工业上的淀粉酶的最适作用 pH 范围为 6.0～7.0，应根据实际情况进行选择。

（3）淀粉酶制剂用量的选择　淀粉酶制剂用量根据酶活力的高低而定，通常控制在 5～8U/g 淀粉。酶活力低的酶制剂用量多。另外，淀粉酶制剂用量也与液化温度、时间等液化条件有关，液化温度较高或作用时间较短时，可适当增加酶制剂用量。有些液化工艺采用多次喷射、多次加酶的方法，由于工艺设计巧妙地利用热力以及酶活力的催化作用，可节约酶制剂的用量，且液化效果较佳。

（4）液化程度的控制　为了便于糖化酶与液化产物结合，液化程度应控制在一个适合的水平。若液化程度太低，液化产物分子数少，糖化酶与底物接触的机会也少，影响糖化的速度；且液化程度低，液化液容易老化（分子间氢键已断裂的糊化淀粉又重新排列形成新氢键的复结晶过程），糖化酶很难进入老化产物的结晶区作用，影响糖化的程度，最终糖化液黏度大，过滤困难。

糖化过程中，糖化酶先与底物分子生成络合结构，而后发生催化作用。如果液化程度过高，液化液分子较小，不利于络合结构生成，从而影响糖化酶的催化效率，导致糖化液的最终 DE 值低。

根据生产经验，一般以 DE 值来衡量液化程度。在 DE 值为 10%～15% 时结束液化过程比较合适，液化终点可用碘显色来判断。达到终点后，需对液化液进行灭酶，升温至 120℃保持 10min 可完成。灭酶后，冷却至糖化酶的作用温度，待糖化。

在液化工艺中，可通过调节淀粉酶的用量、喷射温度、维持温度、液化时间等条件来控制液化程度。液化作用可在管道或罐内进行，其作用时间 t 取决于料液的流量以及维持设备的容积，由下式进行计算：

$$t(\mathrm{h}) = \frac{60\,\varphi V_\mathrm{w}}{q_\mathrm{v}} \tag{2-1}$$

式中，q_v 表示料液体积流量；V_w 表示维持容积；φ 表示充满系数。

（二）糖化工艺

1. 糖化工艺流程

糖化是在一定浓度的液化液中，调节适当温度与 pH，然后加入适量的糖化酶制剂作用一定时间，使溶液达到最高的 DE 值。其工艺流程如图 2-8 所示。

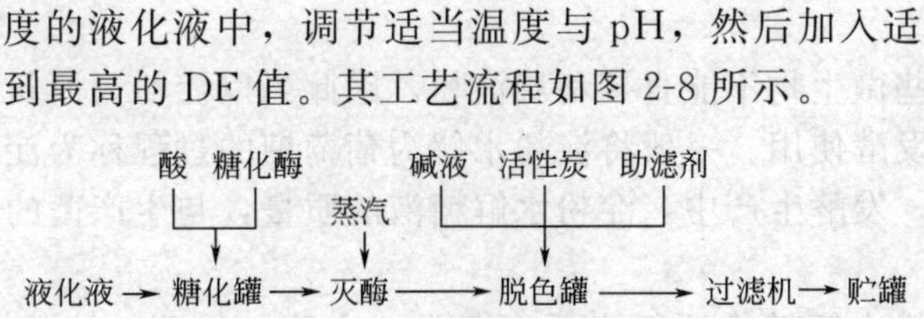

图 2-8　糖化酶糖化工艺流程

2. 糖化工艺条件

（1）糖化温度的控制　不同来源的糖化酶，其最适作用温度不同，应根据糖化酶的要求来确定糖化温度。一般糖化温度为 55～60℃。当液化液灭酶后，在输送至糖化罐的过程中通过换热器迅速降温，也可利用糖化罐的列管、蛇管或夹套等迅速降温。

（2）糖化 pH 的控制　根据各种糖化酶的最适作用 pH 范围，目前工业上用酸调节溶液 pH 至 4.4～4.6。

（3）糖化酶制剂的用量　糖化酶制剂用量取决于酶活力高低、液化液浓度以及糖化时间。一般工业生产上的用酶量按 80～100U/g 淀粉来计算。在实际生产中，根据糖化过程的具体表现酌量增减，若酶活力低、液化液浓度高或要求糖化时间较短，加酶量要多。

（4）糖化时间的控制　正常情况下，糖化时间与加酶量有关。加酶量大，糖化时间短；反之，糖化时间长。工业生产上，糖化时间一般控制在 24h 左右，此时 DE 值可达到 96%～98%。为了掌握糖化终点，在糖化过程中，要定时取样检测 DE 值。生产者根据采用的糖化工艺总结出正常的糖化曲线，将在产的 DE 值检测数据与糖化曲线对比，若 DE 值达到正常的最高点且已基本稳定时，可结束糖化，升温至 80～85℃维持 20min 进行灭酶。

（5）脱色与过滤　通常采用粉末活性炭对糖化液进行脱色。为了保证脱色效果和过滤效果，以及考虑过滤速度，一般控制脱色温度在 60～65℃。若温度过高，脱色与过滤效果差；温度过低，糖液黏度增加，难以过滤。糖化液灭酶后，可通过换热器或脱色罐的换热装置（如列管、蛇管或夹套等）降温至要求的脱色温度。

生产上，通常以过滤液的透光率高低来确定脱色的 pH。为了减少发酵液的泡沫，在过滤时应尽量去除糖化液中的蛋白质等杂质。因此，在过滤前要用碱液来调节糖化液 pH，使 pH 接近糖化液中大部分蛋白质的等电点，从而使大部分蛋白质凝聚沉淀，便于过滤。由于淀粉原料来源不同，糖化液中各种蛋白质的含量也不相同，故最佳 pH 往往需要通过实验来确定。可分别取各种 pH 下的脱色液进行过滤，然后检测滤液的透光率，透光率最高即表示脱色的 pH 为最佳 pH。根据生产经验，以大米为原料时，其脱色和过滤的 pH 一般为 5.4～5.8；以玉米淀粉为原料时，其脱色和过滤的 pH 一般为 4.8～5.0。同时，可根据糖液颜色深浅控制活性炭的用量，一般用量为 1～2g/L。为了使活性炭充分起作用，脱色搅拌时间应不少于 30min。为了便于过滤，通常在过滤前投入适量的助滤剂，其用量根据助滤剂的种类、糖液的过滤情况而定，一般为 2g/L 左右。

任务四　实训　玉米淀粉液化及糖化

一、实训目的

要求学生掌握用酶法从淀粉原料到水解糖的制备原理及方法。掌握粗淀粉含量和还原糖的化学测定方法。

二、基本原理

发酵过程中，有些微生物不能直接利用淀粉，因此当以淀粉为原料时，必须先将淀粉水解成葡萄糖，才能供发酵使用。一般将淀粉水解为葡萄糖的过程称为淀粉的糖化，所制得的糖液称为淀粉水解糖。发酵生产中，淀粉水解糖液的质量，与生产菌的生长速度及产物的积累直接相关。

可以用来制备淀粉水解糖的原料主要有薯类（木薯、甘薯）淀粉、玉米淀粉、小麦淀粉、大米淀粉等，根据原料淀粉的性质及采用的水解催化剂的不同，水解淀粉为葡萄糖的方法可分为酸解法、酸酶结合法和酶解法。实验室中常采用酶解法制备淀粉水解糖。

酶解法是指利用淀粉酶将淀粉水解为葡萄糖的过程。酶解法制葡萄糖可分为两步：第一步是利用 α-淀粉酶将淀粉液化为糊精及低聚糖，使淀粉的可溶性增加，这个过程称为液化；第二步是利用糖化酶将糊精或低聚糖进一步水解，转变为葡萄糖的过程，在生产上称为糖化。淀粉的液化和糖化都是在酶的作用下进行的，故也称为双酶水解法。

1. 酶法液化原理

淀粉的酶法液化是以 α-淀粉酶为催化剂，该酶作用于淀粉的 α1,4 糖苷键，从内部随机地水解淀粉，从而迅速将淀粉水解为糊精及少量麦芽糖，所以也称内切淀粉酶。淀粉受到 α-淀粉酶的作用后，其碘色反应发生如下变化：蓝→紫→红→浅红→不显色（即碘原色）。酶法液化以生产工艺不同分为间歇法、半连续和连续式。液化设备有管式、罐式、喷射式。加酶方法有一次加酶、二次加酶、三次加酶。根据酶制剂的耐温性分为中温酶法、高温酶法、中温酶和高温酶混合法。本实验采用：高温酶法、间歇式、罐式、二次加酶法。

2. 酶法糖化原理

淀粉的糖化是以糖化酶为催化剂，该酶从非还原末端以葡萄糖为单位顺次分解淀粉的 α-1,4-糖苷键或 α-1,6-糖苷键。因为是从链的一端逐渐地一个个地切断为葡萄糖，所以称为外切淀粉酶。糖化的理论收率：因为在糖化过程中水参与反应，故淀粉糖化的理论收率为 111.1%。

实际收率的计算公式：

$$收率 = \frac{糖液量(L) \times 糖液葡萄糖含量(\%)}{投入淀粉量 \times 原料中纯淀粉含量} \times 100\% \qquad (2\text{-}2)$$

淀粉转化率：淀粉—葡萄糖转化率是指 100 份淀粉中有多少份淀粉被转化为葡萄糖。

淀粉转化率的计算：

$$转化率 = \frac{糖液量(L) \times 糖液葡萄糖含量(\%)}{投入淀粉量 \times 原料中纯淀粉含量 \times 1.11} \times 100\% \qquad (2\text{-}3)$$

DE 值：用 DE 值表示淀粉水解的程度或糖化程度。糖化液中还原性糖以葡萄糖计，其占干物质含量的百分比称为 DE 值。DE 值计算：

$$DE 值 = \frac{还原糖含量(\%)}{干物质含量(\%)} \times 100\% \qquad (2\text{-}4)$$

式中，还原糖用斐林法或碘量法测定，其浓度表示为：g 葡萄糖/100mL 糖液；干物质用阿贝折光仪测定，其浓度表示为：g 干物质/100g 糖液。

影响 DE 值的因素：

① 糖化时间　最初糖化时，糖化速度快，DE 值显著上升；但 24h 后，当 DE 值达到 90% 以上时，糖化速度显著放慢。

② 液化 DE 值与糖化 DE 值的关系　液化程度应控制适当，太低或太高均不利。原因是液化程度低，则黏度大，难操作；同时，由于液化程度低，底物分子少，水解机会少，影响糖化速度；液化程度低，易发生老化；但液化超过一定程度，则不利于糖化酶与糊精生成络合结构，影响催化效率，造成糖化液的最终 DE 值低。故应在碘试纸本色的前提下，控制液化 DE 值越低，则糖化液的最高 DE 值越高。一般液化 DE 值应控制在 12%～18%。

加快糖化速度，可以提高酶用量，缩短糖化时间。但酶用量太高，反而使复合反应严重，最终导致葡萄糖值降低。在实际生产中，应充分利用糖化罐的容量，尽量延长糖化时间，减少糖化酶用量。

糖化酶参考用量：液化 DE 值 17%，淀粉乳 33%，60℃，pH 4.5，酶制剂 240U/g 绝干淀粉。糖化时间 16h。

三、主要仪器设备、试剂和用品

25L 罐，小型板框过滤机（压滤），烘箱，水桶，量筒，分光光度计，水浴锅，滴定管，电炉，白瓷板，三角瓶，阿贝折光仪，玉米粉，高温 α-淀粉酶，糖化酶，pH 试纸。

四、操作步骤

1. 淀粉的液化

配制 30％的淀粉乳（按 15L 配制），调节 pH 至 6.5，加入氯化钙（对固形物 0.2％），加入液化酶（12～20U/g 淀粉）。在剧烈搅拌下，先加热至 72℃，保温 15min，再加热至 90℃，并维持 30min，以达到所需的液化程度（DE 值：15％～18％），碘反应呈棕红色。液化结束后，再升温至 120℃，保持 5～8min，以凝聚蛋白质，改进过滤。

2. 淀粉的糖化

液化结束后，迅速将料液用盐酸调 pH 至 4.2～4.5，同时迅速降温至 60℃。加入糖化酶，60℃保温若干小时后，当用无水酒精检验无糊精存在时，将料液 pH 调至 4.8～5.0。同时将料液加热至 80℃，保温 20min。然后将料液温度降至 60～70℃，开始过滤。

3. 过滤

在发酵罐内将料液冷却至 60～70℃；洗净板框压滤机，装好滤布；接好板框压滤机的管道；泵料过滤；热水洗涤（60～70℃）；空气吹干；过滤结束后，洗净板框压滤机及有关设备。量取糖液体积；取样分析还原糖浓度。

五、实训结果与讨论

1. 在详细记录实验数据的基础上完成实验报告，并计算淀粉转化率。
2. 糖化酶用量及糖化时间对糖化效果的影响。
3. 液化和糖化时温度及 pH 对实验效果的影响。

拓展学习

采用响应面分析方法，对赖氨酸产生菌 FB42 的发酵培养基组成中的玉米浆、豆饼水解液、硫酸铵进行优化。

解：（1）确定因子和水平安排响应面实验 以玉米浆、豆饼水解液、硫酸铵这三个因子为自变量，以产酸值为响应值，设计三因子三水平的实验见表 2-9。

表 2-9 因子水平表

水平值 \ 因子	豆饼水解液(X₁)	玉米浆(X₂)	硫酸铵(X₃)
−1	1％	2％	4％
0	2％	3％	5％
1	3％	4％	6％

（2）对实验结果进行分析 如表 2-10 为响应面实验安排及试验结果。

表 2-10 响应面实验安排及试验结果

实验号 \ 列号	X₁ 豆饼水解液	X₂ 玉米浆	X₃ 硫酸铵	产酸/(g/L)
1	−1	−1	0	45.44
2	−1	0	−1	49.01

续表

实验号 \ 列号	X_1 豆饼水解液	X_2 玉米浆	X_3 硫酸铵	产酸/(g/L)
3	−1	0	1	48.20
4	−1	1	0	44.70
5	0	−1	−1	43.20
6	0	−1	1	42.21
7	0	0	−1	39.66
8	0	0	1	40.22
9	1	−1	0	39.14
10	1	0	−1	40.45
11	1	1	0	39.80
12	1	1	0	35.02
13	0	0	0	54.20
14	0	0	0	54.45
15	0	0	0	53.54

　　15 个实验点可分为两类：其一是析因点，自变量取值在 X_1、X_2、X_3 所构成的三维顶点，共有 12 个析因点；其二是零点，为区域的中心点，零点试验重复 3 次，用以估计实验误差。以产酸值（y）为响应值，经回归拟合后，各实验因子对响应值的影响可以用下列函数表示：

$$Y = a_0 + a_1 X_1 + a_2 X_2 + a_3 X_3 + a_{11} X_1^2 + a_{22} X_2^2 + a_{33} X_3^2 + a_{12} X_1 X_2 + a_{13} X_1 X_3 + a_{23} X_2 X_3$$

(2-5)

　　运用 SAS 软件的 RSREG 程序对 15 个实验点的响应值进行回归分析，分别得趋势图。

思考与测试

一、填空题

1. 发酵培养基中某些成分的加入有利于调节产物的形成，而并不促进微生物的生长，这些物质包括____、____和____。
2. 实验中用得最多的是____培养基。
3. 依培养基的物理状态可将培养基分为____、____、____。
4. 半固体培养基加入____左右的琼脂作为凝固剂。
5. 培养基的营养成分主要有____、____、____、____、____。
6. 常用的消沫剂有____、____、____。
7. 培养基中的____是提供能量、构成菌体和代谢产物的物质基础。
8. 既不是营养物又不是前体，但却能提高产量的添加剂是____。
9. 消沫剂的作用是消除发酵中的泡沫，防止____和____。
10. 依营养物质的来源分类可将培养基分为____、____。
11. 淀粉水解糖的制备方法主要有____、____。
12. 利用 α-淀粉酶将淀粉液化转为糊精及低聚糖，使淀粉的可溶性增加，这个过程称为____。
13. 利用糖化酶将糊精或低聚糖进一步水解，转变为____的过程，称为糖化。
14. 半固体培养基主要用于____。

15. 氮源过多会导致____；氮源过低会导致____。

二、选择题

1. 淀粉水解糖的制备方法中的酶解法第一步用的酶是（　　）。
   A. α-淀粉酶　　　　B. 糖化酶　　　　C. β-淀粉酶　　　　D. 蛋白酶
2. 满足微生物生长、繁殖需要的培养基的营养成分是（　　）。
   A. 能源　　　　B. 碳源　　　　C. 氮源　　　　D. 无机盐
3. 下列氮源中属于速效氮的是（　　）。
   A. 玉米浆　　　　B. 黄豆饼粉　　　　C. 硝酸盐　　　　D. 尿素
4. 某些化合物加入到发酵培养基中，能直接被微生物在生物合成过程中结合到产物分子中去，而其自身的结构没有多大的变化，但产物的产量却因加入它而有较大的提高。这种化合物是（　　）。
   A. 促进剂　　　　B. 抑制剂　　　　C. 水分　　　　D. 前体
5. 在培养基中加入血、血清、动植物组织提取液，用以培养要求比较苛刻的某些微生物的培养基是（　　）。
   A. 加富培养基　　　　　　　　　B. 鉴别培养基
   C. 富集培养基　　　　　　　　　D. 选择培养基
6. 既不是营养物又不是前体，但却能提高产量的添加剂是（　　）。
   A. 促进剂　　　　B. 抑制剂　　　　C. 水分　　　　D. 前体
7. 下列培养基成分的功能为酶的辅助部分的是（　　）。
   A. 无机盐　　　　B. 生长因子　　　　C. 前体　　　　D. 氮源
8. （　　）的功能是生理活性的组成或调节物。
   A. 无机盐　　　　B. 生长因子　　　　C. 前体　　　　D. 氮源
9. 遇热可融化，冷却后则凝固的固体培养基是（　　）。
   A. 天然固体培养基　　B. 凝固培养基　　C. 半固体培养基　　D. 液体培养基
10. （　　）培养基可以将所需要的微生物从混杂的微生物中分离出来。
    A. 加富培养基　　B. 鉴别培养基　　C. 富集培养基　　D. 选择培养基
11. （　　）是在培养基中加入某种试剂或化学药品，使培养后会发生某种变化，从而区别不同类型的微生物。
    A. 加富培养基　　B. 鉴别培养基　　C. 富集培养基　　D. 选择培养基
12. 提供能量，构成菌体和代谢产物的物质基础的营养成分是（　　）。
    A. 能源　　　　B. 碳源　　　　C. 氮源　　　　D. 无机盐
13. 微生物发酵生产甘油中，例如亚硫酸氢钠，它与代谢过程中的乙醛生成加成物，亚硫酸氢钠属于（　　）。
    A. 促进剂　　　　B. 抑制剂　　　　C. 无机盐　　　　D. 前体
14. 在青霉素生产中加入玉米浆，提高了青霉素G的产量，玉米浆属于（　　）。
    A. 促进剂　　　　B. 抑制剂　　　　C. 碳源　　　　D. 前体
15. 在酶制剂发酵过程中，加入诱导物、表面活性剂作为（　　）。
    A. 促进剂　　　　B. 抑制剂　　　　C. 碳源　　　　D. 前体

第三单元 灭 菌

【知识目标】
　　理解工业发酵常用灭菌方法的基本原理和适用范围。
　　掌握工业培养基和发酵设备灭菌工艺的选择。
　　掌握无菌空气制备的基本知识和典型工艺流程。
【能力目标】
　　能针对不同的灭菌对象选择合适的灭菌方法。
　　能对培养基进行实罐灭菌。

　　微生物发酵工程是利用某种特定的微生物在一定的环境中进行新陈代谢活动，从而获得某种产品。微生物发酵必须是纯种培养过程，要求培养基、通入的空气和发酵设备必须彻底无菌。而微生物在自然界中是广泛分布于空气、水和土壤中的，为了保证正常生产不受其他微生物的干扰和破坏，灭菌和消毒就成为生产和试验成败的关键问题。因此，在工作中所用的仪器、培养基、发酵罐、管路和空气等必须进行严格灭菌，以保证生产菌的旺盛生长和杜绝杂菌的污染。

　　消毒和灭菌是有区别的：消毒概念来自于卫生工作，指用物理或化学方法杀死和去除物料、容器、环境中的一切致病微生物；灭菌是指用物理或化学方法杀死或除去所有微生物（包括繁殖体和芽孢）。

任务一　灭菌的方法

　　灭菌方法主要有：热灭菌法、辐射灭菌法、化学药品灭菌法和过滤除菌法等，根据灭菌的对象和要求选用不同的方法。

一、热灭菌法

　　微生物细胞是由蛋白质等组成，加热可以使蛋白质变性，从而达到消灭微生物的目的。由于微生物对高温的敏感性大于对低温的敏感性，所以采用高温灭菌是一种有效的灭菌方法，目前已被广泛应用。常用的加热灭菌法有两类：干热灭菌法和湿热灭菌法，可根据灭菌的目的及灭菌物品的性质决定采用哪种方法。

（一）干热灭菌法

1. 火焰灭菌法
　　此法是直接在火焰上灼烧灭菌。如接种针和一些金属小工具、试管口、三角瓶口等的灭菌采用此法。此法简单有效，但局限性较大。

2. 干热灭菌
　　用于不宜直接用火焰灼烧灭菌的物品，此法利用干燥的热空气灭菌。一般微生物的营养细胞在100℃经1h可被杀灭，而芽孢则需要于160℃、2h才能被杀死。此法适用对象：玻璃、陶瓷、金属等能够耐高温的物品。

目前常用的干热灭菌方法是：把要灭菌的物品放入烘箱中，将箱内空气温度升到 160~170℃，维持 1~2h，即可达到灭菌的目的。但温度不要超过 180℃，因为温度超过 180℃时，玻璃器皿上的棉塞及外面包的纸张均会被烤焦而着火。由于干热的空气穿透力弱，所以灭菌时物体不宜放得太紧。在降温时要缓慢进行，以免玻璃破碎。待温度降到 80℃以下时，才能打开烘箱的门，如温度过高时开门，物品会遇空气着火。此法适用于一般玻璃仪器、瓷器、金属等物品的灭菌。干热灭菌需要的温度和时间如表 3-1 所示。

表 3-1　干热灭菌需要的温度和时间

灭菌温度/℃	170	160	150	140	121
灭菌时间/min	60	120	150	180	过夜

（二）湿热灭菌法

湿热灭菌法就是按被灭菌物品的性质不同，选择各种不同温度的湿热蒸汽进行灭菌。此法在同一温度下比干热杀菌效力大，这是因为：

（1）在湿热下，菌体吸收水分，蛋白质更容易凝固。因为凝固蛋白质所需的温度与蛋白质的含水量有关，蛋白质含水量增加，所需凝固的温度就降低。这从表 3-2 中可以看出，干燥的卵蛋白可以加热到分解的程度而不表现任何可见的凝固现象。

表 3-2　卵蛋白含水量与凝固温度的关系

卵蛋白含水量/%	在 30min 内凝固所需的温度/℃	卵蛋白含水量/%	在 30min 内凝固所需的温度/℃
50	56	6	145
25	74~80	0	160~170
18	80~90		

（2）湿热蒸汽的穿透力大。如一卷布放在烘箱内数小时后，布的外面甚至已经烧焦，而里面尚不能达到灭菌所需温度。而湿热灭菌里外温差不大，从表 3-3 可见，湿热灭菌的穿透力是非常强的。

（3）湿热的蒸汽有潜热存在。灭菌的温度比蒸汽低时，蒸汽在物体表面上凝结为水，同时放出潜热。每克水在 100℃下由气体变为液体时可放出 2253J 的热量，这种潜热能迅速提高灭菌物体的温度。

表 3-3　干热与湿热的穿透力和灭菌效果比较

灭菌方法	温度/℃	时间/h	透过布层的温度/℃			灭菌结果
			20 层	40 层	100 层	
干热	130~140	4	85	72	70 以下	不完全
湿热	105.3	3	101	101	101.5	完全

通用的湿热灭菌法有下列几种：

① 煮沸灭菌法　这种灭菌方法是将要消毒的物品放在水中煮沸（100℃）15~20min，一般微生物的营养细胞即可被杀死，但不能杀死芽孢，要杀死芽孢必须煮沸 1~2h。如要加速芽孢的死亡，可在水中添加 0.5% 石炭酸或碳酸钠，该方法适用于一般食品和器材等的消毒。

② 巴氏（巴斯德）消毒法 有些食品经煮沸或用更高的温度处理会损害它的营养价值和色香味，则采用巴氏消毒法处理，以达到消毒或防腐的目的。将待消毒的物品在 60～62℃加热 30min 或在 70℃加热 15min，以杀死其中的病原菌和一部分微生物的营养体。如牛奶、啤酒、黄酒、酱油和醋等食品均采用此法灭菌。

啤酒灭菌常常采用巴氏灭菌单位 Pu，即在 60℃经历 1min 所引起的灭菌效应称为 1 个 Pu。目前，国内熟啤酒多采用于 60℃经 20min（即 20 个 Pu）进行灭菌。采用这种低温消毒方法的具体温度和时间是根据不同物品的性状来决定的。

③ 间歇灭菌法 此法是采用反复几次的常压蒸汽灭菌，以达到杀死微生物营养体和芽孢的目的。具体方法为：将待灭菌的物品，放入灭菌器或蒸笼中加热至 100℃，维持 30～60min 可杀死微生物的营养体；然后取出冷却，放入 37℃恒温箱内培养 1 天；如果芽孢萌发成营养体，次日再以同样方法处理，如此反复三次即可。间歇灭菌法适用于不宜用高压灭菌的物质，如糖类、明胶、牛奶、培养基等，但此法比较麻烦，而且工作周期长。

④ 高压蒸汽灭菌法 使用密闭的高压蒸汽灭菌锅，使灭菌锅内蒸汽不外溢，增加压力，由于压力增高，温度也随之增高，因此可以提高杀菌力，并缩短灭菌时间。这是最有效而广泛使用的灭菌方法。

蒸汽灭菌的方法有的以 lb/in^2（磅/平方英寸）或 kg/cm^2 表示，现统一以帕（Pa）或千帕（kPa）表示，它们与温度的关系如表 3-4 所示。

表 3-4　蒸汽压力与温度的关系

蒸汽压力			相应温度/℃
kPa	lb/in^2	kg/cm^2	
34.47	5	0.352	107.7
68.95	10	0.703	115.5
103.42	15	1.055	121.6
137.9	20	1.406	126.6
172.37	25	1.756	130.5
206.84	30	2.109	134.4

实验室经常用的压力是 0.1kPa，温度是 121℃，维持 5～30min，在这种条件下，可杀死各种微生物与芽孢。

在使用高压灭菌锅时，必须将灭菌锅内的冷空气完全排除，否则压力表所表示的压力是蒸汽压力和部分空气压力的总和，不是蒸汽的实际压力，它所相当的温度与灭菌锅内的实际温度是不一致的，如表 3-5 所示。

表 3-5　高压蒸汽灭菌器中空气排出程度与灭菌器内的温度

空气排出的程度	压力表/kPa	灭菌器内的温度/℃	空气排出的程度	压力表/kPa	灭菌器内的温度/℃
完全排除	98.07	121	排除 1/3	98.07	109
排除 2/3	98.07	115	完全未排除	98.07	100
排除 1/2	98.07	112			

灭菌完毕应缓缓减压，若急速减压，则容器内装的液体必然会突然沸腾，将棉塞顶出或弄湿。

湿热灭菌适用范围很广，常用的培养基、水、发酵罐、附属设备、管道及其他不宜干热灭菌的物品（如橡胶管、橡胶手套等）均可采用此法灭菌。

二、辐射灭菌法

辐射灭菌是利用高能量的电磁辐射和微粒辐射来杀死微生物。通常用紫外线、高速电子流的阴极射线、X射线和γ射线等进行灭菌，以紫外线最常用。紫外线对微生物的主要效应是：使DNA链断裂，破坏核糖和磷酸的连接；引起DNA分子内或分子间的氢键断裂，造成微生物菌体死亡。

紫外线对芽孢和营养细胞都能起作用，但是细菌芽孢和霉菌孢子对紫外线的抵抗力强，而且紫外线的穿透力低，只能用于表面灭菌，对固体物料灭菌不彻底，也不能用于液体物料灭菌，所以大都用于无菌室、培养间、台面等空间灭菌。波长在200~300nm之间的紫外线都有杀菌作用，尤以250~270nm杀菌作用最强。但不同微生物对不同波长紫外线的敏感度不一样，致死剂量大小也有差别。一般用30W紫外线灯照射30min。温度高，杀菌效率高；湿度大，灯的使用寿命长；空气中悬浮杂质多，杀菌效率低。

三、化学药品灭菌法

在发酵工业中有的场合不能采用以上方法灭菌，如操作人员的双手灭菌等，此时可采用化学药品灭菌。许多化学物质（如甲醛、高锰酸钾、新洁尔灭和氯化汞等）可用于灭菌。这些药物易与微生物细胞中的某些成分产生化学反应，如使蛋白质变性、酶类失活、破坏细胞膜透性而杀灭微生物。生产中使用的培养基中含有蛋白质等营养物质，亦易与上述化学物质发生化学反应。但是药物加入培养基之后很难除掉，所以化学物质不适宜用于培养基的灭菌，只适用于局部空间或某些器械的灭菌。根据灭菌对象不同有浸泡、添加、擦拭、喷洒以及气态熏蒸等方法。常用于发酵工业中厂房及实验室中灭菌和器具与皮肤消毒的化学灭菌（或消毒）剂如表3-6所示。

表3-6 常用化学灭菌（或消毒）剂

类别	灭菌(或消毒)剂	常用浓度	应用范围
醇	乙醇	70%	皮肤消毒
酸	乳酸	0.33~1mol/L	用于空气喷雾消毒
	食醋	3~5mL/m³	熏蒸空气消毒
碱	石灰水	1%~3%(m/V)	厕所、厂房周围灭菌
酚	石炭酸	5%(m/V)	空气喷雾灭菌
	来苏儿	3%~5%(m/V)	皮肤消毒
醛	福尔马林	10%	接种箱、厂房灭菌
氧化剂	$KMnO_4$	0.1%~3%(m/V)	器具灭菌
	氯气	3%	自来水灭菌
	漂白粉	1%~5%(m/V)	洗刷培养室，饮用水消毒
去垢剂	新洁尔灭	1：50	皮肤消毒，不能遇热的器具灭菌

四、臭氧灭菌

臭氧灭菌法是利用臭氧的氧化作用杀死微生物细胞。臭氧在常温常压下分子结构不稳定，很快自行分解为氧气和单个氧原子，后者具有很强的氧化活性，对微生物细胞具有极强的氧化作用。臭氧氧化分解了细菌内部氧化葡萄糖所必需的酶，从而直接破坏其细胞膜，将细菌杀死。多余的氧原子自行结合成氧分子，不存在任何有毒残留物，故称无污染消毒剂。臭氧对细菌、霉菌等微生物都有很好的杀菌效果，具有安全、杀菌作用明显、安装灵活等特点，主要用于洁净室、净化设备的消毒。臭氧由臭氧发生器产生。

五、过滤除菌

用适当的过滤材料（介质）对液体或气体进行过滤，从而去除微生物的方法称为过滤除菌。此法主要用于热敏性物质（生长因子、抗生素等）的灭菌和发酵用无菌空气的制备。液体除菌器常见的有蔡氏细菌过滤器、烧结玻璃细菌过滤器和纤维素微孔过滤器等。蔡氏细菌过滤器采用石棉滤板，烧结玻璃细菌过滤器用规格为小孔径的烧结玻璃。纤维素微孔滤膜有醋酸纤维素和混合纤维素等几种质地，具有一定的热稳定性和化学稳定性，孔径规格为 $0.1 \sim 5.0 \mu m$ 不等，一般选用 $0.22 \mu m$，进行溶液过滤除菌。对于气体，请参考本章后续节次。

任务二　培养基和发酵设备的湿热灭菌

一、培养基灭菌条件的选择

培养基灭菌过程中，在微生物被杀死的同时，培养基成分也受到热破坏。因此，选择恰当的灭菌条件是灭菌的关键。在生产过程中，要选择既能达到灭菌目的，又使培养基成分破坏减至最小的灭菌条件。

1. 培养基灭菌温度和灭菌时间的选择

用湿热灭菌方法对培养基灭菌时，加热温度和时间对微生物的死亡和营养成分的破坏均有作用。因而选择既能达到灭菌要求，又能减少营养成分被破坏程度的温度和受热时间，是提高培养基灭菌质量的重要措施。

随着温度的上升，微生物的死亡速率常数增加倍数要大于培养基成分的破坏速率增加倍数。也就是说，当灭菌温度上升时，微生物死亡速率的提高要超过培养基成分破坏速率的增加。在热灭菌过程中，同时会发生微生物死亡和培养基破坏这两种过程，且这两种过程的进行速度都随温度的升高而加速，但微生物的死亡速率随温度的升高更为显著。据测定，每升高 10℃ 时一般化学反应的反应速率的增加倍数是 $1.5 \sim 2.0$，而杀死芽孢为 $5 \sim 10$，杀死微生物细胞为 35 左右。这说明，在灭菌过程中，当温度升高时，两种反应过程的反应速率常数都在增加，但微生物死亡的活化能远大于营养成分被破坏的活化能，所以微生物死亡速度更快。将芽孢杆菌和维生素 B_2 放在一起灭菌的试验发现，当温度升至 118℃，加热时间为 15min，可杀死 99.99% 的细菌芽孢，维生素 B_2 的破坏率为 10%，而在温度 120℃ 下加热 15min，细菌芽孢的死亡率仍为 99.99%，而维生素 B_2 的破坏率为 5%。由此看来，采用高温快速灭菌方法，可达到既杀死培养基中的全部有生命的有机体，又减少营养成分的破坏的目的。理论上，不同灭菌温度和灭菌时间及培养基营养成分的破坏情况见表 3-7。

表 3-7　不同灭菌温度和灭菌时间及培养基营养成分的破坏情况

温度/℃	灭菌时间/min	营养成分破坏/%	温度/℃	灭菌时间/min	营养成分破坏/%
100	400	99.3	130	0.5	8
110	30	67	140	0.08	2
115	15	50	150	0.01	<1
120	4	27			

2. 影响培养基灭菌效果的因素

影响培养基灭菌效果的因素除了灭菌时间和温度外，培养基成分、pH、培养基中的颗粒和泡沫等都是影响培养基灭菌效果的条件，所以在培养基灭菌时，要注意这些条件的选择。

培养基中的油脂、糖类及一定浓度的蛋白质能增强微生物的耐热性，这是因为高浓度有机物会包于细胞的周围形成一层薄膜，影响热的传入，所以灭菌温度高些。例如大肠杆菌在水中加热至 60～65℃就死亡，而在 10％糖液中，需 70℃ 4～6min，在 30％糖液中则需 70℃ 30min。低质量浓度（1％～2％）的 NaCl 溶液对微生物有保护作用，随着浓度的增加，保护作用减弱，当质量浓度达到 8％～10％则减弱微生物的耐热性。

pH 对微生物的耐热性影响也很大。pH 为 6.0～8.0 时，微生物最耐热；pH 小于 6.0，氢离子易渗入微生物细胞内，从而改变细胞的生理反应而促使其死亡。因此，pH 愈低，灭菌所需时间愈短（见表 3-8）。

表 3-8 pH 对灭菌时间的影响

温度/℃	孢子数/(个/mL)	灭菌时间/min				
		pH6.1	pH5.3	pH5.0	pH4.7	pH4.5
120	10000	8	7	5	3	3
115	10000	25	25	12	13	13
110	10000	70	65	35	30	24
100	10000	740	720	180	150	150

培养基的颗粒大小也影响灭菌的效果。颗粒大，灭菌难。一般含有直径小于 1mm 的颗粒对培养基影响不大，但颗粒大时，就会影响灭菌效果。

培养基中如果形成泡沫，对灭菌极为不利。因为泡沫中形成隔热层，造成传热困难，难以杀灭空气中的微生物。如果培养基在灭菌时易产生泡沫，可加入少量消沫剂。

二、培养基的灭菌方法

工业生产中培养基的灭菌方法有分批灭菌和连续灭菌。

（一）分批灭菌

1. 分批灭菌概念

将配制好的培养基输入发酵罐内，直接用蒸汽加热，达到灭菌要求的温度和压力后维持一定时间，再冷却至发酵要求的温度，这一灭菌工艺过程为分批灭菌或实罐灭菌。这种灭菌方法不需要其他的附属设备，操作简便，是国内外生产中常用的灭菌方法。其缺点是加热和冷却时间较长，营养成分有一定的损失；罐利用率低；不能采用高温快速灭菌工艺等。

培养基分批灭菌时，发酵罐容积越大，加热和冷却时间越长。这两段时间实际上也有一定的灭菌作用。所以分批灭菌的时间为：

$$T = t_1 + t_2 + t_3 \tag{3-1}$$

式中，t_1、t_2、t_3 分别为加热、维持和冷却所需要的时间。如果知道 t_1 和 t_3，合理设计维持时间 t_2 亦能减少灭菌过程中培养基营养成分的破坏。

实罐灭菌需要有一定的预热时间，以便物料熔胀并均匀受热。预热到 90℃以上时，将蒸汽直接通入培养基中，可减少冷凝水量。达到灭菌温度（120℃）时开始计算维持时间（也称保温时间）。生产中习惯采用的维持时间为 30min。这比理论计算的时间长，原因是培养基灭菌时，杀灭微生物的有效时间为保温阶段。为了减少营养成分的破坏，多采用快速冷却。

2. 分批灭菌的操作

通用式发酵罐及其管路的示意如图 3-1 所示（此图没有详尽表达所有流加物料的管道以及阀门上的小边阀）。

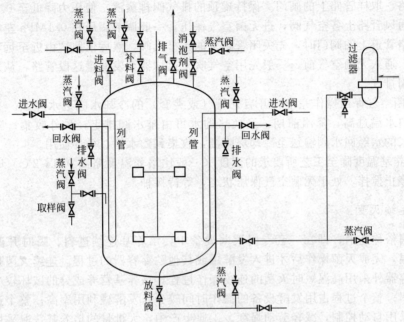

图 3-1 通用式发酵罐及其管路示意图

（1）培养基灭菌前的准备　检查发酵罐各个阀门，特别是排料阀门，使处于关闭状态；事先将发酵罐的空气过滤器以及过滤器至发酵罐的供气管道进行灭菌、吹干，并用无菌空气保压。

（2）培养基灭菌的操作步骤

① 用泵将配制好的培养基送至发酵罐，然后开启搅拌。

② 开启列管（或夹套）的蒸汽阀以及蒸汽冷凝水的排水阀，进蒸汽加热培养基至 80℃左右。加热过程中，打开罐顶排气阀、所有进料阀（包括补料阀、消泡剂阀、酸碱阀等）或这些阀门上的小边阀排汽。此过程是间接预热培养基的过程，必须注意掌握好预热温度，若预热温度过高，意味着后面直接通入蒸汽的时间过短，导致发酵罐顶部空间以及一些阀门灭菌不彻底；若预热温度过低，意味着后面直接通入蒸汽的时间过长，导致过多的蒸汽冷凝水进入培养基，使培养基体积增大，营养物质浓度降低。

③ 完成预热后，关闭列管（或夹套）的蒸汽阀，保持排水阀处于开启状态。然后从三路管道进蒸汽加热培养基，即依次打开发酵罐放料管上的蒸汽阀、放料阀进蒸汽，依次打开通风管上的蒸汽阀、空气阀进蒸汽，依次打开取样管上的蒸汽阀、取样阀进蒸汽。进蒸汽时，一般依照"由远至近"（指某一管路上的阀门离罐体的远近）的次序开启主要阀门进蒸汽，然后再开启管路上的小排汽阀排冷凝水。否则，有可能导致培养基倒流。此过程中，保持所有能排汽的阀门充分排汽，以便消除死角。同时，通风管也要进行灭菌，通风管上的蒸汽一直通至空气过滤器后的阀门，并打开该阀门上的小边阀排汽。

④ 如果发酵罐容积较大，升温速度较慢，当温度升至 100℃左右时，可按照进蒸汽的一般次序打开发酵罐顶部各路管道上的阀门进蒸汽入罐内。一方面，为了对发酵罐顶部各阀门灭菌彻底；另一方面，为了补充蒸汽使升温加速。

⑤ 当温度升至121℃时，应适当控制各路管道上的蒸汽阀以及排汽阀打开程度，使灭菌温度恒定并维持一段时间（即灭菌保温时间）。

⑥ 保温阶段结束后，先关闭发酵罐顶部各路进料管道上的阀门，然后依次关闭放料管路、通风管路、取样管路上的阀门。保持罐顶的排气阀排蒸汽，使压力降低至 0.05MPa 左右时，打开通风管路上各空气阀，进无菌空气保压，一般调节罐压在 0.1MPa 左右。保温结束后关闭各路管道上的阀门时，先关闭管路上的小排汽阀，然后依照"由近至远"的次序关闭主要阀门。通入无菌空气前，一般先用空气吹干过滤器至发酵罐这段管路，从发酵罐空气阀上的小边阀排气。

⑦ 进无菌空气保压操作完毕，开启列管（或夹套）的冷却水阀进水降温。为了避免循环水的贮箱内水温过高，降温前期，经换热的水可由排水阀排走，另外收集；降温中、后期，换热出来的水经回水阀输送至冷却塔降温，收集到贮水箱，循环使用。

⑧ 当培养基温度降至工艺所要求的温度（一般比培养温度略高 0.5～2℃）时，关闭冷却水，然后停止搅拌，处于无菌空气保压状态，等待接种。

（二）连续灭菌

连续灭菌俗称连消，即在一套专门灭菌设备中，培养基连续进料、瞬时升温、短时保温，尽快降温，完成灭菌操作后才进入发酵罐或其他贮存容器的过程。连续灭菌是在发酵罐或其他贮存容器外采用高温短时灭菌的连续操作过程，培养基营养成分的破坏较少，有利于提高发酵产率；整个过程占用发酵设备的操作时间较少，发酵罐利用率高；整个过程使用蒸汽均衡，可采用自动控制，减轻劳动强度。工业生产中，大批量的培养基普遍采用连续灭菌工艺。

根据采用的连续灭菌的设备和工艺条件，分批连续灭菌有蒸汽直接加热和间接加热两种形式。

1. 连续灭菌的类型

（1）蒸汽直接加热连续灭菌系统　蒸汽直接加热对培养基进行灭菌是指将蒸汽直接通入培养基内，快速将培养基加热至杀菌温度，经过一段时间维持后，再冷却至发酵温度的过程。主要有两种形式：

① 由连消塔、维持罐和冷却器组成的连续灭菌系统，此种连续灭菌系统是最基本的连消设备。灭菌工艺流程如图 3-2 所示。

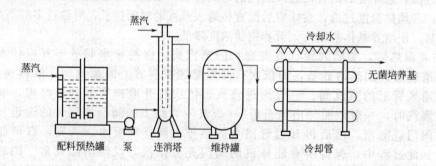

图 3-2　连消塔-维持罐-喷淋冷却器组成的连续灭菌流程

灭菌时，要求培养基输入的压力与蒸汽输入总压力相接近，否则培养基的流速不能稳定，影响培养基的灭菌质量。一般控制培养基输入连消塔的速度小于 0.1m/min，灭菌温度为 138℃，在塔内的停留时间为 20～30s，再送入维持罐保温一定的时间。

该连续灭菌系统的灭菌效果取决于培养基高温处理后送入维持罐内的维持时间。在生产实践中,一般维持时间定为 5~7min。

② 由喷射加热、维持管和真空冷却器组成的连续灭菌系统(图 3-3)。此系统灭菌时,蒸汽直接喷入待灭菌的培养液,培养液急速升温至预定灭菌温度,培养基在该温度送入维持管维持一定时间,灭菌温度下的保温时间由维持管道的长度来保证。灭菌后培养基通过一膨胀阀进入真空冷却器而急速冷却。

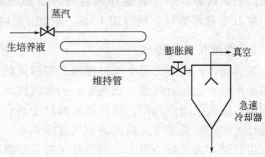

图 3-3 喷射加热连续灭菌流程

此流程能保证培养基先进先出,避免过热和灭菌不彻底的现象。蒸汽直接加热灭菌的优点是升温快、受热时间短,因而营养成分损失小;缺点是灭菌过程中随着蒸汽的冷凝使培养基稀释。真空系统要求严格密封,以免重新污染。

(2) 蒸汽间接加热连续灭菌系统 该系统蒸汽不直接与培养基接触,而是通过热交换器对培养基进行加热,最常见的系统如图 3-4 所示。

图 3-4 是由一系列热交换器组成的灭菌系统,为最先进的灭菌设备。热交换器有板式和螺旋板式两种,螺旋板式热交换器适用于含固形悬浮物的培养基的灭菌,它的流道宽、流速快,可减少交换器表面的结垢现象。板式热交换器适用于含少量固形悬浮物的培养基的灭菌。使用该系统进行培养基灭菌的过程,首先是新鲜培养基进入第一个热交换器(即残热回收器)后,由灭过菌的培养基在 20~30s 内将其预热至 90~120℃;然后进入第二个热交换器(即加热器),用蒸汽很快加热至 140℃,继续进入维持管内维持 30~120s。热量回收后的灭过菌的培养基再进入第三个热交换器(即冷却器)进行冷却,冷却至发酵要求的温度,直接送入灭过菌的发酵罐内,冷却时间为 20~30s。灭菌过程的温度-时间阶段分布状态如图 3-5 所示。

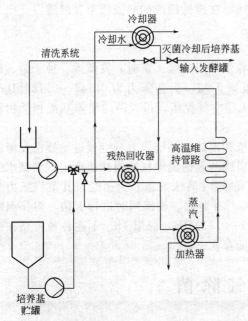

图 3-4 由热交换器组成的连续灭菌系统

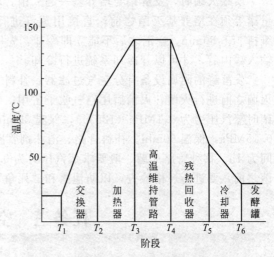

图 3-5 连续灭菌过程中培养液的温度分布

含有淀粉的培养基，须用酸水解或酶水解后才能进行连续灭菌，否则黏度大，影响灭菌效果。如果培养基中含有悬浮颗粒时，需要增加灭菌时间，如含 1mm 悬浮颗粒，须增加 1s，含 1cm 悬浮颗粒，须增加 100s。连续灭菌时，培养基中的悬浮颗粒不能大于 2mm。

2.　连续灭菌的操作

连消前，首先要完成空气过滤器、发酵罐的灭菌操作。发酵罐的空罐灭菌又称为空消。空消操作时，先开启列管（或夹套）的蒸汽阀以及排水阀，进蒸汽压出列管（或夹套）内残留的水，然后关闭蒸汽阀，保持排水阀处于开启状态。最后，按实消的操作方法，直接进蒸汽进行灭菌。空消完毕，用无菌空气保压 0.05～0.10MPa，等待连消。

连消时，为了减小阻力，调节并保持发酵罐罐压为 0.02～0.03MPa。

将配制好的培养基泵送到喷射器，在喷射器中与蒸汽充分混合。根据喷射器出口的温度变化，控制培养基和蒸汽的流量，使混合料液温度符合连消要求的温度。操作过程中，喷射器出口显示的温度不宜波动过大，以免瞬间灭菌不彻底。

加热后的培养基从维持罐底部进入维持罐，从顶部出去。维持罐大小决定了灭菌保温阶段的时间。

培养基从维持罐顶部出来后，经冷却管段的喷淋水冷却，然后到达发酵罐。为了提高发酵罐的周转率，应根据灭菌温度、冷却水温度以及培养基流量来设计冷却管路的长度，使进入发酵罐的培养基的温度等于或略高于接种时的温度，在发酵罐内不需要降温或稍微降温即可。

若有多批培养基依次连消进入不同发酵罐，在每批培养基连消完毕时，通过转换连消系统去各个发酵罐的阀门来控制培养基的去向。在批次不同的培养基交接时，培养基容易在维持罐内混淆而造成各批培养基营养成分的浓度发生改变。为了避免营养成分混淆现象，通常在培养基定容时，对用于每批培养基配制的水，至少保留维持罐体积的 4～6 倍清水不与培养基混合，连消前期先泵送维持罐体积的 2～3 倍清水，中期泵送培养基主体部分，后期再泵送维持罐体积的 2～3 倍清水。

当连消结束后，关闭维持罐进料阀以及顶部出料管上的出料阀，然后开启维持罐底部出料阀门以及顶部出料管上的蒸汽阀，通过蒸汽将残留在维持罐内的料液压至发酵罐。

三、发酵设备灭菌

实罐灭菌时，发酵罐与培养基一起灭菌。培养基采用连续灭菌时，发酵罐、种子罐、计量罐等须在培养基灭菌之前，直接用蒸汽进行空罐灭菌，灭菌压力为 0.147～0.180MPa，维持 45～60min。空消之后不能立即冷却，先用无菌空气保压，待灭菌的培养基或相关物料输入罐内后，才可以开冷却系统进行冷却。

发酵罐的附属设备有分空气过滤器、补料系统和消沫剂系统等。分空气过滤器在发酵罐灭菌之前进行灭菌，灭菌后用空气吹干备用。补料罐的灭菌温度视物料性质而定，如糖水灭菌时蒸汽压力为 0.1MPa（120℃），保温 30min。油罐（消沫剂罐）灭菌时，其蒸汽压力为 0.15MPa，保温 60min。补料管路、消沫剂管路可与补料罐、油罐同时进行灭菌，但保温时间为 1h。移种管路灭菌一般要求蒸汽压力为 0.35～0.45MPa，保温 1h。上述各种管路在灭菌之前，要进行严格检查，以防泄露和"死角"的存在。

任务三　空气除菌

在发酵工业中，绝大多数是利用好气性微生物进行纯种培养，空气则是微生物生长和代谢必不可少的条件。但空气中含有各种各样的微生物，这些微生物随着空气进入培养液，在适宜的条件下，它们会迅速大量繁殖，消耗大量的营养物质并产生各种代谢产物；干扰甚至破坏预定发酵的正常进行，使发酵产率下降，甚至彻底失败。因此，无菌空气的制备就成为发酵工程中的一个重要环节。空气净化的方法有很多，但各种方法的除菌效果、设备条件和经济指标各不相同。实际生产中所需的除菌程度根据发酵工艺要求而定，既要避免染菌，又要尽量简化除菌流程，以减少设备投资和正常运转的动力消耗。

一、空气中微生物的分布和发酵工业对空气无菌程度的要求

1. 无菌空气的概念

发酵工业应用的"无菌空气"是指通过除菌处理使空气中含菌量降低在一个极低的百分数，从而能控制发酵污染至极小机会。此种空气称为"无菌空气"。

2. 空气中的微生物分布

通常微生物在固体或液体培养基中繁殖后，很多细小而轻的菌体、芽孢或孢子会随水分的蒸发、物料的转移被气流带入空气中或黏附于灰尘上随风飘浮，所以空气中的含菌量随环境不同而有很大差异。一般干燥寒冷的北方空气中的含菌量较少，而潮湿温暖的南方则空气中含菌量较多；人口稠密的城市比人口少的农村空气中含菌量多；地面又比高空的空气含菌量多。因此，研究空气中的含菌情况，选择良好的采风位置和提高空气系统的除菌效率是保证正常生产的重要内容。

各地空气中所悬浮的微生物种类及比例各不相同，数量也随条件的变化而异，一般设计时以含量为 $10^3 \sim 10^4$ 个/m^3 进行计算。

3. 发酵对空气无菌程度的要求

各种不同的发酵过程，由于所用菌种的生长能力、生长速度、产物性质、发酵周期、基质成分及 pH 值的差异，对空气无菌程度的要求也不同。如酵母培养时，其培养基以糖源为主，能利用无机氮，要求的 pH 值较低，一般细菌较难繁殖，而酵母的繁殖速度又较快，能抵抗少量的杂菌影响，因此对无菌空气的要求不如氨基酸、抗生素发酵那样严格。而氨基酸与抗生素发酵因周期长短不同，对无菌空气的要求也不同。总的来说，影响因素是比较复杂的，需要根据具体情况而制订出具体的工艺要求。一般按染菌概率为 10^{-3} 来计算，即 1000 次发酵周期所用的无菌空气只允许 $1 \sim 2$ 次染菌。

虽然一般悬浮在空气中的微生物大多是能耐恶劣环境的孢子或芽孢，繁殖时需要较长的调整期。但是在阴雨天气或环境污染比较严重时，空气中也会悬浮大量的活力较强的微生物，它们进入培养物的良好环境后，只要很短的调整期，即可进入对数生长期而大量繁殖。一般细菌繁殖一代仅需 $20 \sim 30 min$，如果进入一个细菌，繁殖 15h 后，可达 10^9 个。如此大量的杂菌必使发酵受到严重干扰甚至失败，所以计算是以进入 $1 \sim 2$ 个杂菌即失败作为依据的。

4. 空气含菌量的测定

空气是许多气态物质的混合物，主要成分是氮气和氧气，还有惰性气体及二氧化碳和水蒸气。除气体外，尚有悬浮在空气中的灰尘，而灰尘主要由构成地壳的无机物质微粒、烟灰和植物花粉等组成。一般城市灰尘多于农村，夏天灰尘多于冬天，特别是气候温和湿润地区空气中的菌量较多。据统计，大城市每立方米空气中的含菌数约为 3000~10000 个。要准确测定空气中的含菌量来决定过滤系统或测定过滤空气的无菌程度是比较困难的。一般采用培养法和光学法测定其近似值。前者在微生物学中已有介绍，后者系用粒子计数器通过微粒对

光线的散射作用来测量粒子的大小和含量。这种仪器可以测量空气中直径为 $0.3\sim0.5\mu m$ 的微粒的浓度，比较准确，但它只是微粒观念，不能反映空气中活菌的数量。

二、空气除菌的方法

除菌的方法很多，如辐射灭菌、化学灭菌、加热灭菌、静电除菌和介质过滤除菌等，但是能够适用于供给发酵需要的大量空气的灭菌和除菌方法主要有下述几种。

（一）加热灭菌

加热灭菌是将空气加热至一定温度，并维持一定时间，杀灭空气中的微生物的方法。

加热灭菌可用蒸汽、电能、空气压缩过程中产生的热量进行灭菌。前两种方法既不经济，又不安全，不适用于工业生产。后一种方法对无菌程度要求不高的发酵过程是可行的。美国某发酵工厂采用提高进口空气温度，经压缩后达 220℃，保持 15h 达到灭菌目的。利用空气压缩过程产生的热量进行灭菌的工艺流程如图 3-6 所示。

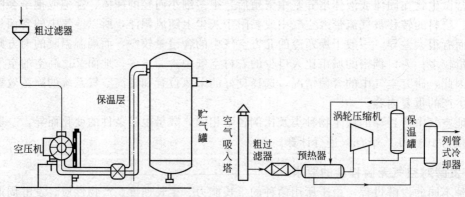

图 3-6　利用空压机所产生的热来进行灭菌

（二）静电除菌

图 3-7 和图 3-8 是静电除菌示意图。其特点是能耗低（处理 $1000m^3$ 空气耗电 $0.4\sim0.8kW\cdot h$）；空气压力损失少（$0.1MPa$ 左右）；对 $1\mu m$ 的尘粒的捕集效率达 99% 以上；设备庞大，属高压电技术。静电除菌的机制是含有灰尘和微生物的空气通过高压直流电场，正极电场强度大于 $1000V/cm^2$ 时，气体产生电离，产生的离子使灰尘和微生物等成为载电体，被捕集于电极上。由于钢管（正极）的表面积大，可捕集大部分的灰尘，导线上吸附的微粒较少。吸附于电极上的颗粒、油滴、水滴等须定期清洗，以保证除菌效率和除菌器的绝缘程度。

（三）介质过滤除菌

使空气通过经高温灭菌过的介质过滤层，将空气中的微生物等颗粒阻截在介质层中，而达到除菌目的的方法称为介质过滤除菌。下文将详细介绍。

以上空气除菌、灭菌方法中，加热灭菌可以杀灭难以用过滤除去的噬菌体，但用蒸汽或电加热费用昂贵，无法用于处理大量空气。利用空气压缩热灭菌，由于是干热灭菌，必须维持一定时间的高温，空气温度达到 220℃ 左右，压缩空气应维持一定的压力，压缩空气的压力愈高，消耗的动力愈大，同时保温 15h，需要较大的维持管或罐，经济上是否合理，还有待讨论。静电除菌一般只能作为初步除菌，因为除菌效率达不到无菌要求。目前发酵工业大

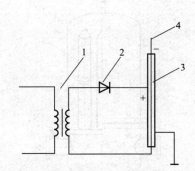

图 3-7 静电除菌原理
1—升压变压器；2—整流器；
3—钢管（沉淀电极）；4—钢丝（电晕电极）

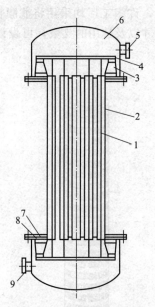

图 3-8 静电除菌器
1—钢丝（电晕电极）；2—钢管（沉淀电极）；
3—高压绝缘瓷瓶；4—钢板；5—空气出口；
6—封头；7—管板；8—法兰；9—空气入口

多数采用介质过滤除菌方法来制备大量的无菌空气。

三、介质过滤除菌

介质过滤除菌按除菌的机制不同而分为绝对介质过滤除菌和深层介质过滤除菌。

（一）绝对介质过滤除菌概述

绝对介质过滤是介质之间的空隙小于被滤除的微生物（表 3-9），当空气流过介质后，空气中的微生物被滤除。

表 3-9 空气中常见微生物的大小

种类	细胞大小/μm		孢子大小/μm	
	宽	长	宽	长
金黄色小球菌	0.5～1.0			
产气杆菌	1.0～1.5	1.0～2.5		
蜡样芽孢杆菌	1.3～2.0	8.1～25.8		
普通变形杆菌	0.5～1.0	1.0～3.0		
巨大芽孢杆菌	0.9～2.1	2.0～10.0	0.6～1.2	0.9～1.7
霉状分枝杆菌	0.6～1.6	1.6～13.6	0.8～1.2	0.8～1.8
枯草芽孢杆菌	0.5～1.1	1.6～4.8	0.5～1.0	0.9～1.8
酵母菌	3～5	5～19	2.5～3.0	
病毒	0.0015～0.28	0.0015～0.28		

绝对介质过滤的过滤介质是各种微孔滤膜。它是由超细纤维制成的微孔滤膜，如纤维素酯微孔滤膜、硅酸硼纤维滤膜、聚四氟乙烯微孔滤膜以及醋酸纤维滤膜等。这些微孔过滤介质孔径都小于 $0.45\mu m$（推荐孔径为 $0.2\mu m$）。为提高过滤效率，空气在通过过滤器之前，应将其中的油、水除去。

目前，许多工厂均采用将滤膜折叠而制成折叠膜滤芯，如图 3-9 所示。根据折叠膜滤芯的外形尺寸以及选用的支数，可设计过滤能力不同的折叠膜滤芯过滤器，其示意图如图 3-10 所示。

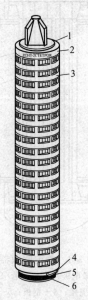

图 3-9　折叠膜滤芯

1—端盖（热稳定 P.P）；2—滤芯的烙印编号；
3—外同（热稳定 P.P）；4—防止背压的锁扣；
5—O 型密封胶圈；6—不锈钢内衬

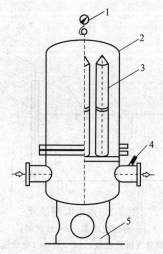

图 3-10　折叠膜滤芯过滤器

1—压力表；2—外壳；3—折叠膜滤芯；
4—温度计；5—支座

（二）深层介质过滤除菌

深层介质过滤的过滤介质空隙和过滤介质纤维的直径都大于被除去的微生物，因此其除菌的机制不是绝对过滤，而是当空气通过这种介质时，滤层纤维所形成的网格阻碍气流直线前进，使气流无数次改变速度和方向，这些改变引起微粒与滤层纤维产生惯性碰撞、阻截、静电吸附和扩散等作用，从而被截留在介质内，达到过滤除菌的目的。

1. 惯性碰撞作用

滤器中的滤层交错着无数的纤维，好像形成层层的网络，随着纤维直径的减少、充填密度的增大，所形成的网络就越紧密，网络的层数也就越多，纤维间的间隙就越小。当带有微生物的空气通过滤层时，无论顺纤维方向流动还是垂直于纤维方向流动，仅能从纤维的间隙通过。由于纤维交错所迫，使空气要不断改变运动方向和速度才能通过滤层。当微粒随气流以一定速度垂直向纤维方向运动时，空气受阻即改变运动方向，绕过纤维前进。而微粒由于运动惯性较大，未能及时改变运动方向，直冲到纤维的表面，由于摩擦黏附，微粒就滞留在纤维表面上，这称为惯性碰撞作用。惯性捕集是空气过滤器除菌的重要作用，其作用大小取决于颗粒的动能和纤维的阻力及气流的流速。惯性力与气流流速成正比，当流速过低时，惯性捕集很小，甚至接近于零；当空气流速增至足够大时惯性捕集则起主导作用。

2. 阻截作用

气流速度降低到惯性捕集作用为零时，此时的气流速度为临界速度。气流速度在临界速度以下时，微粒不能因惯性滞留于纤维上，捕集效率显著下降。但实践证明，随着气流速度的继续下降，纤维对微粒的捕集效率又回升，说明有另一种机制在起作用，这就是阻截作用。

3. 扩散作用

直径很小的微粒在很慢的气流中由于扩散作用能产生一种不规则的运动,称为布朗运动。扩散运动的距离很短,在较大的气流速度和较大的热纤维间隙中是不起作用的,但在很慢的气流速度和较小的纤维间隙中,扩散作用大大增强了微粒与纤维的接触机会。

4. 重力沉降作用

微粒虽小,但仍具有重量。当微粒所受的重力超过空气作用于其上的浮力时,微粒就发生沉降现象。就单沉降作用——重力而言,大颗粒比小颗粒作用显著,一般 $50\mu m$ 以上的颗粒沉降作用才显著。对于小颗粒只有气流速度很慢时重力沉降才起作用。重力沉降作用一般是与阻截作用相配合,即在纤维的边界滞留区内,微粒的沉降作用增强了阻截捕集作用。

5. 静电吸附作用

干燥的空气对非导体的物质作相对运动摩擦时,会产生静电现象。对于普通纤维和树脂处理过的纤维,尤其是一些合成纤维,此现象更为显著。悬浮在空气中的微生物大多带有不同的电荷。有人测定微生物孢子带电情况时发现,约有 75% 的孢子带有负电荷,约 15% 的孢子带正电荷,其余 10% 则为中性,这些带电荷的微粒会被相反电荷的介质所吸附。此外,表面吸附也属这个范畴,如活性炭的大部分过滤效能应是表面吸附作用。

(三)介质除菌效率

介质除菌(又称介质捕集)效率,是指被介质层捕集的尘埃颗粒数与空气中原有颗粒数之比。

实验证明,介质过滤除菌不能达到 100% 的效果。在分批发酵过程中,介质过滤除菌的实质是通过介质的作用,延长空气中的微生物在空气中的停留时间,在整个发酵周期内保证不让空气中的杂菌漏进发酵罐内而导致染菌。设空气过滤前的微粒数为 N_1,过滤后的微粒数为 N_2,P 为透过率,则

$$P=\frac{N_2}{N_1} \tag{3-2}$$

即 P 为空气过滤后含有的微粒数与空气中原有微粒数之比值。所以

$$\eta=\frac{N_1-N_2}{N_1}=1-P \tag{3-3}$$

在实际生产中 N_2 取 0.001,其意义是 1000 次发酵只有一次因空气带菌而染菌。

(四)深层空气过滤介质

深层介质过滤器主要有两种。一种是以纤维状物(如棉化、坡璃棉、超细坡璃纤维纸、涤纶和纤维尼纶等)或颗粒状物(如活性炭)为介质所构成的过滤器;另一种是以微孔滤纸、滤板、滤棒构成的过滤器。超细玻璃纤维纸可做成管状或板状,其除菌效率最好,但易受油水污染。棉花和活性炭过滤器填充层厚,体积大,吸收油水能力强,但更换时劳动强度大。常见的一些深层介质过滤器如图 3-11 和图 3-12 所示。

四、空气过滤除菌的工艺流程

发酵工业工厂所使用的空气除菌流程,随各地的气候条件不同而有很大的差异。目前所采用的过滤介质必须在干燥条件下工作,才能保证除菌效率。空气进入空气压缩机之前要进行粗过滤,然后进入压缩机。空气经压缩后温度升高($120\sim150℃$),因此压缩空气要先行

冷却，除去油水，再经加热至一定温度后进入空气过滤器进行除菌，从而获得无菌度高以及温度、压力和流量均符合生产要求的无菌空气。图 3-13、图 3-14 和图 3-15 是几种常见的空气除菌流程。

图 3-13 是一个设备很简单的空气除菌流程，它由压缩机、贮罐、空气冷却器和过滤器等组成，只适用于那些气候寒冷、相对湿度很低的地方或相应季节。由于空气温度低，经

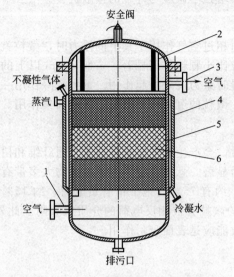

图 3-11 深层纤维介质空气过滤器

1—进气口；2—压紧架；3—出气口；
4—纤维介质；5—换热夹套；6—活性炭

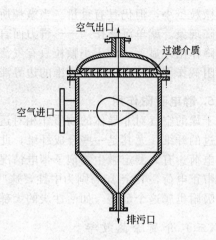

图 3-12 平板式纤维纸过滤器

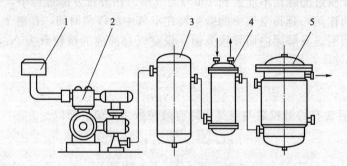

图 3-13 空气冷却过滤流程

1—粗过滤器；2—压缩机；3—贮罐；4—冷却器；5—总过滤器

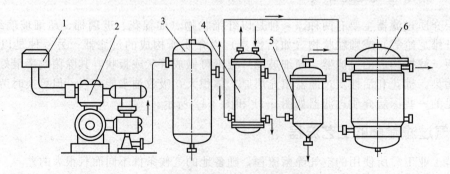

图 3-14 两级冷却除菌流程

1—粗过滤器；2—压缩机；3—贮罐；4,6—冷却器；5—旋风分离器

压缩后它的温度也不会升得很高，特别是空气的相对湿度低，经压缩和冷却后空气的湿度仍能保持在 60％ 以下，这就能保证过滤设备的过滤除菌效率，满足微生物培养的无菌空气要求。但是室外温度低到什么程度和空气的相对湿度低到多少才能使用这个流程，需通过设计计算来确定。

在使用涡轮式空气压缩机或无油润滑空气压缩机时，这种流程可满足要求；但若使用普通空气压缩机时，可能引起油雾污染过滤器，这时需加丝网分离器将油雾分离。

图 3-14 是一个比较完善的两级冷却空气除菌流程，它可适用于各种气候条件，能充分分离空气中的水分，使空气在低的相对湿度下进入过滤器，提高过滤效率。

该流程的特点是：两次冷却，两次分离，适当加热。两次冷却、两次分离油水的好处是能提高传热系数，节约冷却用水，油水雾分离得比较完全。经第一次冷却后，大部分的水、油都已结成较大的雾粒，且雾粒浓度比较大，故适宜用旋风分离器分离。第二冷却器使空气进一步冷却后析出一部分较小雾粒，宜采用丝网分离器分离，因为丝网能够分离较小直径的雾粒且分离效果好。经二次分离的空气所带的雾沫就较少，两级冷却可以减少油沫污染对传热的影响。若使用低温的地下水，可采用串联来减少冷却水用量。在没有低温地下水时，第二级冷却可采用冰水，通常第一级冷却到 30～35℃，第二级冷却到 20～25℃。除水后，空气的相对湿度还是 100％，可用加热的办法把空气的相对湿度降到 50％～60％。一般加热到 30～35℃，能否达到这样的相对湿度，应进行工艺计算。

图 3-15 为冷热空气直接混合式空气除菌流程。从流程图中可以看出，压缩空气从贮罐出来后分成两部分，一部分进入冷却器，冷却到较低温度，经分离器分离水分、油雾后，与另一部分未处理过的高温压缩空气混合。此时混合空气的温度为 30～35℃，相对湿度为 50％～60％，达到要求，然后进入过滤器过滤。该流程的特点是可省去第二级冷却后的分离设备和空气加热设备，流程比较简单，冷却水用量少。该流程适用于中等湿度地区，但不适合用于空气湿度高的地区。

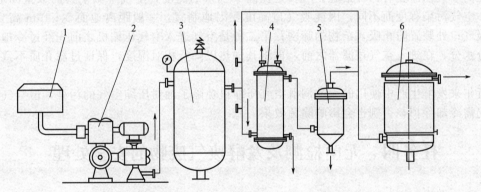

图 3-15 冷热空气直接混合式空气除菌流程
1—粗过滤器；2—压缩机；3—贮罐；4—冷却器；5—丝网分离器；6—过滤器

图 3-16 为利用热空气加热冷空气的流程。它利用压缩后的热空气和冷却后的冷空气进行热交换，使冷空气的温度升高，降低相对湿度。此流程对热能的利用比较合理，热交换器还可兼作贮气罐。但由于气-气换热的传热系数很小，加热面积要足够大才能满足要求。

图 3-17 是一种高效前置过滤除菌流程，其特点是无菌程度高。它是利用压缩机的抽吸作用，使空气先经中效、高效过滤后，进入空气压缩机。经高效前置过滤器后，空气的无菌程度已达 99.99％，再经冷却、分离、过滤器过滤后，空气的无菌程度就更高，以保证发酵的安全。高效前置过滤器采用泡沫塑料（静电除菌）、超细纤维纸为过滤介质，串联使用。

采用上述各种设备系统生产无菌空气，要严格处理好下述两点：一是提高空气进入压缩

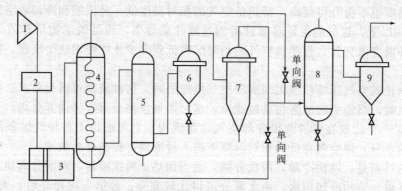

图 3-16 利用热空气加热冷空气的流程

1—高空采风；2—粗过滤器；3—压缩机；4—热交换器；
5—冷却器；6,7—析水器；8—空气总过滤器；9—空气分过滤器

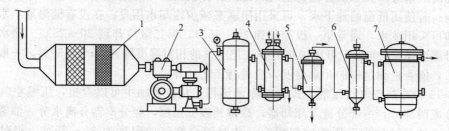

图 3-17 高效前置过滤除菌流程

1—高效前置过滤器；2—压缩机；3—贮罐；4—冷却器；5—丝网分离器；6—加热器；7—过滤器

机之前的洁净度；二是除净压缩空气中夹带的油水。否则会影响无菌空气的质量。

提高空气洁净度有两种措施。一种是提高吸气口的高度，空气中微生物的数量因地域、气候、空气污染程度而不同，因此吸气口高度要因地制宜，一般距离地面 5～10m 高为好，并在吸气口处装置防止吸入杂物的筛网；第二种是空气进入空气压缩机之前先经过冷却，析出部分水分，在进入空气过滤器之前，再将其加热以降低相对湿度，保证过滤介质不致受潮失效。

近年来发酵生产中使用的无油润滑空气压缩机免除了油对压缩空气的污染，但空气中的水分仍需冷却除掉，否则也会影响除菌效果。

任务四　无菌检测及发酵废气废物的安全处理

一、无菌检测

工业生产中，为明确责任、跟踪生产进程、及早发现染菌，一般在菌种制备、发酵罐接种前后和培养过程中都按时取样进行无菌检测。对发酵液的无菌检测有三种方式：无菌试验、镜检、试剂盒。

无菌试验有肉汤培养法、双蝶法、斜面培养法等。肉汤法是直接用装有酚红肉汤的无菌试管取样，于 37℃培养，观察培养基颜色的变化，确定是否染菌。双蝶法是取样在双蝶培养基上划线，取样培养 6h 后反复划线，培养 24h 后观察有无菌落。斜面培养法是接种于斜面上，培养 24h 后观察有无菌落。

镜检采用显微镜直接观察取样中有无杂菌，其明显的优势是快速，但染菌初期或杂菌少

时无法确定，一般与肉汤法配合使用。

试剂盒是近几年出现的快速、高效检测灭菌效果和染菌的新手段，在此不做介绍。

空气系统的无菌检测主要考察过滤器是否失效。过滤器失效的检测方法一是检测过滤器两侧的压降，压降大说明过滤介质被堵塞；二是用粒子计数器测定空气中的粒子数是否超标，有无达到洁净度要求。

二、发酵废气废物的安全处理

发酵过程中，发酵罐不断排出废气，其中夹带部分发酵液和微生物。中小型试验发酵罐厂家采用在排气口接装冷凝器回流部分发酵液，以避免发酵液体积的大幅下降。大型发酵罐的排气处理一般接到车间外经沉积液体后从"烟囱"排出。当发生染菌事故后，尤其发生噬菌体污染后，废气中夹带的微生物一旦排向大气将成为新的污染源，所以必须将发酵尾气进行处理。目前国内发酵行业普遍采用的方法是将排气途经碱液处理后排向大气。发生噬菌体污染后，虽经碱液处理，吸风口空气中尚有噬菌体存在，这些噬菌体又很难经过滤除去。利用噬菌体对热的耐受力差的特点，在空气预处理流程中，将贮罐紧靠着空压机，此时的空气温度很高，空气在贮罐中停留一段时间可达到杀灭噬菌体的目的。

一旦发生发酵污染，发酵液需经处理后方可排放，否则造成新的污染源。一般是直接通入蒸汽灭菌处理，也可加入甲醛再用湿热灭菌处理。

拓展学习

每一种微生物都有一定的最适生长温度范围，如一些嗜冷菌的最适温度范围为5～10℃（最低限温度为0℃，最高限温度为20～30℃）；大多数微生物的最适温度为25～37℃（最低限温度为5℃，最高限为45～50℃）；另有一些嗜热菌的最适温度为50～60℃（最低限温度为30℃，最高限温度为70～80℃）。当微生物处于最低限温度以下时，代谢作用几乎停止而处于休眠状态；当温度超过最高限温度时，微生物细胞中的原生质体和酶的基本成分——蛋白质发生不可逆变化即凝固变性时，微生物在很短时间内死亡。湿热灭菌就是根据微生物的这种特性而进行的。一般无芽孢细菌在60℃下经过10min即可全部杀灭；而芽孢细菌则能够经受较高的温度，在100℃下要经过数分钟至数小时才能杀死。某些嗜热菌能在120℃下耐受20～30min，但这种菌在培养基中出现的机会不多。一般灭菌的彻底与否以能否杀死芽孢细菌为标准。

思考与测试

一、填空题

1. 工业发酵常用的灭菌方法主要有_____、_____、_____、_____。

2. 消毒是指用_____和_____的方法杀死物料、容器、器具内外的病原微生物。一般只能杀死_____，而不能杀死_____。

3. 分批灭菌中培养基预热的目的是_____、_____。

4. 发酵罐灭菌后，先用_____，灭菌的培养基、相关物料输入罐内后，打开冷却系统进行冷却。

5. 发酵工业应用的"无菌空气"是指通过_____，使空气中含菌量降低在一个极低的百分数，从而能控制_____至极小机会。此种空气称为"无菌空气"。

6. 空气中的微生物含量、种类随空气状况而异，就种类而言，通常_____、

_____居多；空气中的微生物一般附着在尘埃、雾滴上。

7. 空气常用的除菌方法有_____、_____、_____。

8. 深层过滤以_____、玻璃纤维、_____为过滤层。

9. 空气过滤流程中对空气的要求有_____、_____、_____。

10. 湿热灭菌法是借助_____的热使微生物细胞中的_____、_____和_____内部的化学键，特别是_____受到破坏，引起不可逆的变性，使微生物死亡。

11. 以纤维状物（棉花、玻璃纤维、涤纶、维尼纶等）或颗粒状物质（如活性炭）为介质所构成的过滤器，特点是：_____，_____，_____，操作麻烦。以微孔滤纸、滤板、滤棒构成的过滤器，特点是：_____，_____，_____，操作简单，价格贵。

12. 静电除菌是被_____，在向电极快速移动过程中撞击上空气中的_____、_____后，使菌体、尘埃移向电极，最终沉降吸附在电极上，以达到除尘除菌的目的。

二、选择题

1. 空气除菌方法不包括下列哪种？（　　）

A. 加热灭菌　　　　　B. 静电除菌　　　　　C. 湿法除菌　　　　　D. 介质过滤除菌

2. 典型的空气除菌流程一般有（　　）种。

A. 1　　　　　　　　B. 5　　　　　　　　C. 3　　　　　　　　D. 6

3. 在空气除菌流程中，空气湿度较大的地区比气候干燥地区多出的仪器是（　　）。

A. 分离器　　　　　　B. 粗过滤器　　　　　C. 压缩机　　　　　D. 分流机

4. 高空采风、两次冷却、两次分油水、适当加热流程的顺序是（　　）。

A. 高空采风、两次冷却、两次分油水、适当加热

B. 两次冷却、高空采风、两次分油水、适当加热

C. 两次冷却、两次分油水、高空采风、适当加热

D. 两次冷却、两次分油水、适当加热、高空采风

5. 热空气加热冷空气的流程中用到的器械不包括（　　）。

A. 粗过滤器　　　　　B. 空气过滤器　　　　　C. 分离器　　　　　D. 空气加热器

第四单元 微生物代谢产物的生物合成与调节

【知识目标】

理解细胞初级代谢和次级代谢的联系。

理解一些初级代谢产物和次级代谢产物的生物合成途径以及发酵机制。

理解初级代谢和次级代谢的主要调控机制。

【能力目标】

掌握微生物主要代谢途径。

能分析微生物初级代谢产物的合成和代谢调节。

能分析微生物次级代谢产物的合成和代谢调节。

微生物的生命活动是由产能与生物合成中各种代谢途径组成的网络互相协调来维持的。微生物能够通过代谢调节的方式，经济合理地利用和合成所需的各种物质和能量，使其细胞处于平衡生长状态。微生物生命活动中合成的代谢产物是多种多样的，按代谢产物与微生物生长繁殖的关系，可分为初级代谢产物和次级代谢产物两大类。

当人们利用微生物合成某种代谢产物时，必须打破微生物原有的代谢调控系统，使其在适当条件下建立新的代谢方式，从而使微生物超量积累人们所期望的产物，即产物浓度远远超过细胞正常生长和代谢所需的范围。

任务一 微生物初级代谢产物的生物合成与调节

一、初级代谢的主要调控机制

由微生物代谢产生的，并且是微生物自身生长繁殖所必需的代谢产物，称为初级代谢产物，如氨基酸、核苷酸、蛋白质、多糖、核酸等。各种复杂的代谢途径是由一系列特异酶催化反应组成的，代谢调控机制有两种主要类型：酶活性的调节和酶合成的调节。

（一）酶活性的调节

酶活性的调节是通过改变已有酶的活性来调节代谢速率，包括酶的激活和抑制作用。

1. 酶活性的激活

酶活性的激活作用是指在某个酶促反应系统中，某种低相对分子质量的物质加入后，导致原来无活性或活性很低的酶转变为有活性或活性提高，从而使酶促反应速率提高的过程。激活作用类型有前体激活和补偿性激活，前体激活现象在分解代谢途径最常见，即代谢途径中后面的反应被该途径前面的一种代谢中间产物所促进，如图 4-1（a）所示为前体激活，图 4-1（b）所示为补偿性激活，具有生理性重要作用。

2. 酶活性的抑制

酶活性的抑制作用是指在某个酶促反应系统中，某种低分子质量的物质加入后，导致酶

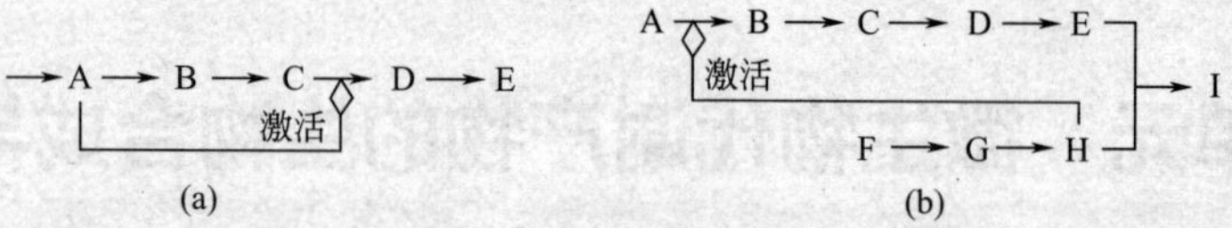

图 4-1 代谢产物激活作用

活力降低的过程。酶活性的抑制包括竞争性抑制和反馈抑制，其中反馈抑制是指反应途径中某些中间产物或末端产物对该途径前面酶促反应的影响。有两个以上末端产物的分支代谢途径的反馈抑制作用机制比较复杂，具体有以下几种：

（1）协同反馈抑制 如图 4-2 所示，当一个代谢途径中有两个或两个以上终产物时，每一个终产物单独存在时并不对整个代谢途径产生抑制作用，只有几个终产物同时过量累积时才能对途径中的第一个酶产生抑制作用，这种调节方式称为协同反馈抑制或多价反馈抑制。

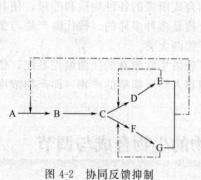

图 4-2 协同反馈抑制

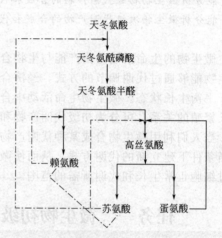

图 4-3 谷氨酸棒杆菌中天冬氨酸族
氨基酸的协同反馈抑制

不少微生物都具有协同反馈抑制的调节作用。如图 4-3 所示，在谷氨酸棒杆菌的天冬氨酸族氨基酸合成代谢中，代谢途径的第一个酶（天冬氨酸激酶）受赖氨酸、苏氨酸的协同反馈抑制，天冬氨酸激酶的活力必须在赖氨酸、苏氨酸同时过量时才被严重抑制。

（2）累积反馈抑制 当一个代谢途径中有两个或两个以上终产物时，每一个终产物都能单独抑制共同步骤的第一个酶，但只是发生部分抑制作用。要达到最大抑制效果，这几个终产物必须同时过量累积，即各终产物的反馈抑制具有累积作用，这样的调节方式称为累积反馈抑制。如图 4-4 所示，E 和 G 分别单独抑制第一个酶的活力的 50% 和 25%，那么 E 和 G 同时过量累积时抑制酶活力的 $50\% + (1-50\%) \times 25\% = 62.5\%$。大肠杆菌的谷氨酰胺合成酶的调节是最早观察到的累积反馈抑制例子。如图 4-5 所示，大肠杆菌的谷氨酰胺是合成 AMP、CTP、6-磷酸葡萄糖、色氨酸、氨基甲酰磷酸等 8 种物质的原料，谷氨酰胺合成酶是这八种代谢物合成过程的第一个酶，这八种终产物都能部分抑制谷氨酰胺合成酶的活力，但只有 8 种终产物同时过量时，这个酶的活力才完全被抑制。

（3）顺序反馈抑制 如图 4-6 所示，在分支途径中，当终产物 E 过量积累时，对酶Ⅰ产生反馈抑制，阻止了 C→D 的反应，导致中间产物 C 的浓度增加，从而促使反应沿 F→G 方向进行，最终使终产物 G 的浓度增加；当 G 过量积累时，对酶Ⅱ产生反馈抑制，又阻止了 F→G 的反应，又会导致 C 的浓度增加；当 C 过量积累时，对酶Ⅲ产生反馈抑制，最后阻断

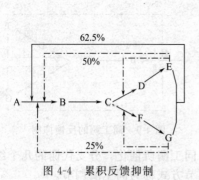

图 4-4　累积反馈抑制

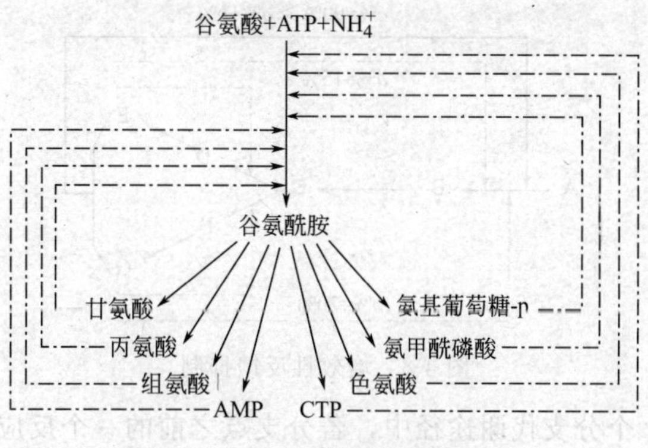

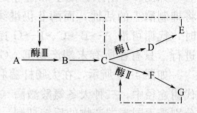

图 4-5　大肠杆菌谷氨酰胺合成
酶的累积反馈抑制

了 A→B 的反应。在这个调节机制中，催化第一公共步骤
的酶受一个中间产物反馈抑制，而第一发散步骤反应又分
别受各自的末端产物的反馈抑制。首先第一发散步骤反应
依次被阻断，然后第一公共步骤反应被阻断。常把这种调
节方式称为顺序反馈抑制。

　　在研究枯草杆菌的芳香族氨基酸生物合成时，发现了
顺序反馈抑制现象。如图 4-7 所示，酪氨酸、苯丙氨酸和
色氨酸分别抑制各自开始发散的步骤反应，导致预苯酸和分支酸的混合物积累；这两个产物
又可反馈抑制整个合成途径的第一公共反应步骤。

图 4-6　顺序反馈抑制

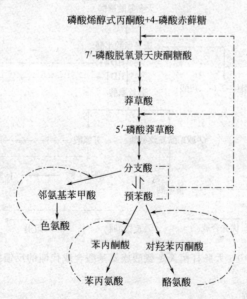

图 4-7　枯草杆菌芳香族氨基酸合成中的顺序反馈抑制

　　(4) 增效性反馈抑制　如图 4-8 所示，当一个代谢途径中有两个或两个以上终产物时，
任何一个终产物单独过量时，只能轻微地抑制公共反应步骤的第一个酶，但几个终产物同时
过量存在时，可产生强烈的抑制作用，且抑制程度远大于各自单独存在时抑制作用的总和，
这种调节方式称为增效性反馈抑制。

　　(5) 同工酶调节　同工酶是指能够催化同一反应而酶蛋白结构略有不同的几个酶。在一

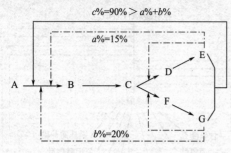

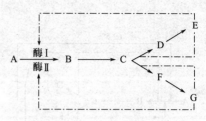

图 4-8　增效性反馈抑制　　　　图 4-9　同工酶的反馈抑制

个分支代谢途径中，若分支点之前的一个反应由几个同工酶所催化，分支代谢的几个终产物往往分别对这几个同工酶发生反馈抑制作用，这种调节方式称为同工酶调节。

如图 4-9 所示，酶 Ⅰ 和酶 Ⅱ 是催化 A→B 反应的同工酶，当末端产物 E 过量积累时，它将抑制酶 Ⅰ 的活性，而酶 Ⅱ 仍继续催化 A→B 的反应，在末端产物 G 没有抑制 C→F 的反应时，代谢可沿 A→B→C→F→G 途径进行；在相反情况下，代谢可沿 A→B→C→D→E 途径进行。只有在所有末端产物 E、G 都过量积累时，才能完全抑制同工酶。

如图 4-10 所示，在大肠杆菌利用天冬氨酸合成赖氨酸、蛋氨酸、苏氨酸以及异亮氨酸的代谢途径中，三种天冬氨酸激酶（AKⅠ、AKⅡ、AKⅢ）和两种高丝氨酸脱氢酶（HDⅠ、HDⅡ）分别受不同末端产物的反馈抑制。

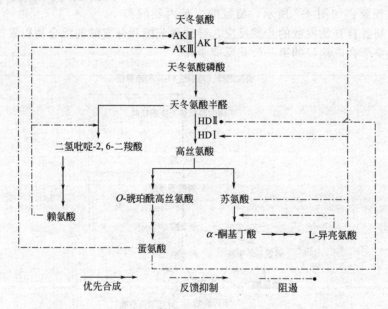

图 4-10　大肠杆菌天冬氨酸族氨基酸合成代谢的反馈控制

（二）酶合成的调节

酶量调节主要是通过影响酶合成或酶合成速率来控制酶量变化，最终达到控制代谢过程的目的。由于酶量调节涉及酶蛋白合成，其调节效果较慢。在微生物中，酶合成的调节方式包括诱导和阻遏两种类型。

1. 酶合成的诱导作用

在微生物细胞中存在两大类酶，即组成酶和诱导酶。组成酶是指微生物不论生长在什么培养基中，不依赖酶底物或底物的结构类似物的存在而总是适量地合成的酶。诱导酶是指依赖于某种底物或底物的结构类似物的存在而合成的酶。诱导作用是指在某种化合物作用下，导致某种酶合成或合成速率提高的现象，而能够诱导某种酶合成的化合物则称为该酶的诱导剂。

一种诱导酶的合成可以有一种以上的诱导剂，但不同诱导剂的诱导能力是不同的，且诱导能力还与诱导剂浓度有关。例如，半乳糖和乳糖都是 β-半乳糖苷酶的诱导剂，但乳糖的诱导能力比半乳糖强，半乳糖浓度在 10mol/L 以下就没有诱导能力了。

2. 酶合成的阻遏

阻遏作用是指在某种化合物作用下，导致某种酶合成停止或合成速率降低的现象。微生物代谢过程中，当细胞的某种代谢产物积累到一定程度时，反馈阻遏了该代谢途径中的一种或几种酶的生物合成。反馈阻遏又可分为末端产物反馈阻遏和分解产物反馈阻遏。末端产物反馈阻遏是指某种合成途径的终产物所引起的反馈阻遏，这种阻遏方式常普遍存在于氨基酸、核苷酸生物合成途径中。分解产物反馈阻遏是指某种化合物分解的中间产物所引起的反馈阻遏，早年研究混合碳源对微生物生长的影响时发现的"葡萄糖效应"就是这种阻遏方式。后来发现，所有可以迅速利用或代谢的能源，都能阻遏异化另一种缓慢利用能源所需酶的形成。葡萄糖代谢阻遏实际上并不是葡萄糖本身起到阻遏作用，而是它的分解代谢产物引起的阻遏作用。

二、酒精的产生与调节机制

（一）乙醇的生成

1. 酵母中与酒精发酵有关的酶

在酵母体内，与酒精发酵有关的酶主要有两类：水解酶和酒化酶。

（1）水解酶　水解酶类能够将较简单的碳水化合物、蛋白质类物质分解，生成更简单的物质。酒精酵母主要含有蔗糖酶、麦芽糖酶和肝糖酶等几种水解酶。蔗糖酶是一种胞外酶，能够从酵母细胞分泌出来，将蔗糖分解为一分子葡萄糖和一分子果糖。麦芽糖酶也是一种胞外酶，最适 pH 为 $6.75\sim7.25$，最适温度为 40℃，能够将麦芽糖分解为 2 分子葡萄糖。肝糖酶是胞内酶，可将酵母体内贮存的肝糖分解为葡萄糖。

（2）酒化酶　酒化酶是参与酒精发酵的各种酶和辅酶的总称，主要包括己糖磷酸化酶、氧化还原酶、烯醇化酶、脱羧酶和磷酸酶等。在这些酶的作用下，糖分被转化为酒精。这一类酶都是胞内酶。

2. 酵母生成乙醇的机制

在酵母体内，葡萄糖经酵解途径生成丙酮酸，在无氧条件下，丙酮酸在丙酮酸脱羧酶催化作用下脱羧生成乙醛，丙酮酸脱羧酶需要焦磷酸硫胺素为辅酶，并需要 Mg^{2+} 和 Mn^{2+} 的参与，反应如下：

$$丙酮酸 \xrightarrow{\text{丙酮酸脱羧酶}} 乙醛+CO_2$$

所生成的乙醛在乙醇脱氢酶作用下成为受氢体，被还原成乙醇，反应如下：

$$乙醛 \underset{}{\overset{NADH+H^+ \quad NAD^+}{\rightleftharpoons}} 乙醇$$

由葡萄糖生成乙醇的总反应式是：

$$C_6H_{12}O_6+2ADP+2H_3PO_4 \longrightarrow 2CH_3CH_2OH+2CO_2+2ATP+104600J$$

每 1mol 葡萄糖生成 2mol 乙醇，理论质量转化率为：

$$\frac{2 \times 46.05}{180.1} \times 100\% = 51.1\%$$

上式中，46.05 为乙醇的相对分子质量；180.1 为葡萄糖的相对分子质量。

实际生产中，大约有 5% 的葡萄糖用于合成酵母细胞和副产物，因此乙醇的实际生成量约是理论值的 95%。

1860 年，巴斯德发现，如果在厌氧条件下于高速酵解的酵母培养体系中通入氧气，则葡萄糖消耗速度急剧下降，这种现象称为巴斯德效应。关于巴斯德效应的机制，已经证实第一调节点是磷酸果糖激酶，此酶是变构酶，受 ATP、柠檬酸及其他高能化合物所抑制，受 AMP、ADP 所激活。在好气条件下，糖代谢进入三羧酸循环，产生柠檬酸和大量 ATP，柠檬酸反馈阻遏了磷酸果糖激酶的合成，同时 ATP 反馈抑制了此酶的活性，导致 6-磷酸果糖积累而反馈抑制了己糖激酶，从而抑制葡萄糖进入细胞内，最终造成葡萄糖消耗速度急剧下降。

另外，丙酮酸激酶为 1,6-二磷酸果糖所激活，当磷酸果糖激酶活性降低时，生成 1,6-二磷酸果糖的速率降低，导致丙酮酸激酶也降低，造成磷酸烯醇式丙酮酸积累而反馈抑制了己糖激酶，从而也降低了糖的酵解速度。

(二) 酒精发酵中主要副产物的生成

在酒精发酵中，主要产物是酒精和 CO_2，但同时伴随着生成 40 多种副产物。这些副产物主要是醇、醛、酸和酯四类化学物质，有些副产物的生成是由糖分转化而来，有些是由其他物质转化生成。副产物的生成消耗了部分糖分，并影响产品的质量，应尽量减少副产物的生成。

1. 杂醇油的生成

杂醇油是一类 C 原子数大于 2 的脂肪族醇类的统称，有正丙醇、异丁醇、异戊醇和活性戊醇等。杂醇油颜色呈黄色或棕色，具有特殊气味，由于不溶于水，故俗称为杂醇油。

早在 1907 年，Ehrlish 提出了高级醇的形成来自氨基酸的氧化脱氨作用。在酒精发酵过程中，由于原料中蛋白质分解产生了氨基酸，这些氨基酸被酵母同化作为氮源，脱氨后生成酮酸，再经脱羧生成醛，最后经还原生成相应的醇类，这些醇类就是杂醇油。例如，亮氨酸可产生异戊醇，其化学反应式如下：

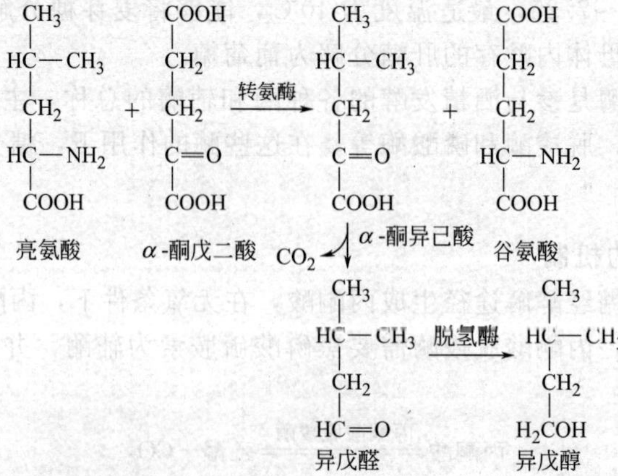

根据此机制，由异亮氨酸可产生活性戊醇，缬氨酸可产生异丁醇，酪氨酸可产生酪醇，苏氨酸可产生正丙醇，苯丙氨酸产生苯乙醇等。

2. 甘油的生成

酵母在一定条件下培养，可以转化糖分为甘油。酵母体内，在乙醇脱氢酶作用下，乙醛作为受氢体而被还原成乙醇，因此，正常酒精发酵条件下，发酵醪中只有少量的甘油生成。

但是，如果改变发酵条件或加入某种抑制剂，就会阻止乙醛作为受氢体，则可以积累甘油。

例如，在发酵醪中加入亚硫酸氢钠，与乙醛起加成作用，生成难溶的乙醛亚硫酸氢钠加成物，使乙醛不能作为受氢体，须由磷酸二羟丙酮作为受氢体，可大量生成甘油，即转为甘油发酵（又称为酵母的第二型发酵）。其反应式如下：

$$
\underset{\text{乙醛}}{\overset{\displaystyle \overset{O}{\underset{CH_3}{\overset{\|}{C}-H}}}{}} + \underset{\text{亚硫酸氢钠}}{NaHSO_3} \longrightarrow \underset{\text{乙醛亚硫酸氢钠加成物}}{\overset{\displaystyle \overset{OH}{\underset{CH_3}{\overset{|}{C}-OH}}}{\underset{OSO_2Na}{}}}
$$

葡萄糖 → → 1,6-二磷酸果糖 → 3-磷酸甘油醛 (NAD^+ → $NADH+H^+$) → 丙酮酸 (CO_2) → 乙醛（亚硫酸氢钠）→ 乙醛亚硫酸氢钠加成物；磷酸二羟丙酮 ($NADH+H^+$ → NAD^+) → α-磷酸甘油 (Pi, H_2O) → 甘油（2ATP、2ADP、2ATP、2ADP）

当酵母在碱性条件（pH 7.6）下进行发酵，所生成的乙醛也不能作为受氢体，两分子乙醛起歧化反应，生成等量的乙醇和乙酸，这时磷酸二羟丙酮又成为受氢体，总的产物为甘油、乙醇、乙酸和 CO_2。其反应式如下：

葡萄糖 → → 1,6-二磷酸果糖 → 3-磷酸甘油醛 (NAD^+ → $NADH+H^+$) → 丙酮酸 (CO_2) → 乙醛 → 乙酸、乙醇；磷酸二羟丙酮 ($NADH+H^+$ → NAD^+) → α-磷酸甘油 (Pi, H_2O) → 甘油（2ATP、2ADP、2ATP、2ADP）

三、柠檬酸的生物合成与调节机制

（一）柠檬酸生物合成途径

黑曲霉能够利用糖类等发酵生成柠檬酸。关于柠檬酸的发酵机制，早在 19 世纪末，人们就开始研究。现在普遍认为，葡萄糖经过 EMP 途径生成丙酮酸，一方面丙酮酸氧化脱羧生成乙酰辅酶 A；另一方面丙酮酸经羧化作用生成草酰乙酸，草酰乙酸与乙酰辅酶 A 缩合生成柠檬酸。黑曲霉的柠檬酸生物合成途径如图 4-11 所示。

根据柠檬酸的生物合成途径，由葡萄糖生成柠檬酸的全部历程中没有碳原子的损失，在乙酰辅酶 A 与草酰乙酸缩合时，还从水中引进一个氧原子，总反应式如下：

$$2C_6H_{12}O_6 + 3O_2 \longrightarrow 2C_6H_8O_7 + 4H_2O$$

因此，柠檬酸对糖的理论转化率为：

$$\frac{2 \times 192}{2 \times 180} \times 100\% = 106.7\%$$

上式中，192 为柠檬酸的相对分子质量；180 为葡萄糖的相对分子质量。

（二）柠檬酸生物合成的代谢调节

1. 糖酵解的调节

产柠檬酸黑曲霉的磷酸果糖激酶（PFK）是一种调节酶。研究表明，正常生理浓度范围

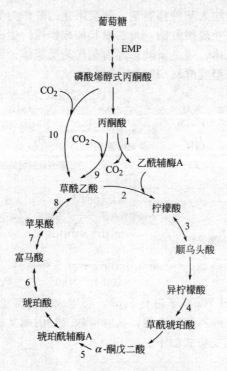

图 4-11 柠檬酸生物合成途径

1—丙酮酸脱氢酶；2—柠檬酸合成酶；3—乌头酸水合酶；
4—异柠檬酸脱氢酶；5—α-酮戊二酸脱氢酶；6—琥珀酸脱氢酶；
7—富马酸酶；8—苹果酸脱氢酶；9—丙酮酸羧化酶；10—磷酸烯醇式丙酮酸羧激酶

的柠檬酸和 ATP 对 PFK 有抑制作用，AMP、无机磷和 NH_4^+ 对 PFK 有激活作用，NH_4^+ 还能有效地解除柠檬酸和 ATP 对 PFK 的抑制。当黑曲霉生长在缺锰的培养基中，由于锰缺乏而抑制了蛋白质合成，导致细胞内 NH_4^+ 浓度升高，可以解除积累的柠檬酸和 ATP 对 PFK 的调节，从而促进 EMP 途径的畅通。

2. 丙酮酸代谢的调节

丙酮酸是真菌糖代谢中的一个重要分叉点。丙酮酸既可以由丙酮酸脱氢酶催化氧化脱羧生成乙酰辅酶 A，也可以由丙酮酸羧化酶催化经 CO_2 固定生成草酰乙酸。CO_2 固定的强度对柠檬酸积累具有重要意义。经研究，黑曲霉中的丙酮酸羧化酶是组成酶，其调节性很差，不被乙酰辅酶 A 抑制，只受 α-酮戊二酸的微弱抑制，因此，黑曲霉能够通过 CO_2 固定反应源源不断地合成草酰乙酸，从而保证柠檬酸合成的顺利进行。

3. 三羧酸循环的调节

黑曲霉的柠檬酸合成酶没有调节作用，而顺乌头酸水合酶失活，使 TCA 循环阻断是柠檬酸积累的必要条件。研究表明，由于顺乌头酸水合酶在催化时建立以下平衡：

柠檬酸：顺乌头酸：异柠檬酸＝90：3：7

并且，控制 Fe^{2+} 含量时，顺乌头酸水合酶活力处于较低水平，所以黑曲霉能够大量积累柠檬酸。

黑曲霉中的 TCA 循环是马蹄形表达形式，即 α-酮戊二酸脱氢酶被葡萄糖和 NH_4^+ 抑制，在柠檬酸生成期，菌体内不存在 α-酮戊二酸脱氢酶或者活力很低，TCA 循环中的苹果酸、富马酸、琥珀酸等由草酰乙酸生成。这个特点有利于阻断 TCA 循环，使柠檬酸得以积累。

另外，黑曲霉具有一条标准呼吸链和一条侧系呼吸链，NADH 通过标准呼吸链氧化时产生 ATP 会抑制 PFK，而通过侧系呼吸链不产生 ATP，可以解除对 PFK 的代谢调节，有利于 EMP 途径的顺利进行。但是，只要在发酵过程中很短时间中断供氧，会导致侧系呼吸链不可逆地失活，从而造成产酸下降。

四、赖氨酸的生物合成与调节机制

（一）赖氨酸的生物合成途径

细菌的赖氨酸生物合成途径如图 4-12 所示。葡萄糖经酵解途径生成丙酮酸，丙酮酸经 CO_2 固定和氧化脱羧进入三羧酸循环，生成草酰乙酸，草酰乙酸接受由谷氨酸转来的氨基形成 L-天冬氨酸。L-赖氨酸、L-蛋氨酸、L-苏氨酸有一段共同的合成途径，由 L-天冬氨酸为共同的起点都需经过羧基的还原，形成的天冬氨酸-β-半醛是一个分支点化合物。此后分成两路：一路是在经二氢吡啶二羧酸（DPA）合成酶等一系列酶的作用下，生成 L-赖氨酸；另一路先在高丝氨酸脱氢酶的作用下，生成 L-高丝氨酸，L-高丝氨酸也是分支点化合物。此后再分两路：一路是在 O-琥珀酰高丝氨酸转琥珀酰酶等酶催化下生成蛋氨酸，另一路是在高丝氨酸激酶等酶催化下生成苏氨酸。

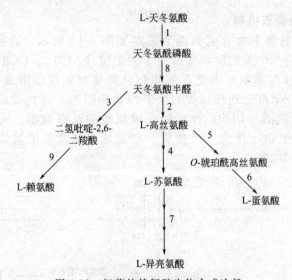

图 4-12 细菌的赖氨酸生物合成途径

1—天冬氨酸激酶；2—高丝氨酸脱氢酶；3—二氢吡啶-2,6-二羧酸还原酶；
4—高丝氨酸激酶；5—O-琥珀酰高丝氨酸-转琥珀酰酶；6—半胱氨酸脱硫化氢酶；
7—苏氨酸脱氢酶；8—天冬氨酸半醛脱氢酶；9—二氢吡啶-2,6-二羧酸合成酶

根据细菌的赖氨酸生物合成途径，由葡萄糖生成赖氨酸的化学反应式为：

$$3C_6H_{12}O_6 + 4NH_3 + 4O_2 \longrightarrow 2C_6H_{14}N_2O_2 + 6CO_2 + 10H_2O$$

赖氨酸对糖的理论转化率为：

$$\frac{2 \times 146.19}{3 \times 180} \times 100\% = 54.14\%$$

上式中，146.19 为赖氨酸的相对分子质量；180 为葡萄糖的相对分子质量。

酵母和霉菌的赖氨酸生物合成途径与细菌的赖氨酸生物合成途径不同，如图 4-13 所示。首先由 α-酮戊二酸和乙酰辅酶 A 在同型柠檬酸合成酶催化下缩合成同型柠檬酸，此后经过一系列的酶催化反应生成酵母氨酸，在以 NAD 为辅酶的酵母氨酸脱氢酶的作用下，转化为赖氨酸和 α-酮戊二酸。

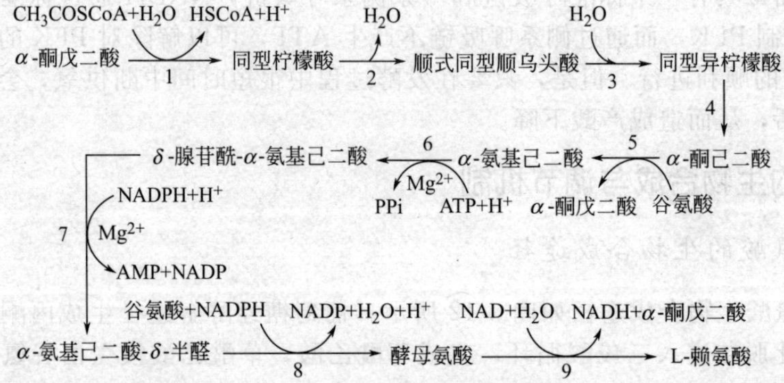

CH₃COSCoA+H₂O HSCoA+H⁺   H₂O   H₂O

α-酮戊二酸 →(1)→ 同型柠檬酸 →(2)→ 顺式同型顺乌头酸 →(3)→ 同型异柠檬酸 →(4)↓

δ-腺苷酰-α-氨基己二酸 ←(6)← α-氨基己二酸 ←(5)← α-酮己二酸

Mg²⁺   PPi   ATP+H⁺ α-酮戊二酸 谷氨酸

(7) NADPH+H⁺ / Mg²⁺ / AMP+NADP

谷氨酸+NADPH   NADP+H₂O+H⁺   NAD+H₂O NADH+α-酮戊二酸

α-氨基己二酸-δ-半醛 →(8)→ 酵母氨酸 →(9)→ L-赖氨酸

图 4-13　酵母、霉菌的赖氨酸生物合成途径

1—同型柠檬酸合成酶；2—同型顺乌头酸水解酶；3—同型乌头酸酶；
4—同型异柠檬酸脱氢酶；5—α-氨基己二酸转氨酶；6—δ-腺苷酰-α-氨基己二酸合成酶；
7—α-氨基己二酸还原酶；8—α-氨基己二酸半醛-谷氨酸还原酶；9—酵母氨酸脱氢酶

（二）赖氨酸的生物合成代谢调节机制

1. 大肠杆菌中的调节机制

大肠杆菌中的赖氨酸生物合成的调节机制如图 4-14 所示。途径中第一个酶——天冬氨酸激酶（AK）是一个关键酶，它由三个同工酶（AKⅠ、AKⅡ、AKⅢ）组成。其中的 AKⅠ受苏氨酸反馈抑制，也受苏氨酸和异亮氨酸的反馈阻遏；AKⅡ的合成受到蛋氨酸专一性阻遏；AKⅢ受到赖氨酸的反馈抑制和阻遏。通向赖氨酸合成分支途径的第一个酶二氢吡啶二羧酸（DDP）合成酶受赖氨酸的反馈抑制。大肠杆菌的赖氨酸生物合成调节机制比较复杂，作为生产菌株一般需选育高丝氨酸缺陷型菌株以及抗赖氨酸结构类似物突变株等。

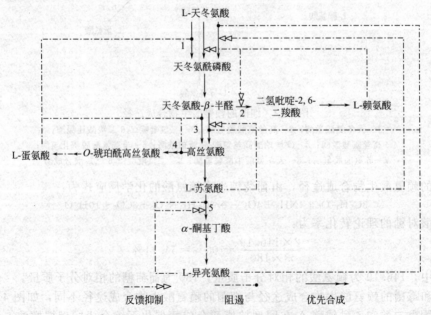

图 4-14　大肠杆菌的赖氨酸生物合成调节机制

1—天冬氨酸激酶；2—二氢吡啶二羧酸合成酶；3—高丝氨酸脱氢酶；
4—琥珀酰高丝氨酸合成酶；5—苏氨酸脱氢酶

2. 黄色短杆菌、谷氨酸棒杆菌中的调节机制

黄色短杆菌、谷氨酸棒杆菌的赖氨酸生物合成的调节机制如图 4-15 所示。其调节机制比大肠杆菌简单，只有一种天冬氨酸激酶，并且是变构酶，具有两个变构部位，可以与终产物结合，受终产物影响。赖氨酸与苏氨酸协同反馈抑制天冬氨酸激酶，利用这一特性，可以选育高丝氨酸缺陷型菌株作为赖氨酸生产菌株，从而切断支路代谢，解除产物对代谢途径中天冬氨酸激酶的反馈抑制；另外，可以选育抗赖氨酸结构类似物的突变株，以解除终产物对天冬氨酸激酶的反馈抑制。

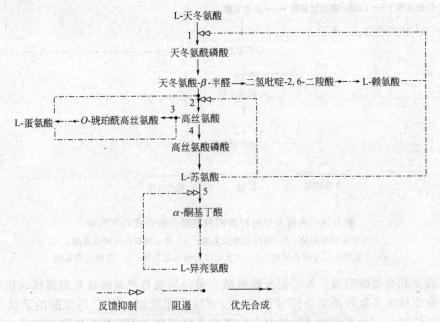

图 4-15 黄色短杆菌、谷氨酸棒杆菌的赖氨酸生物合成的调节机制
1—天冬氨酸激酶；2—高丝氨酸脱氢酶；3—琥珀酰高丝氨酸合成酶；
4—高丝氨酸激酶；5—苏氨酸脱氢酶

在代谢途径第一个分支点，由于高丝氨酸脱氢酶活性比 DDP 合成酶约高 15 倍，所以代谢优先向合成高丝氨酸方向进行。在第二个分支点，调节琥珀酰高丝氨酸合成酶比高丝氨酸激酶高，代谢优先向蛋氨酸方向进行。当蛋氨酸过剩时，阻遏琥珀酰高丝氨酸合成酶的合成，代谢流转向合成苏氨酸方向进行。当异亮氨酸过剩时，反馈抑制苏氨酸脱氢酶，就积累苏氨酸。由于苏氨酸过剩，反馈抑制高丝氨酸脱氢酶，使代谢流转向合成赖氨酸。赖氨酸和苏氨酸同时过剩，协同反馈抑制天冬氨酸激酶，使整个途径停止进行。为了使优先合成的顺利转换，应选育高丝氨酸脱氢酶渗漏缺陷型菌株，该菌株的高丝氨酸脱氢酶活性很低，容易受苏氨酸反馈抑制和蛋氨酸的反馈阻遏，从而使代谢流优先向赖氨酸方向进行。

3. 乳酸短杆菌中的调节机制

乳酸短杆菌的赖氨酸生物合成的调节机制如图 4-16 所示。在途径的第一个分支点，由于高丝氨酸脱氢酶对天冬氨酸-β-半醛的亲和力比 DDP 合成酶大 4～8 倍，也存在代谢优先向苏氨酸和蛋氨酸方向进行。因此，应选育高丝氨酸脱氢酶渗漏缺陷型菌株，使优先合成的顺利转换。同时，天冬氨酸激酶受到赖氨酸与苏氨酸的协同反馈抑制，应选育高丝氨酸缺陷型菌株，以达到切断支路代谢和解除反馈抑制的目的；也可以考虑选育苏氨酸缺陷型菌株或抗赖氨酸结构类似物突变株，以解除终产物的协同反馈抑制。

另外，在乳糖发酵短杆菌中，赖氨酸的生物合成与亮氨酸之间存在代谢互锁，DDP 合

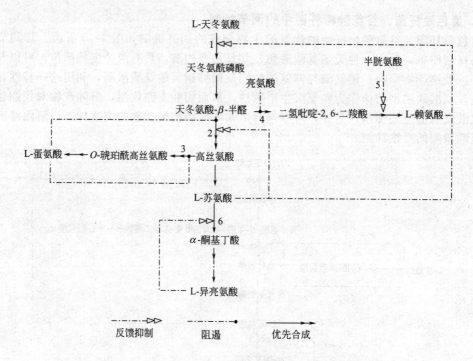

图 4-16 乳酸发酵短杆菌的赖氨酸生物合成调节机制
1—天冬氨酸激酶；2—高丝氨酸脱氢酶；3—琥珀酰高丝氨酸合成酶；
4—二氢吡啶二羧酸合成酶；5—二氢吡啶二羧酸还原酶；6—苏氨酸脱氨酶

成酶的合成受到亮氨酸阻遏。为了提高赖氨酸产量，应选育亮氨酸缺陷型菌株或抗亮氨酸结构类似物突变株或亮氨酸渗漏缺陷型菌株，以解除代谢互锁。DDP 还原酶的活性受到半胱氨酸和丙氨酸抑制，为了解除这种抑制，应选育半胱氨酸和丙氨酸的缺陷型菌株或结构类似物的抗性突变株。

任务二 微生物次级代谢产物的生物合成与调节

一、次级代谢与初级代谢的关系

次级代谢是某些微生物为了避免代谢过程中某些代谢产物的积累造成的不利作用，而产生的一类有利于生存的代谢类型，通常是在生长后期进行。次级代谢合成的产物称为次级代谢产物，如抗生素、生物碱、色素等，这些产物并不是微生物生长所必需的，与菌体的生长繁殖无明确关系，对产生菌的生存可能有一定价值。

次级代谢产物和初级代谢产物对产生菌的生长繁殖作用虽然不同，但它们的生物合成途径是相互联系的。初级代谢中产生的一些小分子化合物是所有次级代谢途径中的原料，即通过初级代谢中的糖酵解、三羧酸循环和磷酸戊糖途径等所产生的物质进一步转化和合成一系列有着不同化学结构和性质的次级代谢产物。在图 4-17 中简要阐明了初级代谢途径与次级代谢途径的联系与区别。

从代谢途径来看，次级代谢产物是以初级代谢产物作为前体衍生出来的。菌体代谢过程中产生的某些中间产物，既可用于合成初级代谢产物，又可用于合成次级代谢产物，这些中间产物称为"分叉中间体"，某些分叉中间体如表 4-1 所示。

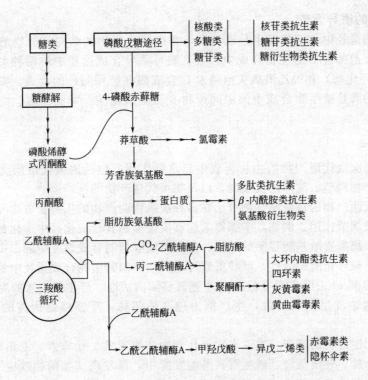

图 4-17　初级代谢与次级代谢的关系

表 4-1　初级代谢和次级代谢的分叉中间体

分叉中间体	初级代谢产物	次级代谢产物
α-氨基己二酸	赖氨酸	青霉素、头孢菌素
丙二酰辅酶 A	脂肪酸	利福霉素族、四环素族
乙酰辅酶 A	脂肪酸	大环内酯族、多烯族抗生素、灰黄霉素、橘霉素、环己酰亚胺、棒曲霉素
莽草酸	对氨基苯丙氨酸	氯霉素
	苯丙氨酸	绿脓菌素
	酪氨酸、对氨基苯甲酸、色氨酸	新生霉素
甲羟戊酸	类固醇	赤霉素、萜类、β-胡萝卜素、麦角碱

　　从酶学关系来看，催化次级代谢途径中各步反应的酶或酶系，既有初级代谢途径中的酶，又有次级代谢特有的酶。这些特异性酶活性的高低与次级代谢产物的产量密切相关。某些初级代谢产物对次级代谢有一定程度的调节作用。

　　从遗传控制来看，初级代谢与次级代谢都受到核内遗传物质的控制，同时，在许多抗生素产生菌中发现，抗生素的合成还受到核外遗传物质质粒的控制。因此，有人将这些受到质粒控制的代谢产物称为"质粒产物"。

二、次级代谢的主要调控机制

　　在自然生态条件下，由于次级代谢产物在微生物生命活动中有一定的生理功能，所以次级代谢必然存在于微生物的总体调节中，只是次级代谢产物含量甚少，不易被发现。次级代谢比初级代谢复杂，并且不同微生物的次级代谢产物不同，许多生物合成途径的调控机制尚需进行深入研究。根据现有的研究结果，可将次级代谢的调节类型分为诱导调节、碳分解产物调节、氮分解产物调节、磷酸盐调节、反馈调节、生长速率调节等。

1. 酶合成的诱导调节

在次级代谢途径中，某些酶也是诱导酶，在底物或底物的结构类似物的作用下诱导合成。例如，在头孢菌素 C 的生物合成中，蛋氨酸可诱导合成途径中的两种关键酶：异青霉素 N 合成酶（环化酶）和脱乙酰氧头孢菌素 C 合成酶（扩环酶）的合成。参与展开青霉的棒曲霉素合成的酶是被生物合成中的中间产物 6-氨基水杨酸、龙胆酰醇、龙胆酰醛依次诱导合成的。

2. 反馈调节

反馈调节在次级代谢产物的生物合成中起重要作用，包括次级代谢产物的自身反馈调节、分解代谢产物调节、前体的反馈调节以及初级代谢产物的反馈调节。

（1）次级代谢产物的自身反馈调节 在多种次级代谢产物的生物合成途径中，都发现了末端产物的反馈调节作用。例如，卡那霉素能够反馈抑制其合成途径中催化最后一步反应的酶 IV——乙酰卡那霉素酰基转移酶的活性；麦角碱能够抑制合成途径中的二甲基丙烯色氨酸合成酶和裸麦角碱环化酶的活性；嘌呤霉素可以反馈抑制其生物合成途径中最后一步反应的酶 S-腺苷甲硫氨酸-O-去甲基嘌呤霉素-O-甲基转移酶的活性。产生抗生素的生产能力与自身抑制所需抗生素浓度呈正相关性，生产能力越高的菌株，反馈抑制所需的抗生素浓度也越高。

（2）分解代谢产物的调节 在许多次级代谢物如青霉素、盐霉素、麦角碱、吲哚霉素、卡那霉素、杆菌肽、放线菌素、新生霉素等的发酵中，都发现"葡萄糖效应"。例如，在短杆菌肽合成中，葡萄糖分解生成乙酸和丙酸，在低 pH 条件下对短杆菌肽的合成产生阻遏作用。

在次级代谢中，快速利用的氮源（如铵盐、硝酸盐、某些氨基酸）对许多次级代谢产物的生物合成有较强烈的调节作用。氮分解代谢产物对次级代谢产物生物合成的调节作用是多向性的。例如，在以铵盐为唯一氮源的链霉素发酵中，铵盐抑制链霉素的合成；铵能阻遏参与 β-内酰胺抗生素生物合成的三肽合成酶和脱乙酰氧头孢菌素 C 合成酶的形成。

（3）初级代谢产物的调节 在初级代谢产物和次级代谢产物的合成之间有一条共同的合成途径，当初级代谢产物过量积累时，反馈抑制共同途径中某一步反应的进行，从而最终抑制次级代谢产物的合成。例如，在青霉素合成中，赖氨酸与青霉素的合成有一段共同的合成途径，当赖氨酸过量时，反馈抑制合成途径中第一酶——同型柠檬酸合成酶的活性，从而抑制了 α-氨基己二酸的合成，最终必然影响青霉素的合成，如图 4-18 所示。

（4）磷酸盐的调节 在多种次级代谢产物合成中，高浓度磷酸盐表现出较强的抑制作用，称之为磷酸盐调节。当培养基中磷的浓度在 $0.3 \sim 300 \text{mmol/L}$ 时，都能够支持细胞的生长，但当其浓度超过 10mmol/L 时，就已能够抑制许多抗生素的生物合成。

磷酸盐是一些次级代谢产物生物合成的限制因素。在不同的次级代谢途径中，磷酸盐的调节机制是不同的。有的表现为促进初级代谢，而抑制菌体的次级代谢；有的表现为抑制次级代谢产物的前体的生物合成。如在链霉素合成中，肌醇是合成链霉素的前体，而过量的磷酸盐则能够抑制肌醇的合成，而影响链霉素的产量。有的表现为提高细胞的能荷，而导致次级代谢产物合成受到抑制。另外，磷酸盐对许多编码参与抗生素生物合成的酶的基因表达具有调节作用，包括对生物合成这些酶基因表达的阻遏和对已形成的酶的活性的抑制作用。

三、青霉素的生物合成与调节机制

1. 青霉素的生物合成途径

从化学结构可以看出，青霉素由两部分组成，一部分是带酰基的侧链，另一部分是青霉

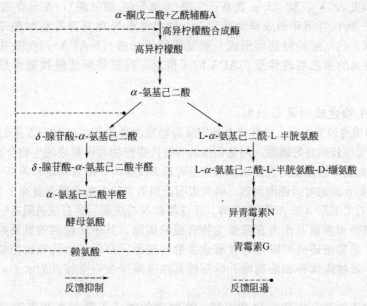

图 4-18 赖氨酸对青霉素生物合成的调节

素的母核，即 6-氨基青霉素烷酸（6-APA）。目前，已知在产黄青霉细胞内青霉素的生物合成是由一分子的 L-α-氨基己二酸、一分子的 L-半胱氨酸和一分子的 L-缬氨酸作为起始原料合成的，其合成途径如图 4-19 所示。

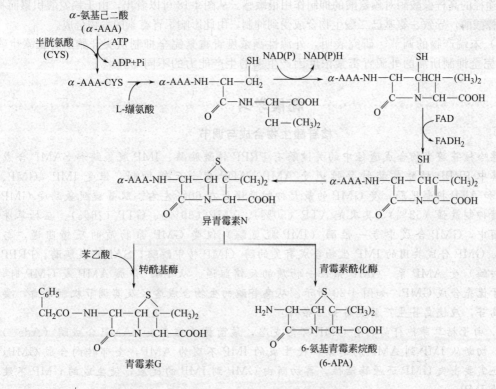

图 4-19 青霉素的推测合成途径

青霉素生物合成的第一步酶反应是在 ACV 合成酶的催化下，将 3 个不同的氨基酸以酰胺键首尾相连形成 ACV 三肽（L-α-氨基己二酰-半胱氨酰-缬氨酸）。在异青霉素 N 合成酶的催化下，ACV 三肽自身闭环形成异青霉素 N。异青霉素 N 在异青霉素 N 酰基水解酶的作用下，去掉 L-α-氨基己二酸的侧链而形成 6-氨基青霉素烷酸（6-APA）；在酰基转移酶的作用下，将细胞内游离的苯乙酸转移至 6-APA 的 6 位上，与氨基形成酰胺键而最后形成青霉素 G（苄青霉素）。

2. 青霉素生物合成的调节机制

（1）碳源物质的调节作用 发酵培养基中碳源物质的种类和浓度对青霉素的产量影响很大。葡萄糖是产黄青霉生长的良好碳源，但葡萄糖的分解代谢产物对青霉素的生物合成具有明显的阻遏作用。当用不同葡萄糖浓度的发酵培养基进行青霉素发酵时，随着基础培养基中葡萄糖含量的增加，青霉素开始合成的时间逐渐延迟。研究表明，当培养基中葡萄糖含量高于某一浓度时，与青霉素生物合成有关的酶（如 ACV 合成酶、异青霉素 N 合成酶）的合成被阻遏。

双糖、低聚糖和多糖可作为青霉素生物合成的碳源，其中乳糖的效果最好。如果控制好葡萄糖的浓度，葡萄糖还是可以作为青霉素发酵的碳源。目前，以计算机控制青霉素发酵过程的补料操作，通过连续补加葡萄糖并始终使其浓度维持在一个较低的水平，可以获得青霉素发酵的高产。

（2）氮源物质的调节作用 研究表明，高浓度的铵离子抑制产黄青霉的青霉素生物合成。其主要原因是，高浓度的 NH_4^+ 抑制了谷氨酰胺合成酶的活性，导致细胞内谷氨酰胺浓度很低，而谷氨酰胺是许多次级代谢产物的合成中的氨基供体。如果降低培养基中游离 NH_4^+ 浓度，产黄青霉发酵青霉素的产量可增加。

（3）赖氨酸的调节作用 1974 年，Demain 和 Masurekar 研究发现，在产黄青霉中赖氨酸生物合成途径的高柠檬酸酶对赖氨酸的抑制作用很敏感。从图 4-18 可以看出，由于赖氨酸积累而抑制高柠檬酸酶，导致 α-氨基己二酸生物合成受到抑制，由此影响了青霉素的生物合成。

（4）末端产物的调节 研究表明，外源性高浓度青霉素完全抑制从头开始的青霉素生物合成。完全抑制所需的外源青霉素浓度因产生菌的生产能力的不同而异。

拓展学习

核苷酸生物合成与调节

嘌呤核苷酸生物合成途径中的关键酶有 PRPP 转酰胺酶、IMP 脱氢酶和 SAMP 合成酶。其中 PRPP 转酰胺酶特异性地受 AMP、ADP 完全反馈抑制，但受 IMP、GMP、XMP 和 ATP 抑制很弱，受 GMP 的最大抑制度停止在 60%左右。肌苷酸脱氢酶受 GMP 的反馈抑制最强（58%），其次是 ATP（50%）、XMP（39%）、GTP（26%）。在枯草芽孢杆菌中，GMP 合成中专一性酶（IMP 脱氢酶）仅受 GMP 系物质的反馈阻遏，与 AMP、GMP 合成共用的 IMP 生物合成有关的酶（IMP 转甲酰酶，SAMP 裂解酶，PRPP 转酰胺酶）受 AMP 系、GMP 系任一物质的反馈阻遏。从 IMP 合成 AMP 或 GMP 时，倾向于优先合成 GMP。如图 4-20 所示。从鸟苷酸的生物合成途径及其调节机制来看，要积累鸟苷，应使鸟苷生产菌具备如下条件：

1. 由于枯草芽孢杆菌具有 GMP 环形支路，该菌株应该丧失 SAMP 合成酶（Ade⁻）活性，切断从 IMP 到 AMP 的通路，使生成的 IMP 不变为 AMP，全部转向合成 GMP，同时还需要丧失 GMP 还原酶活性，再切断由 GMP 到 IMP 的反应，使生成的 GMP 不致还原为 IMP。

2. 为了积累鸟苷，核苷酶或核苷磷酸化酶等鸟苷分解酶的活性必须微弱。

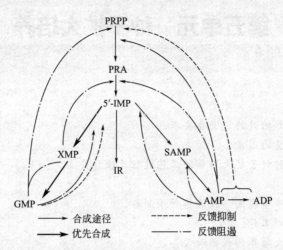

图 4-20 枯草芽孢杆菌嘌呤核苷酸生物合成的调节机制

3. 鸟苷酸（GMP）是嘌呤核苷酸全合成的终产物，为了使鸟苷酸或鸟苷积累，必须解除 GMP 对 PRPP 转酰胺酶、IMP 脱氢酶及 GMP 合成酶等的反馈抑制与阻遏。

4. 为了抑制肌苷产生，高效率地积累鸟苷，由 IMP 脱氢酶及 GMP 合成酶所催化的反应应该比核苷酸酶所催化的反应优先进行。

思考与测试

1. 酶活性和酶合成的调节方式有哪些？举例说明。
2. 次级代谢的主要调节机制有哪些？举例说明。
3. 简要说明初级代谢与次级代谢的联系。
4. 简要说明黑曲霉的柠檬酸发酵机制。
5. 简要说明产黄青霉的青霉素发酵机制。

第五单元 种子扩大培养

【知识目标】

能理解种子扩大培养的目的、营养要求。

能理解影响种子质量的因素。

能理解掌握工业发酵种子扩大培养的工艺过程及操作要点。

【能力目标】

能进行实验室和生产车间固体或液体种子制备。

能正确进行种子转移工作。

能熟练使用种子扩大培养的仪器和设备。

任务一 种子扩大培养的目的和任务

将保存于沙土管、冷冻干燥管、斜面中处于休眠状态的生产菌种接入试管斜面活化后，再经过摇瓶及种子罐逐级扩大培养而获得一定数量和质量的纯种过程，称为种子扩大培养，这些纯种培养物称为种子。

工业规模的发酵罐体积越来越大，目前已达到几十立方米至几百立方米。若按 5%～10% 的接种量计算，就要接入几立方到几十立方米的种子。这单靠试管里的种子直接接入是不可能达到必需的数量和质量的，必须从试管中的微生物菌种逐级扩大为生产使用的种子。这是一个从实验室制备到车间生产的过程。然而，菌种种类不同，产品品种不同，其生产方法和生产条件均有所差别，如营养、温度、酸碱度、氧等条件。种子扩大培养应根据菌种的生理特性，选择合适的培养条件来获得代谢旺盛和数量足够的种子。因此，种子扩大培养的目的是为每次发酵罐的投料生产提供数量足够的、活力旺盛的种子。这种种子接入发酵罐后，会使发酵生产周期缩短，设备利用率提高，对杂菌的抵抗能力增加，对发酵生产起到关键作用。所以种子质量的好坏至关重要。

工业发酵用的微生物菌种必须经过扩大培养，以增加细胞数量，同时培养出强壮、健康、活性高的细胞，满足大规模工业化生产的需要。菌种扩大培养的目的就是要为每次发酵罐的投料提供相当数量的代谢旺盛的种子。

任务二 工业微生物的培养类型

一、工业微生物的培养法

工业微生物的培养法分为静置培养和通气培养两大类型。

静置培养法，即将接有菌种的试管斜面或克氏瓶转接到三角瓶液体培养基中静置培养，再转接到种子罐的培养过程中也无需通风。

通气培养法的生产菌种以需氧菌和兼性需氧菌居多，它们生长的环境必须有空气供给，以维持一定的溶解氧水平，使菌体迅速生长和发酵，又称为好气性发酵。

在静置和通气培养两类方法中又可分为液体培养和固体培养两大类型，其中每一类型又有表面培养与深层培养之分。对于好氧微生物，一般先用克氏瓶或茄子瓶进行扩大，再转接到曲盘扩大培养，或接种到装有液体培养基的三角瓶中在摇床上振荡培养。

二、主要培养方法及特点

1. 种子扩大培养阶段

（1）液体培养法　包括液体试管、三角瓶摇床振荡或回旋式培养。摇瓶通气量大小与摇瓶机型式、转数、振程（或偏心距）、三角瓶容量、装料量有关。

（2）表面培养法　包括茄子瓶、克氏瓶或瓷盘培养。

（3）固体培养法　包括三角瓶、蘑菇瓶、克氏瓶、培养皿等麸皮培养。

2. 大规模生产阶段

（1）表面培养　表面培养是一种好氧静置培养方法。针对容器内培养基物态又分为液态表面培养和固态表面培养。相对于容器内培养基体积而言，表面积越大，越易促进氧气由气液或气固界面向培养基内传递，包括茄子瓶、克氏瓶或瓷盘培养。菌的生长速度与培养基深度有关，单位体积的表面积越大，生长速度也越快。氧的供给常成为发酵的限速因素，所以发酵周期长、占地面积大。优点是不需要深层培养时的搅拌和通气，节省动力。如醋酸、柠檬酸发酵和曲盘制曲。

（2）固体培养　固体培养又分为浅盘固体培养和深层固体培养，统称曲法培养。它起源于我国酿造生产特有的传统制曲技术。其最大的特点是固体曲的酶活力高。

固体培养具有以下优点：

① 培养基组成简单。

② 利用霉菌能在水分较低的基质表面进行增殖的特性，在这种条件下，细菌生长不好，因此不易引起细菌污染。

③ 无论浅盘或深层固体通风制曲，可以在曲房周围使用循环的冷却增湿的无菌空气来控制温湿度，并且能根据菌种在不同生理时期的需要，灵活加以调节。在固体培养中，氧气是由基质粒子间空隙的空气直接供给微生物，比液体培养时用通气搅拌供给氧气节能。

（3）液体深层培养　用液体深层发酵罐从罐底部通气，送入的空气由搅拌桨叶分散成微小气泡以促进氧的溶解。这种由罐底部通气搅拌的培养方法，相对于由气液界面靠自然扩散使氧溶解的表面培养法来讲，称为深层培养法。

该培养法的特点是容易按照生产菌种对于代谢的营养要求以及不同生理时期的通气、搅拌、温度和培养基中的氢离子浓度等条件，选择最佳培养条件。

深层培养基本操作的 3 个控制点为：

① 灭菌　发酵工业要求纯培养，因此在发酵开始前必须对培养基进行加热灭菌。所以发酵罐具有蒸汽夹套，以便将培养基和发酵罐进行加热灭菌，或者将培养基由连续加热灭菌器灭菌，并连续地输送于发酵罐内。

② 温度控制　培养基灭菌后，冷却至培养温度进行发酵。由于随着微生物的增殖和发酵会发热以及搅拌产热等，为维持温度恒定，须在夹套中以冷却水循环流过。

③ 通气、搅拌　空气进入发酵罐前先经空气过滤器除去杂菌，制成无菌空气，而后由罐底部进入，再通过搅拌将空气分散成微小气泡。为了延长气泡滞留时间，可在罐内装挡板产生涡流。搅拌的目的除了溶解氧之外，还可使培养液中微生物均匀地分散在发酵罐内，促进热传递，以及为调节 pH 而使加入的酸和碱均匀分散等。

（4）载体培养 载体培养脱胎于曲法培养，同时又吸收了液体培养的优点，是近年来新发展的一种培养方法。

其特征是以天然或人工合成的多孔材料代替麸皮之类的固态基质作为微生物的载体，营养成分可以严格控制。发酵结束，只需将菌体和培养液挤压出来进行抽提，载体又可以重新使用。

载体的取材必须耐蒸汽加热或药物灭菌，多孔结构既有足够的表面积，又能允许空气流通。

任务三 种子制备

种子制备过程可分为两大阶段，如图 5-1 所示。

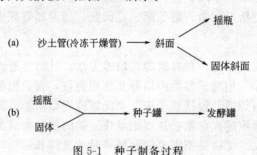

图 5-1 种子制备过程

（a）实验室种子制备阶段：琼脂斜面至固体培养基扩大培养（如茄子瓶斜面培养或液体摇瓶培养）；

（b）生产车间种子制备阶段：种子罐扩大培养

一、实验室种子制备

在沙土管或冷冻干燥管内保藏的菌种以无菌的方式接种至适合的斜面培养基上，培养成熟后挑选正常的菌落再接一次试管斜面。对那些产孢能力强、孢子发芽生长繁殖快的菌种可以采取在固体培养基上培养的方法，孢子可直接接入种子罐，从而简化了操作、减少了操作步骤，同时也减少了染菌的机会。例如生产青霉素的产黄青霉菌，采用大米或小米作为固体培养基，取一定量装入 250mL 茄子瓶中进行灭菌。米粒含水量一定要控制好，米粒不能黏也不能散。灭菌冷却后接入孢子悬浮液，在 25～28℃ 培养 4～14 天。培养期间，还要经常翻动，保持通气均匀。培养结束后，或接入种子罐，或以真空抽去水分至 10% 以下，于 4℃冰箱中保存备用。

对于产孢子能力不强或孢子发芽慢的菌种，如产链霉素的灰色链霉菌、产卡那霉素的卡那链霉菌都是用摇瓶液体培养法。孢子接入含液体培养基的摇瓶中，在摇床上恒温振荡培养，生长出的菌丝体作为种子。

不产孢子的细菌，如生产谷氨酸的棒状杆菌属、短杆菌属，以于 32℃ 培养 18～24h 的斜面移入 250mL 茄子瓶斜面培养基或摇瓶培养基上，于 32℃ 培养，12h 后可接入种子罐。

生产啤酒的酵母菌一般保存在麦芽汁琼脂培养基斜面上，于 4℃ 冰箱保藏。3～4 个月移种一次，再接种至 10mL 麦芽汁试管中，于 25～27℃ 保温培养 2～3 天后，扩大至含 250mL 麦芽汁的 500mL 三角瓶或含 500mL 麦芽汁的 1000mL 三角瓶中。于 25℃ 培养 2 天，再移至含 5～10L 麦芽汁的卡氏罐中，于 15～20℃ 培养 3～5 天。再接入发酵罐，因是好氧性菌（菌体增殖期间），所以要通气。具体流程如图 5-2 所示。

斜面 $\longrightarrow$ 10mL 试管 $\xrightarrow[\text{2～3 天}]{\text{25～27℃}}$ 500～1000mL 三角瓶（250～500mL 麦芽汁）$\xrightarrow[]{\text{25℃}\atop\text{2 天}}$ 5～10L 麦芽汁 $\xrightarrow[\text{3～5 天}]{\text{15～20℃}}$ 发酵罐

图 5-2 实验室种子制备流程

二、生产车间种子制备

实验室制备的孢子斜面或摇瓶种子移接到种子罐进行扩大培养。种子罐培养一方面使菌种获得足够的数量，另一方面种子罐中的培养基更接近发酵罐培养的醪液成分和培养条件，譬如通无菌空气、搅拌形式等，以使菌体适应发酵环境。种子罐的接种方法一般根据菌种种类而异。孢子悬浮液一般用微孔接种法接种，摇瓶悬浮液种子可在火焰保护下接入种子罐，也可以用差压法接入。种子罐之间或种子罐与发酵罐之间的移种，主要用差压法，通过种子接种管道进行移种，移种过程中要防止接受罐表压降为零，因为无压会引起染菌。

1. 种子罐级数的确定

种子罐的级数是指制备种子需逐级扩大培养的次数，这要根据菌种生长的特性、孢子发芽速度和菌体繁殖速度以及发酵罐的容积而定。对于生长快的细胞，种子用量的比例少，即需要的接种量少，所以相应的种子罐也少。如谷氨酸生产中，茄子瓶斜面或摇瓶种子接入种子罐于32℃培养7～10h，菌体浓度达到10^8～10^9 个/mL，即可作为种子接入发酵罐，这称为一级种子罐扩大培养，也可叫作二级发酵。生长较慢的菌种，如青霉素生产菌，就需要二级种子罐扩大培养，也可称为三级发酵。一般$50m^3$发酵罐都采取三级发酵。如果是实验室的中试（5～30L），可以通过直接把孢子或菌体接入罐中发酵，即一级发酵。

种子罐级数越少，越有利于简化工艺，便于控制，而且可以减少多次移种可能发生的染菌机会和菌种变异。当然，也要考虑尽可能地延长菌体在发酵罐中生产产物的时间，缩短种子增殖的非生产时间，提高发酵罐的生产率。

此外，种子罐级数的减少也可通过改善工艺条件、改变种子培养条件，加速菌体的增殖。

2. 接种种龄和接种量

（1）接种龄 接种龄是指种子罐中培养的菌体从开始到移入下一级种子罐或发酵罐时的培养时间。在种子罐中，随着培养时间的延长，菌体量增加、基质消耗和代谢产物积累，菌体量不再增加，逐渐老化。因此，选择适当的种龄接种量是一个至关重要的因素。接种龄一般以菌体处于生长旺盛期，即对数生长期最合适。如果种子过于年幼，接入发酵罐后，会出现前期生长缓慢，整个发酵周期拉长，产物开始形成的时间推迟，而过老的种子也会出现使生产能力下降而使菌体自溶的现象。

对于不同菌种、不同产品品种、不同工艺条件，其接种龄也不相同，具体生产中，接种龄要进行多次试验，从发酵产品产量的多少，即产率大小来确定最适接种龄。

（2）接种量 接种量指的是移入的种子悬浮液体积和接种后培养液体的体积比例。抗生素的工业生产中，大多数发酵的最适接种量为7%～15%或更多。啤酒生产发酵的接种量为5%～10%，谷氨酸发酵接种量仅为1%。

接种量大小取决于生产菌的生长繁殖速度。大接种量可以缩短发酵罐中菌体数达到高峰的时间，可以提早形成产物。这是因为种子液中含有胞外水解酶类，种子量大，酶量也多，有利于对基质的作用和利用。同时菌体量多，占有绝对生长优势，可以相对减少杂菌的污染生长机会。但接种量太大，也会造成菌体生长过速，溶解氧跟不上，从而影响产物的合成。

3. 种子质量的判断

由于菌种在种子罐中的培养时间较短，使种子的质量不容易控制，因为可分析的参数不多。一般在培养过程中要定期取样，测定其中的部分参数来观察基质的代谢变化以及菌体形态是否正常。例如酒精酵母的种子罐，一般定时测酸度变化、还原糖含量、耗糖率、镜检等，镜检内容包括测酵母细胞数、酵母出芽率、酵母形态（整齐、大小均匀、椭圆形或圆形）以及是否有杂菌等。

任务四　影响种子质量的主要因素

一、影响种子质量的因素

菌种扩大培养的关键就是搞好种子罐的扩大培养，影响种子罐培养的主要因素包括营养条件、培养条件、染菌的控制、种子罐的级数和接种量控制等。

1. 培养基

培养基是微生物生存的营养来源，培养基的质量对于菌种的生长繁殖、酶的活性和代谢产物的产量有着直接影响。种子培养基的营养成分要适当、丰富和完全，易被菌体直接吸收和利用，其中氮源和维生素含量较高，有利于孢子发芽和菌丝生长，以便获得菌丝粗壮且活力较强的种子。

不同类型的微生物所需要的培养基成分与浓度配比并不完全相同，应根据实际情况加以选择。种子培养基是以培养菌体为目的，对微生物生长起主导作用的氮源所占比例通常要大些。但是，为了缩短发酵过程生长阶段的缓慢期，逐级种子培养基应逐步趋向与发酵培养基相近，使微生物执行代谢活动的酶系在扩大培养过程中已经形成，无需花费时间另建适宜新环境的酶系。对于任何一个菌种和具体设备条件来说，应该从多种因素进行优选种子培养基，以确定最适宜的营养配比，使菌种特性得以最大限度地发挥。

2. 种龄与接种量

种龄是指种子培养的时间。通常，种龄选择菌体处于生命极为旺盛的对数生长期。处于对数生长期的微生物，其群体的生理特性比较一致、生长速率恒定以及细胞成分平衡。若种龄过小，菌体浓度较低，接入下一培养工序会出现前期生长缓慢，使培养周期延长；如果种龄过老，发酵过程菌种衰老早，造成生产能力下降，同样会使发酵周期延长。不同品种或同一品种而工艺条件不同，其种龄是不一样的，一般要经过多次试验来确定。

接种量是指移入的种子液体积和接种后培养液体积的比值。接种量的大小直接影响发酵周期。大量接入成熟的菌种，不但使培养基中菌体初始浓度较大，而且可以把微生物生长和分裂所必需的代谢物（大约是 RNA）一起带进去，有利于微生物对基质的利用，使微生物立即进入对数生长阶段，缩短发酵周期。但是，过分强调增大接种量，必然要求种子罐容积过大或种子扩大培养级数过多，会造成种子扩大培养的投入与运行费用过高。接种量过小，则发酵周期延长，影响发酵生产的产能。因此，应该根据实际情况选择适宜的接种量。

3. 温度

任何微生物的生长都需要最适的生长温度，在此温度范围内，微生物生长、繁殖最快。由于微生物的生命活动可以看作是相互连续进行的酶反应的表现，任何化学反应都与温度有关，温度直接影响酶反应，从而影响着生物体的生命活动。不管微生物处于哪个生长阶段，如果培养的温度超过其最高生长温度，则都要死亡；如果培养的温度低于其最低生长温度，则生长都要受到抑制。因此，在种子扩大培养过程中，应根据菌种的特性采取相应的培养温度。为了使种子罐培养温度控制在一定的范围，生产上常在种子罐上装有热交换设备，如夹套、列管或蛇管等进行温度调节。

4. pH 值

各种微生物都有自己生长与合成酶的最适 pH，同一菌种合成酶的类型与酶系组成可以随 pH 的改变而发生不同程度的变化。例如，在黑曲霉合成果胶酶的培养基中，当 pH 在 6.0 以上时，果胶酶的形成受到抑制；如果将 pH 调节到 6.0 以下，就可产生果胶酶。在 pH6.0 条件下培养泡盛曲霉突变株时，主要产生 α-淀粉酶，而糖化型淀粉酶与麦芽糖酶产生极少；在 pH2.4 条件下培养时，转向合成糖化型淀粉酶与麦芽糖酶，而 α-淀粉酶的合成受到抑制。

培养基 pH 在培养过程中因菌体代谢而有所改变，如阴离子（如醋酸根、磷酸根）被吸收或氮源被利用后由于 NH_3 的产生，pH 上升；阳离子（如 NH_4^+、K^+）被吸收或有机酸积累，则 pH 下降。培养过程中 pH 的变化与培养基的碳氮比有关，高碳源培养基倾向于向酸性 pH 转移，而高氮源培养基倾向于向碱性 pH 转移。为了使菌种迅速生长繁殖，培养基必须保持适当的 pH。一方面，在配制培养基时，注意培养基营养成分的合理配比，使其具有一定 pH 缓冲能力；另一方面，在培养过程中，可以流加酸碱溶液、缓冲液以及各种生理缓冲剂（如生理酸性与生理碱性的盐类）进行调节。

5. 通气和搅拌

需氧微生物或兼性需氧微生物的生长与酶合成，都需要氧气的供给。不同微生物对氧的需求不同，即使是同一种菌种，不同生理时期对氧的需求也不同。在种子培养过程中，通气可以供给菌体生长繁殖所需的氧，而搅拌则能将氧气分散均匀，使氧气的溶解效果更好。为了满足菌种生长繁殖的需求，应根据菌种的特性、种子罐的结构、培养基的性质等多种因素来进行试验，以选择适当的通气量和搅拌转速。

只有氧溶解的速度大于菌体对氧的消耗速度时，菌体才能正常地生长。如果氧的溶解速度比菌体对氧的消耗速度小，培养基中溶解氧的浓度就会逐渐降低，当降低到某一浓度（称为临界溶解氧浓度）以下时，菌体生长速度就会减慢。培养过程中，随着菌体量的增大，呼吸强度也增大，必须相应加大通气量和搅拌转速以增大溶解氧的量。但是，应注意避免溶解氧浓度过高对菌体生长造成抑制，或通气量过大造成"空气过载"现象而使溶解氧速率降低，或搅拌过度剧烈造成菌体细胞的损伤及导致培养液大量涌泡。

6. 泡沫

种子培养过程中，由于通气与搅拌，微生物代谢活动产生气泡，以及培养基中存在一定量蛋白质或其他胶体物质，容易在培养基中形成泡沫。泡沫的持久存在影响着微生物对氧的吸收，妨碍 CO_2 的排除，破坏其生理代谢的正常进行。若泡沫大量产生，严重影响种子罐的利用率，甚至可能发生逃液，引起染菌。因此，应对所产生的泡沫加以控制，一方面注意培养基原料的选择，另一方面通过化学方法或机械方法消除泡沫。种子罐一般设置消泡桨进行机械消泡，在培养基配制时可以添加适量消泡剂抑制泡沫的形成，在培养过程中可以流加已灭菌的消泡剂以消除泡沫。

二、种子质量的控制措施

种子质量的优劣是通过它在发酵罐中所表示的生产率体现的。因此必须保证生产菌种的稳定性，在种子培养期间保证提供适宜的环境条件，保证无杂菌侵入，从而获得优良的种子。

1. 菌种稳定性的检查

生产中所用的菌种必须保持稳定的生产能力，不能有变异种。尽管变异的可能性很小，但不能完全排除这一危险。所以，定期检查和挑选稳定菌株是必不可少的一项工作。方法是：将保藏菌株溶于无菌的生理盐水中,逐级稀释,然后在培养皿琼脂固体培养基上划线培养,长出菌落,选择形态优良的菌落接入三角瓶进行液体摇瓶培养,检测出生产率高的菌种备用。

这一分离方法适用于所有的保藏菌种,并且一年左右必须做一次。

2. 杂菌检查

在种子制备过程中,每移种一次都需要进行杂菌检查。一般的方法是:显微镜观察,或平板培养试验,即将种子液涂在平板培养皿上划线培养,观察有无异常菌落,定时检查,防止漏检。

3. 菌体量与菌体形态

菌体量与菌体形态是判断种子质量的重要指标,要求在种子培养过程中必须定期取样进行检测。生产上检测菌体量通常采用离心沉淀法、光密度法和细胞计数法等方法。离心沉淀法主要检测单位体积培养液中湿菌体的量;在培养基色素干扰不大的情况下,培养液中菌体量与培养液的光密度存在一定的线性关系,可通过检测培养液的光密度来间接反映菌体量;在显微镜下容易进行细胞计数的情况下,可通过检测单位体积培养液中所含细胞个数来表示菌体量。

菌体形态可借助适当的染色方法及显微镜进行观察确定。对于细菌,通常要求菌形健壮、均匀,排列整齐;对于酵母,除了要求菌形健壮,还要求细胞发芽情况良好;对于霉菌、放线菌,一般要求菌丝粗壮,对某些染料着色力强,菌丝分枝情况良好。

4. pH 与培养基营养成分的变化

种子液的糖、氮、磷含量的变化以及 pH 变化是菌体生长繁殖、物质代谢的综合反映。正常情况下,底物的变化以及 pH 变化会形成一定的规律,通过检测种子培养基中一些物质的利用情况以及 pH 变化情况,可以了解菌种的生长情况。

5. 产物生成量

在一些产品发酵的种子培养过程中,要求不能有目的产物的积累,若有产物积累则有可能是因为种子培养时间过长。而有些产品发酵的种子培养,则要求目的产物需有一定程度的积累,其生成量的多少是种子成熟程度的标记。因此,根据不同的培养要求,通过检测种子液中产物生成量,以判断种子质量。

6. 酶活力测定

测定种子液中某种酶的活力可用来判断种子质量,这是一种较新的方法。如土霉素生产的种子液中的淀粉酶活力与土霉素发酵单位有一定关系,因此种子液淀粉酶活力可作为判断该种子质量的依据。

7. 种子液的外观与气味

种子液的外观如颜色、黏度以及气味也能够反映种子质量的好坏,与其他指标结合在一起可以对种子质量进行判断。正常培养情况下,种子液的外观与气味会有一定特征,当种子生长异常或感染杂菌时,其颜色、黏度或气味会发生改变,这些变化有时很微妙,需要判断者具备一定的实践经验。

任务五 实训:酵母的摇瓶实验

一、实训目的

学习实验室种子扩大培养的方法。

二、基本原理

摇瓶培养是实验室常用的通风培养方法。通过将装有液体培养物的三角瓶放在摇床上振荡培养，以满足微生物生长、繁殖及其许多代谢产物对氧的需求，是实验室生产和筛选好气性菌种及摸索工艺条件的常用方法。

三、主要仪器设备、试剂和用品

1. 菌种
啤酒酵母斜面菌种。

2. 仪器
三角瓶、无菌水、摇瓶、摇床、灭菌锅。

四、操作步骤

取 6 只 500mL 三角瓶，分别按装量 100mL、200mL、300mL 配制马铃薯培养基，加水后稍微摇动，使原料湿润，浸入水中。用八层纱布包扎瓶口，再加牛皮纸包扎，置灭菌锅中，在 0.1MPa 下灭菌 30min。

将成熟的斜面在无菌条件下，注入 10mL 无菌水，振荡成孢子悬液。待发酵培养基灭菌后冷却至 20～32℃时，分别将孢子悬浮液接入三角瓶中，接种量为 2mL，每个菌种各接三只，作好标记。

将三角瓶固定在摇床上，培养温度在 28℃，转速为 120r/min，培养时间 24h。显微镜下观察菌丝形态，称量湿重。比较不同装样量的发酵产量。

五、实训结果与讨论

比较不同装样量的发酵产量并分析原因。

拓展学习

一、柠檬酸发酵生产中的二级扩大培养流程

目前，最具商品竞争优势的柠檬酸生产方法是采用黑曲霉作为菌种的深层发酵法。黑曲霉属半知菌纲，一般只进行无性繁殖，由孢子发芽开始到新孢子形成、成熟，为一个生活周期。随着国内柠檬酸发酵规模的不断扩大，三角瓶麸曲孢子培养方式已不能满足大型发酵罐的孢子需求量。因此，目前国内柠檬酸发酵生产中的菌种扩大培养普遍采用二级扩大培养流程，如图 5-3 所示。

保藏菌种 → 斜面活化 —一级→ 三角瓶麸曲培养 —二级→ 种子罐培养 → 发酵罐

图 5-3　黑曲霉发酵生产柠檬酸的菌种扩大培养流程

二、黑曲霉二级扩大培养的控制要点

（1）斜面菌种的培养　斜面培养基以多含碳源、少含氮源为原则，可选择察氏琼脂培养基、蔗糖合成琼脂培养基、麦芽汁琼脂培养基、米曲汁琼脂培养基等。培养条件必须有利于菌种的繁殖和孢子生长。挑取孢子接种于斜面培养基后，置于 35℃培养 7～8d，长满成熟的黑褐色孢子后可转接到三角瓶麸曲中。

（2）麸曲三角瓶培养　以 60 目筛子去除新鲜麸皮的细粉，按质量加入 1.0～1.3 倍的水与麸皮拌匀，然后分装入 1000mL 三角瓶中，每个 1000mL 三角瓶装湿麸皮 40～50g，用 8 层纱布封扎瓶口，于 121℃灭菌 40～60min，趁热摇散，冷却至 35℃，培养 1d，未发现染菌即可使用。

每个三角瓶中接入 1～2 环斜面菌种孢子，于 30～32℃下培养 16～20h，白色菌落盖满曲层表面时应摇瓶一次，使培养基混匀、疏松，然后继续培养。几个小时后，可看到培养基结块，但未产生孢子，此时开始将培养基温度控制在（35±1）℃，每隔 12～24h 摇瓶一次，待孢子长出后停止摇瓶。麸曲布满黑褐色孢子时，取样镜检无异常，即可转接到种子罐中。

（3）种子罐培养培养基、培养条件、种子的质量要求

① 培养基 种子罐培养属于生产车间的培养阶段，其培养基营养原料主要来源于农产品、工业生产的副产品、工业级原料等，每个工厂需根据菌种特性、原料种类、培养工艺等因素的不同而采用不同的种子罐培养基。若以淀粉为主要原料时，可选择如下培养基：淀粉 90～140g/L，麸皮 20～30g/L，自然 pH。

② 培养条件 包括接种量、培养温度、搅拌转速、通气比、培养时间。

接种量：接种量可按 1L 液体培养基接入 0.4g 左右培养成熟的麸曲种子计算，每个三角瓶加入 500mL 左右无菌水摇匀后，在火焰下接入种子罐，或并瓶后再接入种子罐。

培养温度：（35±1）℃。

搅拌转速：一般为 150～250r/min，容积大的种子罐的搅拌转速会小一些。

通气比：一般为 0.25～0.35m³/(m³·min)，通气比取决于种子罐氧气传递速率，氧气传递速率大的种子罐通气比小一些。同时，在种子培养过程中随着菌体耗气量的增大，需不断增大通气量。

培养时间：种子培养成熟时间受菌种特性、接种量以及其他培养工艺条件影响，一般在 20h 左右，菌体浓度可达 1.5×10^4 个/mL 以上，此时菌体的糖化活力很高，可结束培养。

③ 种子的质量要求 包括种龄、pH、镜检情况。

种龄：视培养工艺而定。

pH：一般为 2.0～2.5。

镜检情况：菌丝粗壮，结成像菊花状的小菌球体，菌球直径不超过 $100\mu m$；无杂菌，无异常菌丝。

思考与测试

一、填空题

1. 发酵生产的第一道工序是_____。
2. 实验室种子扩大培养的方法是_____和_____。
3. 目前在生产车间几乎所有的好气发酵均采用_____发酵方法。
4. 种子培养基培养菌体的目的是_____。
5. 在发酵培养工程中，应选用_____期作为种子。
6. 培养基 pH 值调节方法有：_____、_____、_____。
7. 通气量的多少以_____来衡定。
8. _____影响微生物对氧的吸收。
9. 常用的消泡方法有：_____、_____、_____。

10. 工业生产中常染菌的原因是：_____、_____、_____。

二、选择题

1. 发酵时间长短与（　　）有关。

A. pH 值　　　　　　 B. 温度　　　　　　 C. 种子量的多少　　 D. 培养基

2. 放线菌扩大培养生产抗生素一般放大（　　）级。

A. 1　　　　　　　 B. 2　　　　　　　 C. 3　　　　　　　 D. 4

3. 三角瓶摇床实验中没有用到的实验仪器是（　　）。

A. 高压蒸汽灭菌锅　 B. 恒温摇床培养箱　 C. 圆底烧瓶　　　　 D. 三角瓶

4. 下面对种子扩大培养级数描述错误的是（　　）。

A. 细菌：由于生长快，种子用量比例少，级数也较少，采用一级发酵

B. 霉菌：生长较慢，如青霉菌，应该是三级发酵

C. 放线菌：生长更慢，采用四级发酵

D. 酵母菌：比细菌慢，比霉菌、放线菌快，通常用一级种子

第六单元 发酵罐及附属设备

　　发酵设备是发酵工程的主要设备之一，对微生物进行液体深层培养的反应器，称为发酵罐。优良的发酵设备要求结构严密，液体混合性能良好，传质和传热速率高，同时应配备可靠的检测、控制仪表。发酵设备必须适宜于微生物生长繁殖以及具备形成新陈代谢产物的各种条件，目前根据发酵要求而设计的发酵设备有许多种类，本单元内容仅对一些常见的发酵罐及附属设备进行介绍。

任务一　需氧发酵罐

　　对于许多发酵产品，采用液体深层发酵工艺有利于提高生产效率。大多数微生物反应都是需氧的，发酵工业上常用需氧发酵罐生产酵母、氨基酸、有机酸、核苷酸、抗生素、维生素以及酶制剂等多种产品。目前，常用的需氧发酵罐有机械搅拌式、气升环流式、自吸式和鼓泡式等，其中机械搅拌发酵罐作为通用式发酵罐占据主要地位。

一、通用式发酵罐

　　通用式发酵罐又称机械搅拌发酵罐（stirred fermenter），是指既具有机械搅拌又具有压缩空气分布装置的发酵罐，在发酵企业有着广泛的应用。它是利用机械搅拌器的作用，使空气和发酵液充分混合，增加发酵液的溶解氧量，供给微生物生长繁殖代谢过程所需的氧气。这类发酵罐的容积自几升到几百立方米，工厂根据发酵产品种类以及规模而选用不同容积的发酵罐。目前，我国珠海益力味精集团有限公司的 $630m^3$ 机械搅拌发酵罐是世界上最大的通用式发酵罐之一，用于谷氨酸生产。

　　如图 6-1 所示，大型的机械搅拌发酵罐主要部件有罐体、搅拌器、空气分布器、挡板、轴封、传动装置、冷却管（或夹套）、消沫器、人孔和视镜等。

1. 罐体结构

　　罐体由圆柱体和椭圆形或碟形封头焊接而成，这种形状有利于受力均匀、死角少、物料容易排出。材料可用碳钢或不锈钢，以不锈钢为好。由于发酵设备需要高压、高温灭菌，以及发酵过程需要保持一定的罐压，因而要求罐体必须能承受一定的压力。一般工作压力设计为 0.25MPa（绝对压力），而水压试验压力为工作压力的 1.5 倍。

　　在发酵罐体表面装设各种装置。例如，大型发酵罐上封头设有供维修、清洗的人孔；为了便于观察罐内情况，上封头装有耐压的玻璃视镜。上封头设有进料管、补料管、接种管、

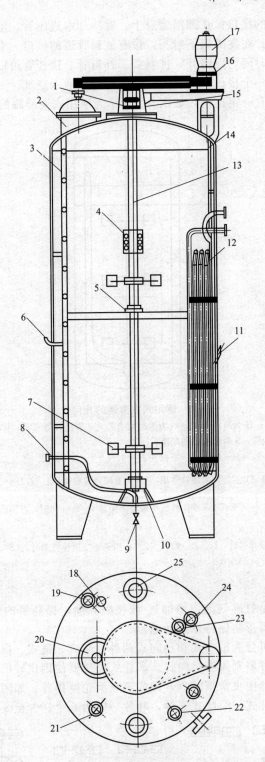

图 6-1　通用式发酵罐的结构

1—轴封；2—人孔；3—梯子；4—联轴节；5—中间轴承；6—温度计接口；7—搅拌叶轮；8—进风管；
9—放料口；10—底轴承；11—热电偶接口；12—冷却管；13—搅拌轴；14—取样管；
15—轴承座；16—传动皮带；17—电机；18—压力表；19—取样口；20—人口；
21—进料口；22—补料口；23—排气口；24—回流口；25—视镜

排气管以及压力表接管的接口；在圆筒罐身上，有冷却水进出管、空气进管、取样管以及各种在线检测仪器的接口；在发酵罐下封头，设有放料管道的接口。有时，为了减少罐体上的接管，由于各管道工作时间可以错开，进料管、补料管、接种管可以合并为一个接口，放料管与空气管可以合并为一个接口，即直接从发酵罐底部通入空气。

罐体各部分的尺寸有一定比例，如图6-2所示为通用式发酵罐的几何尺寸。

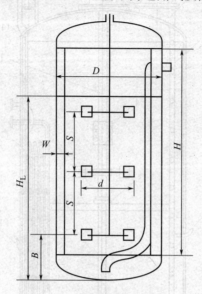

图 6-2　通用式发酵罐的几何尺寸

H_L 为液柱高度；H 为筒身高度；D 为发酵罐直径；d 为搅拌器直径；W 为挡板宽度；B 为下搅拌器距底部的间距；S 为搅拌器的间距

① $H/D=1.7 \sim 3$，（$H+$罐体上、下封头高度）$/D=2 \sim 3$，$H_L/D=2 \sim 2.5$，H_L 按照装料体积 $V_L=70\%V_总$ 计算（$V_总$ 为发酵罐总体积，V_L 为发酵液装料体积）。$d/D=\dfrac{1}{3} \sim \dfrac{1}{2}$

② $W/D=\dfrac{1}{12} \sim \dfrac{1}{8}$（取 0.1，并在挡板与罐壁之间留 $1 \sim 2 cm$ 间隙，以消除死角）

③ $B/D=0.8 \sim 1.0$

④ 当采用双层搅拌桨时，$(S/d)_2=1.5 \sim 2.5$；当采用三层搅拌桨时，$(S/d)_3=1 \sim 2$，也可以取相同的值，满足 $1.5 \leqslant S/d \leqslant 2$

2. 搅拌器与挡板

搅拌器的主要作用是打碎气泡，增加气-液接触界面，提高氧的传质速率；同时使发酵液充分混合，液体中的固形物保持悬浮状态。

搅拌器按液流形式可分为轴向式和径向式两种，桨式、锚式、框式和推进式的搅拌器属于轴向式，而涡轮式搅拌器则属于径向式。涡轮式搅拌器使用比较广泛，为了避免气泡沿轴的方向上升逸出，搅拌器中央常带圆盘，即为圆盘涡轮搅拌器。如图6-3所示，圆盘上的搅拌叶一般有平叶式、弯叶式、箭叶式三种，叶片一般为6个，少至3个，多至8个。三种叶

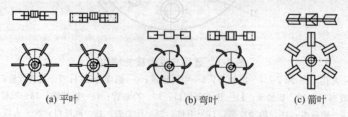

(a) 平叶　　　　　　(b) 弯叶　　　　　(c) 箭叶

图 6-3　常用涡轮式搅拌器

片中，平叶式叶片功率消耗最大，弯叶式次之，箭叶式最小；对于翻动液体使之轴向流动的能力，箭叶式叶片翻动能力最强，弯叶式次之，而平叶式最小。

圆盘涡轮搅拌器主要产生径向液流，当液体被搅拌器径向甩出后，遇到径向或冷却排管的阻碍，分别形成向上、向下两个垂直方向的液流，上挡搅拌器向上的液流到达液面后，转向轴心，遇到相反方向的液流后又转向下；下挡搅拌器向下的液流达到罐底，转向轴心，遇到相反方向的液流后又转向上；而上挡搅拌器向下的液流与下挡搅拌器向上的液流相遇后，转向轴心遇到相反方向的液流后又分别向上、向下流动。因此，在搅拌器的上下两面形成两个液流循环。液流循环延长了气液的接触时间，有利于氧的溶解。

若发酵罐搅拌不带挡板且无冷却排管，轴心位置的液面下陷，形成一个很深的凹陷漩涡。此时液体轴向流动不明显，靠近罐壁的液体径向流速很低，搅拌功率也下降，气液混合不均匀，不利于氧的溶解。

为了防止液面中央产生漩涡，促使液体激烈翻动，提高氧的溶解速率，通常在发酵罐内壁安装4～6块挡板，挡板宽度一般为发酵罐内径的0.1～0.2倍，挡板与罐壁的间距一般为挡板宽度的0.12～0.40倍，可满足全挡板条件。实际生产中，当发酵罐冷却排管的排列位置以及组数恰当，起到全挡板作用时，可不设置挡板。所谓"全挡板条件"是指在一定转数下再增加罐内附件而轴功率仍保持不变，消除因搅拌而产生的漩涡。

通用式发酵罐中，搅拌的轴功率与发酵罐直径、搅拌器的直径、转速、形式、结构，液体黏度、密度，液柱高度和重力加速度等因素有关。搅拌的轴功率 P 等于搅拌器施于液体的力 F 与液体的平均流速 w 之积，即：

$$P = Fw = F/A(wA) \tag{6-1}$$

式中，A 为搅拌器的叶片面积；F/A 值为施加于液体的剪切应力，相当于单位体积液体动压头 H 与密度之积。

搅拌轴一般是从罐顶伸入罐中，但也有大型发酵罐采用由罐底伸入罐中，目的是缩短搅拌轴的长度，增加搅拌器的稳定性，且电机和传动装置设置在罐底部降低了发酵罐的重心，减少了操作空间里的噪声。轴较长时，常分为2～3段，用联轴器连接。联轴器有鼓形及夹壳形两种。功率小的发酵罐搅拌轴应为法兰连接，轴的连接应垂直，中心线对正。为了减少震动，应装有可调节的中间轴承，材料采用石棉酚醛塑料、聚四氟乙烯，轴瓦与轴之间的间距取轴径的0.4%～0.7%。在轴上增加轴套可防止轴颈磨损。

考虑到有利于提高溶解氧水平及保证混合均匀，通常在搅拌轴上装设2～3个搅拌器。搅拌叶轮的相对位置对搅拌效果影响很大。搅拌叶轮的相对位置包括下挡搅拌叶轮和罐底的距离、搅拌叶轮与搅拌叶轮之间的距离。从发酵罐的液体流型看出，当两挡搅拌叶轮之间的距离过大，将存在搅拌不到的死区；若距离过小，向上与向下的流体互相干扰，同样会出现液体轴向流动不明显、搅拌功率下降的现象，混合效果也很差。当下挡搅拌与罐底距离太大，下挡搅拌叶轮下面的液体不易被提升，若这部分液体循环不好，将导致局部缺氧。一般情况下，搅拌直径、发酵液黏度是确定搅拌叶轮相对位置的重要因素。当发酵液黏度大、搅拌直径小时，下挡搅拌器与罐底距离、搅拌器之间距离宜小些；若条件相反，下挡搅拌器与罐底距离、搅拌器之间距离应较大。下挡搅拌器与罐底距离一般为搅拌直径的0.8～1.0倍，两挡搅拌器之间的距离一般为搅拌直径的3～4倍。

3. 空气分布器

空气分布器是把无菌空气引入发酵罐中并分布均匀的装置，有单孔管、多孔环管及多孔分支环管等几种。最简单的空气分布管是单孔管，其出口位于下挡搅拌器的正下方，开口向下，以免被培养液中的固体物质堵塞。多孔环管的环径一般为搅拌直径的0.8倍，喷孔直径一般为 5~8mm，所有喷孔面积大约等于通风管的截面积，喷孔方向通常指向环管圆心的正下方。对于直径较大的发酵罐，可采用多孔分支环管分布器，即在环管上向圆内伸出若干根支管，各支管为径向单孔。

通风量在 0.02~0.50mL/s 时，气泡直径与空气喷口直径的 1/3 次方成正比，即喷口直径越小，气泡的直径越小，溶解氧效果越好。但是，一般发酵工业的通风量远远超过这个范围，这时气泡直径与通风量有关，而与喷嘴直径无关。空气分布管出口与罐底的相对位置对溶解氧效果有较大的影响，根据经验数据，当 $d/D>0.3$ 时，管口距罐底为 20~40mm；当 $d/D=0.25~0.30$ 时，管口距罐底为 40~60mm。

4. 空气过滤器

空气除菌的方法有加热灭菌、试剂灭菌、辐射灭菌、静电除菌和过滤除菌等。在发酵过程中，制备大量的无菌空气通常采用过滤除菌法。在空气进入发酵罐前，采用空气压缩机对空气进行压缩，以提供一定的压力，然后经过冷却、除油雾与水分等预处理，再经过过滤器除菌，以保证进入发酵罐的空气达到无菌要求。

5. 消沫器

发酵液中含有大量的蛋白质等发泡物质，在强烈的通气搅拌下将会产生大量的泡沫，泡沫将导致发酵液外溢和增加染菌机会。消除发酵液泡沫除了可加入消沫剂外，在泡沫量较少时，可采用机械消沫装置来破碎泡沫。消沫器有锯齿式、梳式、孔板式、旋桨梳式等几种。由于这一类消沫器装于搅拌轴上，往往因搅拌轴转速太低而效果不好。

6. 变速装置

发酵过程中搅拌的转速一般并不高。特别是在丝状菌发酵中转速要求更低，减速装置可采用三角皮带传动、齿轮减速机传动以及无级变速装置等。

三角皮带传动结构简单，安装容易，在改变速度时只需要更换不同的传动半径的皮带轮即可，设备投资成本低，运用灵活，噪声较小，但转速控制不准确。

齿轮减速机，结构复杂，加工、安装精度要求高，传动效率高，运转平稳。

无级变速装置，操作简单灵活，便于自动化控制，主要用于小型发酵罐。

7. 轴封

轴封的作用是防止泄漏和染菌。常用轴封有填料函和端面轴封两种。

填料函由填料箱体、底衬套、压盖和压紧螺栓等零件构成，使旋转轴达到密封的效果。填料函轴封的优点为：结构简单。缺点为：死角多，很难彻底灭菌，容易渗漏及染菌，轴的磨损情况较严重，填料压紧后摩擦功率消耗大，寿命短，维修工时多。

端面轴封（机械轴封）是靠弹性元件（弹簧、波纹管等）的压力使垂直于轴线的动环和静环的光滑表面紧密地相互贴合，并作相对旋转而达到密封，如图6-4所示。其优点是：清洁，密封可靠，不会渗漏，无死角，可防止杂菌污染，寿命长、质量好的 2~5 年不需修理，摩擦功率耗损少，一般为填料密封的 10%~50%。轴或轴套不受磨损，对轴的震动敏感性小。缺点是：结构复杂，装拆不便，对动环及静环的表面光洁度及平直度要求高。两端面接触的密封构件之一为硬质合金，也有用青铜及不锈钢的，但较易磨损；另一种为软质耐磨材料，如不透性石墨用作静环。两接触面的密封需要有一定的压力，完全由弹簧来保证这种压力的叫做不平衡型，利用罐内压力抵消自身压力而仅由弹簧产生密封压力的叫做平衡型。平衡型端面轴封使用的压力比不平衡型的大，因为发酵罐的操作压力一般不大于 0.25MPa，所以一般采用不平衡型。若搅拌轴装于罐底，则密封要求高，应选用双端面轴封。

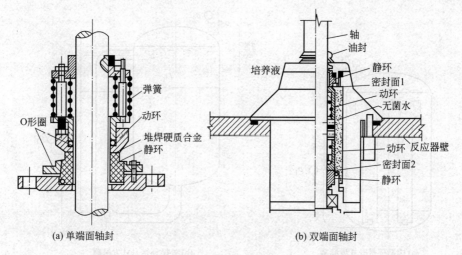

(a) 单端面轴封　　　　　　　　(b) 双端面轴封

图 6-4　机械轴封装置

8. 发酵罐的换热装置

（1）夹套式换热装置　这种换热装置应用于小罐（5m³ 以下），夹套高度比罐内静止液面稍高。优点为结构简单，加工容易，罐内死角少，容易清洗灭菌。缺点是传热壁较厚，冷却水流速低，降温效果差，传热系数为 4.186×（150～250）kJ/(m²·h·℃)。

（2）竖式蛇管换热装置　这种装置的蛇管分组安装于发酵罐内，有四组、六组或八组不等。该装置的优点是冷却水在管内的流速大，传热系数高，为 4.186×（300～450）kJ/(m²·h·℃)，若管壁较薄，流速较大时，传热系数可达 4.186×（800～1000）kJ/(m²·h·℃)。这种冷却装置所用的冷却水温应较低，若冷却水温较高，则降温困难。此外，弯曲位置较容易被蚀穿。这种换热器应用最为广泛。

（3）竖式列管（排灌）换热装置　这种装置是以列管形式分组对称装在发酵罐内的，其优点是：加工方便，适用于气温较高、水源充足的地区，当流速较快时，降温速度快。这种装置的缺点是：传热系数较蛇管式低，用水量大。

机械搅拌发酵罐尤其适合高黏度发酵液需氧量大的发酵过程，其优点是操作条件灵活可变，适应性强，放大容易；缺点是结构较为复杂，机械搅拌易损伤微生物细胞。

二、气升式发酵罐

气升式发酵罐是 20 世纪末开始发展应用的一种新型生物反应器，在发酵工厂和废水生化处理中已得到广泛应用。采用气升式发酵罐，由于没有机械搅拌结构，液体中的机械剪切力小，对长菌丝的各种真菌尤为适宜；同时，还具有结构简单、无需机械轴封、不易染菌、无机械转动噪声等优点。但是，气升式发酵罐不适用于含有大量固体的培养液。

气升式发酵罐的工作原理是把无菌空气通过喷嘴或喷孔喷射进发酵液中，通过气液混合物的湍流作用使空气泡分割细碎。同时，由于形成的气液混合物密度降低而向上运动，气含率小的发酵液则下沉，从而形成循环流动，实现混合与溶解氧传质。气升式发酵罐有多种类型，常见的有气升环流式、鼓泡式、空气喷射式等，其中气升环流式可分为内环流式 [图 6-5(a)] 和外环流式 [图 6-5(b)] 两种。

1. 主要结构参数

影响气升式环流发酵罐性能的结构参数有高颈比、环流管高度与发酵罐高度之比、环流管直径与发酵罐直径之比、环流管顶部与罐顶的距离、环流管底部与罐底的距离以及喷嘴直径等。

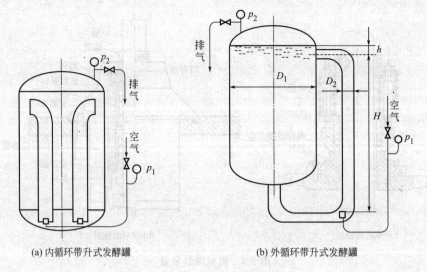

(a) 内循环带升式发酵罐　　　　　(b) 外循环带升式发酵罐

图 6-5　气升式环流发酵罐

研究实验结果表明，H/D 适宜范围一般是 $5\sim9$，环流管径与发酵罐径之比的适宜范围一般是 $0.6\sim0.8$，具体的最佳选值应视发酵液的物化特性及生物细胞的生物学特性确定。为了使环流管内气泡分裂细碎，应使空气自喷嘴出口的雷诺数大于液体流经喷嘴处的雷诺数。

在设计环流式发酵罐时，还应注意到环流管高度对环流效率的影响，实验表明环流管高度应大于 4m。罐内液面也不能低于环流管出口，否则会明显降低效率；但过高的液面高度可能会产生"环流短路"现象，而使罐内溶解氧分布不均匀。一般罐内液面不高于环流管出口 1.5m。

2. 主要性能参数

通常衡量气升式环流发酵罐性能的参数有循环周期和气液比。

（1）循环周期　循环周期是指培养液在环流管内循环一次所需的时间。发酵液必须维持一定的环流速度以不断补充氧，使发酵液保持一定的溶解氧浓度，满足生物生命活动的需要。根据实验研究和生产实践，环流管中平均环流速度一般取 $1.2\sim1.8$m/s，既有利于混合与气液传质，又不致由于环流阻力损失太大而有利于节能。

如果供氧速率跟不上耗氧速率，会使微生物的活力下降而导致发酵产率下降。由于不同的微生物耗氧速率不同，所需求的循环周期也不同。例如：用黑曲霉发酵产生糖化酶，当细胞浓度处于较高时，循环周期必须小于 3min 才能保证正常发酵；如果高密度培养单细胞蛋白，则循环周期应在 1min 左右才能达到优良效果。

（2）气液比　气液比是指发酵液的环流量 Q_c 与通风量 Q 之比，用 A 表示。

三、自吸式发酵罐

自吸式发酵罐是一种不需要空气压缩机提供加压空气，而是依靠特设的机械搅拌吸气装置或液体喷射吸气装置吸入无菌空气，从而同时实现混合搅拌与溶解氧传质的发酵罐。自 20 世纪 60 年代开始，欧洲各国和美国开始研究开发，至今自吸式发酵罐已得到广泛应用。

自吸式发酵罐的主要优点是节约空气净化系统中的空气压缩机、冷却器、油水分离器、空气贮罐以及总过滤器等，从而减少厂房占地面积，减少设备投资，节约用电，且溶解氧效率较高，结构简单，操作方便。但是，由于一般的自吸式发酵罐是负压吸入空气，较容易引起杂菌污染。

1. 机械搅拌自吸式发酵罐

机械搅拌自吸式发酵罐的结构如图 6-6 所示。其主要结构是吸气搅拌叶轮及导轮，也被称为转子及定子。当发酵罐内有液体，启动搅拌电机，转子高速旋转，其框内液体被甩向叶轮外缘，液体获得能量，同时框内形成局部真空而吸入空气。转子的线速度越大，含有气体的液体动能越大，当其离开转子时由动能转变成的静压能也越大，导致转子中心的负压也越大，因此吸气量也越大。气液通过导叶轮分布均匀地被甩出，空气在循环的发酵液中分裂成细微的气泡，在湍流状态下混合、翻腾以及扩散，从而使发酵液完成充分混合与充气。转子形式有多种，如三叶轮、四叶轮和六叶轮等，其中六叶轮如图 6-7 所示，六叶轮转子与定子配合的示意图如图 6-8 所示。

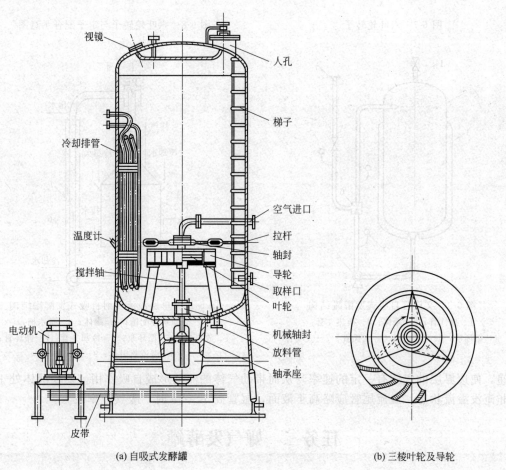

(a) 自吸式发酵罐   (b) 三棱叶轮及导轮

图 6-6 机械搅拌自吸式发酵罐

2. 喷射自吸式发酵罐

喷射自吸式发酵罐应用了文氏管喷射吸气装置或溢流喷射吸气装置进行混合通气，既不用空压机，也不用机械搅拌吸气转子。

(1) 文氏管自吸式发酵罐 图 6-9 是文氏管自吸式发酵罐结构示意图。其原理是用泵使发酵液通过文氏管喷射吸气装置，由于液体在文氏管的收缩段中流速增加，形成真空而将空气吸入，并使气泡分散与液体均匀混合，从而实现溶解传质。

(2) 溢流喷射自吸式发酵罐 如图 6-10 所示。溢流喷射自吸式发酵罐的通气是依靠溢流喷射器，其吸气原理是液体流溢时形成抛射流，由于液体的表面层与其相邻的气体的动量

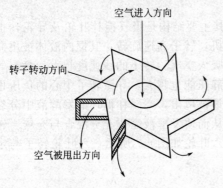

图 6-7 六叶轮转子

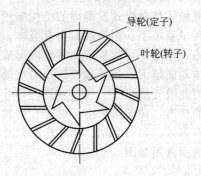

图 6-8 六叶轮转子与定子配合示意图

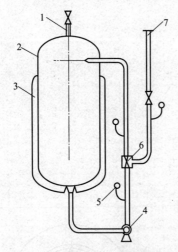

图 6-9 文氏管自吸式发酵罐结构

1—排气管；2—罐体；3—换热夹套；

4—循环泵；5—压力表；6—文氏管；7—吸气管

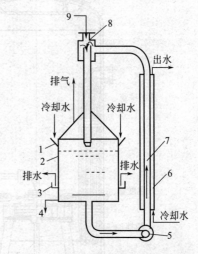

图 6-10 单层溢流喷射自吸式发酵罐结构

1—冷却水分配槽；2—罐体；3—排水槽；

4—放料口；5—循环泵；6—冷却夹套；7—循环管；

8—溢流喷射器；9—进风口

传递，使边界层的气体有一定的速率，从而带动气体的流动形成自吸作用。要使液体处于抛射非淹没溢流状态，溢流尾管应略高于液面，尾管高 1～2m 时，吸气速率较大。

任务二 嫌气发酵罐

嫌气发酵不需供氧，与需氧发酵罐相比，嫌气发酵罐在结构上显得简单得多。嫌气发酵罐也有许多种类。下面介绍酒精发酵罐和啤酒发酵罐。

酒精发酵罐的设计应能满足酵母生长和代谢的需要，能及时释放发酵过程中产生的生物热，同时也要考虑发酵液的排出、发酵罐的清洗以及维修等方面的方便。

如图 6-11 所示，酒精发酵罐为圆柱形，底盖和顶盖为碟形或锥形。在酒精发酵过程中，为了回收二氧化碳及其带出的部分酒精，发酵罐宜采用密闭式。罐顶装有人孔、视镜、二氧化碳回收管、进料管、接种管、压力表及测量仪表接口等。罐底装有排料口和排污口。罐身下部有取样口和温度计接口。

至于发酵的冷却装置，中小型发酵罐采用罐顶喷水淋于罐外壁表面进行膜状冷却；对于

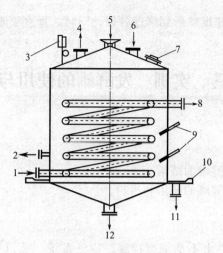

图 6-11 酒精发酵罐

1—冷却水入口；2—取样口；3—压力表；4—CO₂ 气体出口；5—喷淋水入口；6—料液及酒母入口；
7—人孔；8—冷却水出口；9—温度计；10—喷淋水收集槽；11—喷淋水出口；12—发酵液及污水排出口

大型发酵罐，罐内装有冷却盘管和罐外壁喷淋的联合冷装置，罐体底部沿罐体四周装有集水槽，以免造成发酵车间潮湿和积水。

近年来，大型酒精发酵罐逐步采用水力喷射洗涤装置，以改善工人的劳动强度和提高工作效率。水力洗涤装置由一根两头装有喷嘴的洒水管组成，喷水管两头弯有一定弧度，管上均匀钻有一定数量的小孔。喷水管安装时呈水平，靠活接头和固定供水管连接。借喷水管两头喷嘴以一定喷出速度喷水而形成的反作用力，使喷水管自动旋转。在旋转过程中，喷水管内的洗涤水由喷水孔均匀喷洒在罐壁顶和底上，从而达到水力洗涤的目的。

图 6-12 的水力喷射洗涤装置在水压不大的情况下，水力喷射的强度和均匀度不是十分理想，以致洗涤不彻底。因此可设计一种高压水力喷射洗涤装置（图 6-13），这是一根直立的喷水管，安装于罐中央，在垂直喷水管上按一定的间距均匀钻有 4～6mm 的小孔，孔与水平面呈 20°角，用活接头将水平喷水管的上端与总供水管连接，下端与垂直分配管连接，洗涤水压为 0.6～0.8MPa。水流在较高压力下，由水平喷水管出口处喷出，使其以 48～

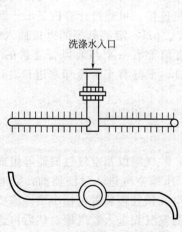

图 6-12 发酵罐水力洗涤器

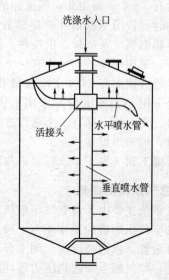

图 6-13 发酵罐高压水力喷射洗涤装置

56r/min 旋转，并以极大的速度喷射到罐壁各处。同时，垂直喷水管也以同样的流速将水喷射到罐体四壁和罐底。

任务三 实训 发酵罐的使用与维护

一、实训目的

1. 熟悉 100L 通用式发酵罐的结构。
2. 掌握 100L 通用式发酵罐的使用和维护。

二、基本原理

100L 通用式发酵罐主要由不锈钢搅拌罐、空气系统、蒸汽发生装置、温度调节系统、自动流动系统、计算机显示与控制系统、连接管道与阀门等组成。

1. 不锈钢搅拌罐的组成

不锈钢搅拌罐主要由不锈钢壳体、夹套、搅拌装置、通风及空气分布管、挡板、接种孔、多个电极插孔、多个流加孔以及各个相关管道的连接口组成。

不锈钢壳体内、外部经抛光处理，表面光滑，无死角，能承受 0.4MPa 的设计压力。不锈钢壳体上插孔以及连接口均要求密封。夹套是包围在发酵罐直筒外表，用蒸汽间接加热和用冷却水降温的换热装置与蒸汽、冷却水管道连接，能承受 0.2MPa 的设计压力。

搅拌装置有 2～3 挡搅拌器，一般采用圆盘涡轮直叶形式，在搅拌器上方安装了机器消沫器。搅拌轴与发酵罐上封头的连接采用机器密封。在罐体外部，与搅拌轴连接的是可变频电机以及减速机，电机的变频器与计算机连接，可以通过计算机设置调节搅拌转速。由于是采用径向流动的搅拌器，为了促使液体的轴向流动，在发酵罐内壁上安装了三块挡板。由于实验罐体积较小，空气分布管与管内通风管并为一体，采用单管口出风，管口朝下，正对罐底中央。

发酵罐上封头上有消沫电极的插孔，电极采用 O 形圈密封并采用不锈钢螺纹环固定。上封头上有 3～4 个流加孔，供流加消沫剂、酸碱液、营养液等使用，流加孔采用硅胶塞密封，流加时直接用不锈钢针插穿硅胶塞，硅胶塞多次使用后可更换。上封头上有一个接种孔，用不锈钢螺纹塞密封，供接种、罐装发酵培养基时使用。上封头上有一个与排气管相连的排气孔，采用焊接。上封头有一个压力表，并与计算机连接，可通过计算机显示、调节罐压。发酵罐直筒上有 3～4 个电极插孔，分别供检测温度、pH、溶解氧等的电极插入使用，电极都是采用 O 形圈密封并采用不锈钢螺纹环固定。直筒上有一个与通风管连接的管口，采用焊接。夹套的上部有 1 个蒸汽进口、1 个冷却水出口，下部有 1 个冷却水进口、1 个冷凝水出口，均采用焊接。

发酵罐下封头有 1 个放料口，与取样、放料管道连接，采用焊接。

2. 空气系统的组成

空气系统主要由无油空气压缩机、空气预处理装置、贮气罐以及空气过滤器等组成。其中，无油空气压缩机的工作能力一般选用 30～40m³/h；压缩空气进入过滤器前，需通过空气预处理装置，以进行冷却、油水分离等处理，因此，空气预处理装置包括小型冷冻机和油水分离器；贮气罐主要起到压力缓冲的作用，预处理后的空气先进入贮气罐，然后再进入空气过滤器。

空气过滤器是空气除菌的设备，一般采用聚乙烯醇（PVA）膜折叠滤芯，滤芯的通气量与型号有关，需根据要求进行选型。空气过滤流程是二级过滤流程，即第一级滤芯为粗滤芯，其过滤最小微粒直径$\geqslant 0.4\mu m$；第二级滤芯为精滤芯，其过滤最小微粒直径$\geqslant 0.1\mu m$。第一级滤芯起到保护第二级滤芯的作用，主要依靠第二级滤芯保证空气的无菌程度。另外，精滤芯在使用前要用蒸汽进行灭菌。为了防止蒸汽夹带管道中的铁锈等污物进入精滤芯，通常在蒸汽进入精滤芯前设置一个空气过滤器。

发酵过程需控制通气量，为了便于采集信号，在粗过滤器前设置一个电磁流量计，用于计量空气流量。在电磁流量计前设置一个电动阀，用于自动调节空气流量。

3. 蒸汽发生装置的组成

发酵实验中，空气过滤器灭菌、发酵罐空消以及取无菌样等操作都要用到蒸汽，因此需要配备蒸汽发生装置。蒸汽发生装置主要由蒸汽发生器、水处理设备以及贮水罐等组成。

蒸汽发生装置的水源一般是自来水，为了防止蒸汽发生器的加热管结垢，自来水进入蒸汽发生器前要经过水处理设备进行除杂和软化等处理，然后进入贮水罐，最后用泵送水至蒸汽发生器。贮水罐与蒸汽发生器之间采用自动控制，当蒸汽发生器的水位低至某一位置，就会自动启动水泵送水。对于100L的发酵罐，一般配备蒸发量为0.04t/h的蒸汽发生器。

4. 温度调节系统

温度调节系统包括热水调节装置和冷却水调节装置，都可以通过温度电极反馈的信号，调节管路上的电动阀开度而实现温度自动控制。

热水调节装置是在罐外利用加热器将水加热，然后送至夹套与发酵液换热，从而可维持较高的发酵温度，热水经过热交换排出后，回流至加热器循环使用。对于某些温度要求较高的发酵过程，尤其是冬天，需要启动热水调节装置。

大部分发酵过程需要用冷却水降温，可直接将自来水送至夹套内降温。由于实验罐的用水量不大，冷却后出来的水可通过简单管道收集，另外使用。由于夏天气温较高，发酵过程难降温，需配备一台小型冷水机，对自来水先行降温，再送至夹套内降温，这时，冷却后出来的水应回流至冷水机循环使用。

5. 自动流加系统的组成

自动流加系统主要由蠕动泵、流加瓶、硅胶管以及不锈钢插针组成，用于流加消沫剂、酸液、碱液或营养液。流加前，先将配置好的流加溶液装于流加瓶，用硅胶管把流加瓶和不锈钢插针连接并进行包扎，置于灭菌锅内灭菌。流加时，把硅胶管装入蠕动泵的挤压轮中，通过挤压轮转动把流加液压进发酵罐。挤压轮转速可以调节，从而可以控制流加速度。蠕动泵与计算机连接，通过计算机采集信号，并可以控制蠕动泵的工作。

6. 计算机系统

在实验罐的计算机内，由设备制造商安装了控制软件。控制软件的功能比较强大，可对十几种参数进行分析、记录。监测仪器、操作装置与计算机通过信号线连接，通过信号采集、分析、传送，能够按照操作者事先设置的参数进行控制。一般实验中，可以显示发酵温度、pH、DO、通气量、罐压、搅拌转速、各种流加液流速和流加量、排气中的氧和二氧化碳含量等，可以控制发酵温度、pH、通气量、罐压、搅拌转速和各种流加速度等。

三、主要仪器设备、试剂和用品

100L通用式发酵罐。

四、操作步骤

(一) 空气过滤器的灭菌操作

1. 灭菌前的准备

(1) 启动蒸汽发生器 将自来水引入水处理装置进行除杂、软化处理，处理后流入贮水罐，然后开启自动控制开关进行加热，蒸汽压力达到 0.2～0.3MPa 时可供使用。

(2) 启动冷冻机 将自来水引入冷冻机，开启冷冻机电源开关制冷。当冷水温度达到 10℃时，可供空气预处理使用。

(3) 启动空气压缩机 启动前，先关闭空气管路上所有阀门，然后打开空气压缩机电源开关，启动空气压缩机。当空气压缩机的压力达到 0.25MPa 左右时，依次打开管路上阀门，将空气引入冷冻机、油水分离器，经过冷却、除油、除水后进入贮气罐，待用。

2. 空气过滤器的灭菌、吹干以及保压

一般只对精滤器灭菌。灭菌时，蒸汽经过蒸汽过滤器后，进入精滤器，再排进发酵罐。为了消除死角，废气由发酵罐的排气阀排出。灭菌过程中，须控制使过滤器上的压力表显示值为 0.1～0.12MPa，维持 15min，可完成空气过滤器灭菌。

灭菌完毕，关闭蒸汽阀，依次打开各个空气阀进空气，并打开排气阀，让空气从发酵罐的排气阀排出，以便吹干精滤器和相关管道，大约 20min 可完成。最后，关闭空气阀、排气阀，通入无菌空气保压，待用。

(二) 发酵罐的空消

发酵罐空消前，必须首先检查并关闭发酵罐夹套的进水阀门，然后启动计算机，按照操作程序进入到显示发酵罐温度的界面，以便观察温度变化。

空消时，先打开夹套的冷凝水排出阀，以便夹套中残留的水排出，然后从两路管道将蒸汽引入发酵罐：一路是发酵罐的通风管，另一路是发酵罐的放料管。每一路进蒸汽时，都是按照"由远处到近处"的顺序依次打开各个阀门。两路蒸汽都进入发酵罐后，适当打开所有能够排汽的阀门充分排汽，如管路上的小排汽阀、取样阀、发酵罐的排气阀等，以便消除灭菌的死角。灭菌过程中，密切注意发酵罐温度以及压力的变化情况，及时调节各个进蒸汽阀门以及各个排汽阀门的开度，确保灭菌温度在 (121±1)℃，维持 30min，即可达到灭菌效果。

灭菌完毕，先关闭各个小排汽阀，然后按照"由近处到远处"的顺序依次关闭两路管道上的各个阀门。待罐压降至 0.05MPa 左右时，关闭发酵罐的排气阀，迅速打开精过滤器后的空气阀，将无菌空气引入发酵罐，利用无菌空气压力将管内的冷凝水从放料阀排出。最后，关闭放料阀，适当打开发酵罐的排气阀，并调节进空气阀门开度，使罐压维持在 0.1MPa 左右，保压，备用。

(三) 培养基的实消

培养基实消前，关闭进空气阀门并打开发酵罐的排气阀，排出发酵罐内空气，使罐压为 0，再次检查并关闭发酵罐夹套的进水阀门、发酵罐放料阀。将事先校正好的 pH 电极、DO 电极以及消沫电极等插进发酵罐，并密封、固定好。然后，拧开接种孔的不锈钢塞，将配制好的培养基从接种孔倒入发酵罐。启动计算机，按照操作程序进入到显示温度、pH、DO、转速等参数的界面，以便观察各种参数的变化。同时，启动搅拌，调节转速为 100r/min 左右。

实消时，先打开夹套的进蒸汽阀以及冷凝水排出阀，利用夹套蒸汽间接加热，至80℃左右，为了节约蒸汽，可关闭夹套的进蒸汽阀，但必须保持冷凝水排出阀处于打开状态。然后，按照空消的操作，从通风管和放料管两路进蒸汽直接加热培养基。实消过程中，所有能够排汽的阀门应适当打开并充分排汽，根据温度变化及时调节各个进蒸汽阀门以及各个排汽阀门的开度，确保灭菌温度和灭菌时间达到灭菌要求（不同培养基灭菌要求不一样）。

灭菌完毕，先关闭各个小排汽阀，然后关闭放料阀，并按照"由近处到远处"的顺序依次关闭两路管道上各个阀门。待罐压降至0.05MPa左右时，迅速打开精过滤器后的空气阀，将无菌空气引入发酵罐，调节进空气阀门以及发酵罐排气阀的开度，使罐压维持在0.1MPa左右，进行保压。最后，关闭夹套冷凝水排出阀，打开夹套进冷却水阀门以及夹套出水阀，进冷却水降温。这时，启动冷却水降温自动控制，当温度降低至设定值时自动停止进水。自始至终，搅拌转速保持为100r/min左右，无菌空气保压为0.1MPa左右，降温完毕，备用。

（四）接种操作

接种前，调节进空气阀门以及发酵罐排气阀门的开度，使罐压为0.01~0.02MPa。用酒精棉球围绕接种孔并点燃。在酒精火焰区域内，用铁钳拧开接种孔的不锈钢塞，同时，迅速解开摇瓶种子的纱布，将种子液倒入发酵罐内。接种后，用铁钳取不锈钢塞在火焰上灼烧片刻，然后迅速盖在接种孔上并拧紧。最后，将发酵罐的进气以及排气的手动阀门开大，在计算机上设定发酵初始通气量以及罐压，通过电动阀门控制发酵通气量以及罐压，使达到控制要求。

（五）发酵过程的操作

发酵过程中在线检测参数可通过计算机显示，通气量、pH、温度、搅拌转速和罐压等许多参数可按照控制软件的操作程序进行设定，只要调节机构在线，通过计算机控制调节机构而实现在线控制。

1. 流加控制

一般情况下，流加溶液主要有消沫剂、酸液或碱液、营养液（如碳源、氮源等）。流加前，将配置好的流加溶液装入流加瓶，用瓶盖或瓶塞密封好，用硅胶管把流加瓶和不锈钢插针连接在一起，并用纱布、牛皮纸将不锈钢插针包扎好，置于灭菌锅内灭菌。

流加时，在火焰区域内揭开不锈钢插针的包扎，并将插针迅速插穿流加孔的硅胶塞，同时，将硅胶管装入蠕动泵的挤压轮中，启动蠕动泵，挤压轮转动可以将流加液压进发酵罐。通过计算机可以设定开始流加的时间、挤压轮的转速，从而可以自动流加以及自动控制流加速度。另外，计算机可以显示任何时间的流加状态，如瞬时流量以及累计流量。

2. 取样操作

发酵过程中，需定时取样进行一些理化指标的检测，如DO值、残糖浓度、产物浓度等。取样时，可调节罐底的三向阀门至取样位置，利用发酵罐内压力排出发酵液，用试管或烧杯接收。取样完毕，关闭三向阀门，打开与之连接的蒸汽，对取样口灭菌几分钟。

3. 放料操作

发酵结束后，先停止搅拌，然后关闭发酵罐的排气阀门，调节罐底的三向阀门至放料位置，利用发酵罐内压力排出发酵液，用容器接收发酵液。

（六）发酵罐的清洗与维护

放料结束后，先关闭放料阀以及发酵罐进空气阀门，打开排气阀门排出罐内空气，使罐压为 0。然后，拆卸安装在罐上的 pH、DO 等电极以及流加孔上的不锈钢插针，并在电极插孔和流加孔拧上不锈钢塞。接着，从接种孔加入 70L 左右的清水，启动搅拌，转速为 100r/min 左右，用蒸汽加热清水至 121℃左右，搅拌 30min 左右，以清洗发酵罐。清洗完毕，利用空气压力排出洗水，并用空气吹干发酵罐。

停用蒸汽时，切断蒸汽发生器的电源，通过发酵罐的各个蒸汽管道的排气阀排出残余蒸汽，直至蒸汽发生器上的压力表显示为 0。停用空气时，切断空气压缩机的电源，通过空气管道的排气阀排出残余空气，直至贮气罐上压力表显示为 0。最后，关闭所有的阀门以及计算机。

（七）电极的使用与维护

1. pH 电极的使用与维护

pH 电极为玻璃电极，不使用时将电极洗净，检测端需保存在 3mol/L 的 KCl 溶液中，防止出现"干电极"现象而造成损坏。其耐高温有一定极限，一般不超过 140℃，在灭菌温度范围内，温度愈高对其破坏性愈大，造成使用寿命缩短，使其正常使用寿命为 50～100次。因此，应尽可能减少 pH 电极受热的机会，且培养基灭菌时注意控制灭菌温度。

在 pH 电极装上发酵罐之前，须对 pH 电极进行两点校正。pH 电极与计算机连接后接通电源，将 pH 电极分别浸泡在两种不同 pH 的标准缓冲溶液中进行校正，检查测定值的两点斜率，一般要求斜率≥90%，方可使用。需根据发酵控制 pH 范围选择标准缓冲溶液，例如，发酵 pH 为酸性时，可选择 pH4.00 与 pH6.86 的标准缓冲溶液；如果发酵 pH 为碱性时，可选择 pH6.86 与 pH9.18 的标准缓冲溶液。

2. DO 电极的使用与维护

使用 DO 电极测量时，由于缺乏氧在不同发酵液中饱和溶解度的确切数据，所以常用氧在发酵液中饱和时的电极电流输出值为 100%、残余电流值为 0 来进行标定。测量过程中的氧浓度以饱和度的百分数（%）来表示。使用前，DO 电极与计算机连接并接通电源，将 DO 电极浸泡在饱和的亚硫酸钠溶液中（或培养基恒温结束降温前），此时的测量指标定为 0。发酵培养基灭菌并冷却至初始发酵温度充分通风搅拌（一般以发酵过程的最大通风和搅拌转速条件下氧饱和）时，DO 电极的测量指标定为 100%。

DO 电极的耐高温性也有一定极限，应尽可能减少 DO 电极受热的机会，且培养基灭菌时注意控制灭菌温度，一般不超过 140℃。每次使用后，将电极洗净，检测端保存在 3mol/L 的 KCl 溶液中。

3. 折叠膜过滤芯的维护

折叠膜过滤芯如图 3-9 所示，其锁扣、外筒、端盖以及密封胶圈虽然都是热稳定材料，但耐高温有一定限度。灭菌时，必须严格控制灭菌温度和灭菌时间，若灭菌温度过高、灭菌时间过长，容易造成损坏。同时，灭菌后必须用空气吹干，才能使用，否则过滤效率降低或失效。不使用时，必须保持干燥，以免霉腐。

4. 蒸汽发生器的维护

用于蒸汽发生器的水必须经过软化、除杂等处理，以免蒸汽发生器加热管结垢，影响产生蒸汽的能力。使用时，必须保证供水，使水位达到规定高度，否则会出现"干管"现象造成损坏。蒸汽发生器的电气控制部分必须能够正常工作，达到设置压力时能够自动切断电源。蒸汽发生器上的安全阀与压力表须定期校对，能够正常工作。每次使用后，先切断电源，排除压力后，停止供水，并将蒸汽发生器内的水排空。

五、实训结果与讨论

1. 简述发酵罐的使用与维护要点。
2. 简述发酵过程接种的几种方式。
3. 培养基试管灭菌恒温结束时，为何先向管内通入无菌空气再向夹套通冷却水？

拓展学习

机械搅拌发酵罐的设计

机械搅拌发酵罐主要由搅拌装置、轴封和罐体三部分组成。三个组成部分各起如下的作用：

(1) 搅拌装置　由传动装置、搅拌轴、搅拌器组成，由电动机和皮带传动驱动搅拌轴使搅拌器按照一定的转速旋转，以实现搅拌的目的。

(2) 轴封　为搅拌罐和搅拌轴之间的动密封，以封住罐内的流体不致泄漏。

(3) 罐体　由罐体、加热装置及附件组成。它是盛放反应物料和提供传导热量的部件。

一、设计内容和步骤

1. 罐体的设计

包括：筒体的设计与计算、封头的设计和计算、罐体压力试验时应力校核及容积验算。

2. 附件的设计选取

包括：接管尺寸的选择、法兰的选取、开孔及开孔补强、人孔及其他、传热部件的计算、挡板、中间支承、扶梯的选取。

3. 搅拌装置的设计

包括：传动装置的设计、搅拌轴的设计、联轴器的选取、轴承的选取及其轴承寿命的核算、密封装置的选取、搅拌器的设计、搅拌轴的临界转速。

4. 设备的强度及稳定性检验

包括：设备承受各种载荷的计算（设备重量载荷的计算、设备地震弯矩的计算、偏心载荷的计算）、塔体强度及稳定性检验、裙座的强度计算及校核（裙座计算、基础环的计算、地脚螺栓计算）、裙座与筒体对接焊缝验算。

二、发酵罐的结构计算

1. 罐容积的计算

根据生产规模和发酵水平计算每日所需发酵液的量，再根据这一数据确定发酵罐的容积。

例如，一年产5万吨柠檬酸的发酵厂，发酵产酸水平平均为14%，提取总收率90%，年生产日期为300天，发酵周期为96h。

则每日的产量＝50000/300＝166.7t

每日所需发酵液的量＝166.7/（0.14×0.9）＝1322.8m³

假定发酵罐的装液系数为85%，

则每日所需发酵罐容积＝1322.8/0.85＝1556m³

取发酵罐的公称容积为250m³，

则每日需要6个发酵罐

发酵周期为4天，考虑放罐、洗罐等辅助时间，整个周期为5天，则所需发酵罐的总数＝5×6＋1＝31 个。

2. 结构尺寸的计算

（1）发酵罐圆柱体的直径 根据已确定的发酵罐公称容积，可由下式计算发酵罐圆柱体的直径。

$$V_1 = \frac{1}{4}\pi H_0 D^2 \tag{6-1}$$

（2）封头容积的计算 椭圆形封头的容积可查手册或按下式计算：

$$V_2 = \frac{\pi}{4}D^2 h_b + \frac{\pi}{6}D^2 h_a = \frac{\pi}{4}D^2\left(h_b + \frac{1}{6}D\right) \tag{6-2}$$

式中，h_a 表示椭圆短半轴长度，对标准椭圆形封头 $h_a = \frac{1}{4}D$；h_b 表示椭圆封头的直边高度；D 表示罐的内径。

（3）罐的全容积

$$V_0 = V_1 + 2V_2 = \frac{\pi}{4}D^2\left[H_0 + 2\left(h_b + \frac{1}{6}D\right)\right] \tag{6-3}$$

（4）发酵罐总高度

$$H = H_0 + 2(h_a + h_b) \tag{6-4}$$

（5）液柱高度

$$H_L = H_0\,\eta' + h_a + h_b \tag{6-5}$$

式中，η' 表示装料高度与圆柱部分高度的比例。

（6）装料容积

$$V = V_1\,\eta' + V_2 = \frac{\pi}{4}D^2\left(H_0\,\eta' + h_b + \frac{1}{6}D\right) \tag{6-6}$$

思考与测试

一、填空题

1. _____的工业化生产，或_____技术的出现，标志着近代通风发酵工业的开始。

2. 在发酵罐中，微生物在适当的环境中进行_____、新陈代谢和形成_____。

3. 好气性发酵需要将_____不断通入_____中，以供微生物所消耗的_____。

4. 机械搅拌发酵罐是利用_____的作用，使_____和_____充分混合，促使氧在发酵液中_____，以保证供给微生物生长繁殖、发酵所需要的氧气。

5. 消泡器的作用是_____，其常用的形式有_____式、_____式及_____式。

6. 发酵罐罐体由_____及_____或_____封头焊接而成。

7. 为了便于清洗，小型发酵罐设有清洗用的_____，中大型发酵罐则装有_____及清洗用的_____。

8. 机械发酵罐中的挡板的作用是改变_____的方向，由_____流改为_____流，促使液体剧烈翻动，增加_____。

9. 大型发酵罐_____较长，常分二段至三段，用_____使上下搅拌轴成牢固的刚性连接。

10. 发酵罐常用的变速装置有_____传动，_____或_____齿轮减速装置，其中以_____变速传动较为简便。

二、选择题

1. 消泡器的长度约为罐径的（ ）倍。

A. 0.35　　　　　　B. 0.45　　　　　　C. 0.55　　　　　　D. 0.65

2. 以下哪项属于搅拌器径向式（　　）。

A. 桨叶式　　　　　B. 螺旋桨式　　　　C. 轴向式　　　　　D. 涡轮式

3. 通风发酵罐发酵下列哪些菌种（　　）。

A. 抗生素　　　　　B. 毛曲霉　　　　　C. 黑曲霉　　　　　D. 金黄色葡萄球菌

4. 发酵的一般特征是（　　）。

A. 含水量高，一般可达 90%～99%　　　B. 产品浓度低

C. 悬浮物颗粒小，密度与液体相差不大

D. 固体粒子可压缩性大

5. 消泡器常用形式为（　　）。

A. 锯齿状　　　　　B. 桨叶状　　　　　C. 螺旋状　　　　　D. 弯叶状

三、简答题

1. 简要说明通用式发酵罐的主要部件及其作用。

2. 通用式发酵罐一般采用什么样的搅拌器？搅拌转速与搅拌直径对搅拌功率有什么影响？

3. 按过滤介质孔隙大小划分，空气过滤器有哪几类？各类空气过滤器结构如何？

4. 气升式发酵罐的工作原理是怎样的？试说明其主要性能参数。

5. 常见的自吸式发酵罐有哪些？试说明各自的结构以及工作原理。

第七单元 发酵生产过程控制

【知识目标】

能理解发酵制药过程的主要控制参数。

能理解掌握溶解氧、温度、pH、泡沫等因素对发酵的影响。

能理解药物发酵过程主要参数的控制方法。

【能力目标】

能熟练使用和维护原位耐高温溶解氧电极、pH电极和泡沫检测电极。

能对发酵过程中菌体浓度、基质、溶解氧、pH、温度、泡沫等发酵参数进行检测和控制。

能对发酵过程进行无菌检查。

能对发酵染菌原因进行初步分析。

能对发酵过程中的染菌进行防治和染菌后采取正确的处理措施。

根据药物发酵过程的参数变化，对发酵过程进行控制。

在发酵制药生产中，优良菌种仅仅提供获得高产的可能性，要把这种可能性变成现实必须配合必要的外部环境条件。微生物对环境条件特别敏感，而它本身又具有多种代谢途径，环境条件的改变容易引起微生物代谢途径的改变。所以正确地掌握和控制发酵条件，对于提高发酵产量具有十分重要的意义。

在还没有搞清生产菌控制其代谢活动的机制之前，发酵过程的控制主要依赖于能反映发酵过程变化的参数的控制。因此，建立各种监测系统，对于发现和分析发酵过程中出现的问题，及时进行发酵过程人工控制，是发酵过程高产和稳产的重要条件。

即使在科学技术高度发展的今天，一般也不能对次级代谢产物的发酵过程进行最佳控制，这是令人遗憾的。许多生产单位承认，他们难于确定什么样的环境条件可以使发酵产物（抗生素）的合成达到最佳的产率。其主要困难是缺少各种可以在发酵罐中"在线"（on-line）测定的探测传感器，如细胞浓度、细胞活性、关键性酶的活性等参数。譬如，至今为止，发酵行业中检测细胞浓度的方法还是依靠定时从发酵罐中取样"离线"（off-line）测定的方法。这种方法不但繁琐费时，而且也不能及时反映发酵系统中的状况。

用于发酵工程中的传感器，除了应满足对一般测量仪器的要求外，还应具有以下几个方面的特性：①传感器能安装在发酵罐内耐受高压蒸汽（120～135℃，30min以上）无菌处理。②传感器及二次仪表具有长期工作稳定性；在1～2周内其测定误差应小于5%。③最好能在使用过程中随时校正。④材料不易老化，使用寿命长。⑤传感器探头安装和使用方便。⑥探头不易被物料粘住、堵塞。⑦价格便宜。

目前已设计出先进的能在发酵罐内装设的有测定温度、pH、溶解氧、氧化还原电位、泡沫和液位等参数的传感器，但是还有许多重要的传感器，特别是能监测化学物质变化的生物传感器还难于在罐内使用。为此，在生产实践中可用以下的补救办法使用这些传感器达到在线测定的目的：①传感器可用一些化学试剂进行冷灭菌，如环氧乙烷、过氧乙酸或季铵盐类等，然后用无菌手续安装到罐内。这种方法只适用于小型发酵罐。②采用连续取样或罐外循环的办法，把不耐热的传感器安装在罐外流动样品槽内，以便可以用化学试剂对整个罐外循环系统灭菌，灭菌后再用无菌水冲洗，然后与发酵罐内接通。③用多孔氟塑料管道（透气法）监测惰性载气带出的样品（例如，挥发性有机化合物如乙醇等被输送到有传感器的容器内测量）。④利用透析装置，以水为载体，使发酵液中的低分子化合物透过半透膜，进入水中被输送到有传感器的容器中测定。

虽然缺乏适用的传感器是对发酵过程实施最佳控制的障碍，但是随着计算机技术的发展，人们可以绕过这种障碍。现在已设计出了可以控制和管理发酵系统的小型计算机。利用计算机运算速度快的特点，根据能够在线测量得到的各种参数和提供的数学模型，便可获得发酵系统中的基质和细胞浓度的瞬时值。例如，发酵过程的氧呼吸，可以通过系统中氧的平衡来求得。根据氧的吸收和其他参数，并借助于一定的数学模型可间接求得细胞浓度和生长速率。因此，缺少测量细胞浓度的传感器似乎不再是对发酵过程实施控制的障碍。

反映发酵过程变化的参数可以分为两类：一类是可以直接采用特定的传感器监测的参数。它们包括各种反映物理环境和化学环境变化的参数，如温度、压力、搅拌功率、转速、泡沫、发酵液黏度、浊度、pH、离子浓度、溶解度、基质浓度等，又被称为直接参数。另一类参数是到目前为止还没有可供使用的传感器监测的参数，它们包括细胞生长速率、产物合成速率和积累速率、呼吸熵等。这些参数需要根据一些直接监测出来的参数，借助于计算机快速运算的功能和特定的数学模型才能得到。因此这类参数又被称为间接参数。

一、影响发酵过程的因素

影响发酵过程的因素主要有以下几个方面。

1. 溶解氧

氧的供应对需氧发酵来说，是一个关键因素。好氧型微生物对氧的需要量是很大的，但在发酵过程中菌种只能利用发酵液中的溶解氧。然而氧很难溶于水，在101.32kPa、25℃时，氧在水中的溶解度为0.26mmol/L。在同样条件下，氧在发酵液中的溶解度仅为0.20mmol/L，而且随着温度的升高，溶解度还会下降。因此，必须向发酵液中连续补充大量的氧，并要不断地进行搅拌，这样可以提高氧在发酵液中的溶解度。

2. 温度

温度对微生物的影响是多方面的。首先，温度影响酶的活性。在最适温度范围内，随着温度的升高，菌体生长和代谢加快，发酵反应的速率加快。当超过最适温度范围以后，随着温度的升高，酶很快失活，菌体衰老，发酵周期缩短，产量降低。温度也能影响生物合成的途径。例如，金色链霉菌在30℃以下时，合成金霉素的能力较强，但当温度超过35℃时，则只合成四环素而不合成金霉素。此外，温度还会影响发酵液的物理性质以及菌种对营养物质的分解吸收等。因此，要保证正常的发酵过程，就需维持最适温度。但菌体生长和产物合成所需的最适温度不一定相同。如灰色链霉菌的最适生长温度是37℃，但产生抗生素的最适温度是28℃。通常，必须通过实验来确定不同菌种各发酵阶段的最适温度，采取分段控制。

3. pH

pH能够影响酶的活性，以及细胞膜的带电荷状况。细胞膜的带电荷状况如果发生变化，膜的透性也会改变，从而有可能影响微生物对营养物质的吸收及代谢产物的分泌。此外，pH还会影响培养基中营养物质的分解等。因此，应控制发酵液的pH。但不同菌种生长阶段和合成产物阶段的最适pH往往不同，需要分别加以控制。在发酵过程中，随着菌体对营养物质的利用和代谢产物的积累，发酵液的pH必然会发生变化。如当尿素被分解时，发酵液中的NH_4^+浓度就会上升，pH也随之上升。在工业生产上，常采用在发酵液中添加维持pH的缓冲系统，或通过中间补加氨水、尿素、碳酸铵或碳酸钙来控制pH。目前，国内已研制出检测发酵过程的 pH 电极，用于连续测定和记录 pH 变化，并由 pH 控制器调节酸、碱的加入量。

4. 泡沫

在发酵过程中，通气搅拌、微生物的代谢过程及培养基中某些成分的分解等，都有可能产生泡沫。发酵过程中产生一定数量的泡沫是正常现象，但过多的持久性泡沫对发酵是不利的。因为泡沫会占据发酵罐的容积，影响通气和搅拌的正常进行，甚至导致代谢异常，因而必须消除泡沫。常用的消泡沫措施有两类：一类是安装消泡沫挡板，通过强烈的机械振荡，促使泡沫破裂；另一类是使用消泡沫剂。

5. 营养物质的浓度

发酵液中各种营养物质的浓度，特别是碳氮比、无机盐和维生素的浓度，会直接影响菌体的生长和代谢产物的积累。因此在发酵过程中，也应根据具体情况进行控制。

二、发酵过程参数监测

常测定参数：温度、罐压、空气流量、搅拌转速、pH、溶解氧、效价、糖含量、NH_2-N 含量、前体浓度、菌体浓度。

不常测定参数：氧化还原电位、黏度、排气中的 O_2 和 CO_2 含量等。

常用的工业发酵仪器见表 7-1。

表 7-1 常用的工业发酵仪器

分类	测量对象	传感器,分析仪器	控制方式	评 论
就地使用的探头	温度	Pt 热电偶	盘管内冷水打循环,注入蒸汽加热	也可用热敏电阻,采用小型的加热元件
	pH	玻璃与参比电极	加酸、碱或糖、氨水	加上特制的可充气的护套,可在罐内使用
	溶解氧(DO)	极谱型 Pt 与 Ag/AgCl 或原电池型 Ag 与 Pt 电极	对搅拌转速、空气流量、气体成分和罐压有反应	极谱型电极一般更贵和牢靠,能耐高压蒸汽灭菌
	泡沫	电导探头/电容探头	开关式,加入适量消泡剂	也采用消沫桨
其他在线仪器	搅拌	转速计、功率计	改变转速	小规模发酵罐不测量功率
	空气流量	质量流量计、转子流速计	流量控制阀	
	液位	压电晶体、测压元件	控制液体的进出	用小规模设备的测压元件
	压力	弹簧隔膜	压力控制阀	小规模设备不常用
	料液流量	电磁流量计	流量控制阀	用于监控补料和冷却水
气体分析	O_2 含量	顺磁分析仪/质谱仪		主要用于计算呼吸数据
	CO_2 含量	红外分析仪/质谱仪		

任务一 溶 解 氧

发酵分为需氧发酵和厌氧发酵，其中大多数工业发酵过程是需氧发酵。微生物只能利用溶解于水中的氧气，而氧气在水中的溶解度很低，在 25℃、1.0×10^5 Pa 条件下，培养基中氧的溶解度约为 0.2mmol/L。发酵过程中如果不供氧，处于饱和氧浓度的发酵液中的氧在几秒至几分钟内便可耗尽。因此，在好气性微生物的发酵过程中，只有不断地向培养基中供应氧气，氧由气相溶解到液相，然后经过液流传给细胞壁进入细胞质，才能保证微生物正常的代谢活动。溶解氧浓度往往成为工业需氧发酵过程中提高产量的限制性因素，如何保证需氧发酵氧的供应一直是发酵工业需要解决的关键问题。

一、溶解氧浓度对微生物生长的影响

氧既是微生物细胞的重要组成成分，又是能量代谢的必需元素。对于严格厌氧微生物，氧是一种有害的物质；对于兼性微生物如酵母、乳酸菌等，在无氧情况下通过酵解获得能量；而对于需氧微生物，供氧不足就会抑制细胞的生长代谢。因此，在需氧发酵过程中，必须不断通气，使发酵液中有足够的溶解氧以满足微生物生长代谢的需要。

各种微生物所含的氧化酶系的种类和数量各不相同，在不同的环境条件下（如温度），特别是发酵中碳源的种类、浓度不同，其需氧量是不同的。微生物的需氧量常用呼吸强度和耗氧速率两种方法来表示。呼吸强度是指单位重量干菌体在单位时间内所消耗的氧量，以 Q_{O_2} 表示，单位为 $mmol O_2/(g$ 干菌体·$h)$。耗氧速率是指单位体积培养液在单位时间内的耗氧量，以 γ 表示，单位为 $mmol O_2/(L·h)$。二者的关系为：

$$\gamma = Q_{O_2} X \tag{7-1}$$

式中，X 是指发酵液的菌体浓度，g 干菌体/L。

虽然氧在培养液中的溶解度很低，但在培养的过程中不需要使溶解氧浓度达到或接近饱和值。各种微生物生长对发酵液中溶解氧浓度有一个最低要求，这一溶解氧浓度称为"生长临界氧浓度"。当发酵液中的溶解氧浓度低于此临界氧浓度时，微生物的耗氧速率将随溶解氧浓度降低而很快下降，此时溶解氧是微生物生长的限制因素，改善供氧对微生物生长有利；当溶解氧浓度高于临界浓度时，微生物的耗氧速率并不随溶解氧浓度的升高而上升，而是保持基本的恒定对微生物的生长有利，如图 7-1 所示。对于有些微生物生长有一最适溶解氧浓度，即溶解氧上限，高于此上限，氧对微生物产生毒害作用，反而不利于生长。一般来说，微生物的生长临界氧浓度是饱和浓度的 1%～25%。

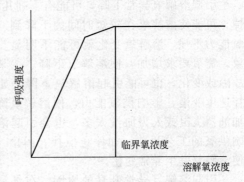

图 7-1　呼吸强度与溶解氧关系

二、溶解氧浓度对产物合成的影响

与微生物生长有一临界溶解氧浓度类似，微生物产物的合成也有一最低的溶解氧浓度，称为产物合成临界氧浓度。同时产物的合成也有一合适的溶解氧浓度，溶解氧浓度太高也有可能抑制产物的形成。最佳合成氧浓度可能低于最适生长溶解氧浓度或生长临界氧浓度，也可能高于最适生长溶解氧浓度或临界氧浓度。例如对于谷氨酸和天冬氨酸的生产，当溶解氧浓度低于生长临界氧浓度时，氨基酸产量下降；但在亮氨酸、缬氨酸和苯丙氨酸的生产中，这三种氨基酸的最佳合成氧浓度分别是生长临界氧浓度的 0.55 倍、0.60 倍和 0.85 倍。同样，在微生物的次级代谢中，如卷曲霉素生产中，生长临界氧浓度为 13%～23%，合成临界溶解氧浓度则为 5%～7%，而在合成阶段维持 10%氧浓度产量最高。

总之，在发酵过程中，必须在不同阶段根据不同的需求，合理配置氧的供给，以满足微生物对氧的需求，达到稳定和提高生产、降低成本的目的。

三、发酵过程中溶解氧的检测

（一）发酵过程中溶解氧检测的意义

1. 检测溶解氧作为发酵过程中氧是否足够的度量，了解菌对氧的利用规律

在发酵过程中，微生物的摄氧率是与培养时间及生物体浓度相关的。在分批发酵过程中摄氧率会发生很大的变化,例如在大肠杆菌的培养过程中,在对数生长期的初期,虽然细菌的呼吸强度值很大,但由于菌浓度很低,摄氧率不高;随着细菌的不断分裂,细菌浓度增加,摄氧率迅速增高并在对数生长的末期达到峰值;之后,由于营养物质的消耗,菌体浓度的增加,传质速率下降,细菌的呼吸强度下降,此时细菌浓度虽有增加,但表现在摄氧率上却是逐步下降。因此,在通过检测发酵过程中溶解氧的变化从而了解菌体对氧需求规律的基础上,通过控制措施可使整个发酵过程的不同阶段溶解氧浓度保持在最适水平。如在发酵过程的初期溶解氧浓度一般控制在生长临界氧浓度之上,有利于微生物的生长;在产物合成期则应控制在最佳合成氧浓度范围内。例如,在头孢霉素的生产中,初期溶解氧浓度控制在饱和溶解氧浓度左右,而在合成期溶解氧浓度则控制在饱和浓度的 10%~29%。

2. 溶解氧浓度作为发酵异常情况的指示

在发酵过程中,有时出现溶解氧浓度明显降低或明显升高的异常变化。造成异常变化的原因有两方面:耗氧或供氧出现了异常因素或发生了障碍。

引起溶解氧异常下降,可能有下列几种原因:①污染好气性杂菌,大量的溶解氧被消耗掉,可能使溶解氧在较短时间内下降到 0 附近。如果杂菌本身耗氧能力不强,溶解氧变化就可能不明显。②菌体代谢发生异常现象,需氧要求增加,使溶解氧下降。③某些设备或工艺控制发生故障或变化,也可能引起溶解氧下降,如搅拌功率消耗变小或搅拌速度变慢,影响供氧能力,使溶解氧降低。又如消沫油因自动加油器失灵或人为加量太多,也会引起溶解氧迅速下降。其他影响供氧的工艺操作,如停止搅拌、闷罐(罐排气封闭)等,都会使溶解氧发生异常变化。

引起溶解氧异常升高的原因,在供氧条件没有发生变化的情况下,主要是耗氧出现改变。如菌体代谢出现异常,耗氧能力下降,使溶解氧上升。特别是污染烈性噬菌体,影响最为明显,产生菌尚未裂解前,呼吸已受到抑制,溶解氧有可能迅速上升,直到菌体破裂后,完全失去呼吸能力,溶解氧就直线上升。

由上可知,从发酵液中的溶解氧浓度的变化就可以了解微生物生长代谢是否正常、工艺控制是否合理、设备供氧能力是否充足等问题,帮助我们查找发酵不正常的原因和控制好发酵生产。

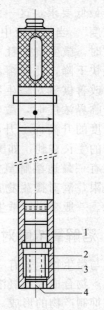

图 7-2 极谱型溶解氧
电极结构
1—内部电极;2—间歇套管;
3 弹性管腔;
4—钢丝网强化的双膜

(二)溶解氧(DO)检测方法

目前测定发酵液中溶解氧主要采用复膜氧电极测定法。复膜氧电极有由置于碱性电解质中的银阴极和铅阳极组成的原电池型,以及由管状银阳极、铂丝阴极、氯化钾电解液和极化电源组成的极谱型,如图 7-2 所示。这两种探头,产生的电流都正比于通过膜扩散入探头的氧量(氧的分压),极谱型复膜氧电极由于其阴极面积很小,电流输出相应也小,需外加电压,故需配套仪表,通常还有温度补偿,整套仪器价格较高,但输出电流不受电极表面液流的影响。原电池型电极暴露在空气中时其输出电流为 $5\sim30\mu A$,不需配套仪表,经一电位器接到电位差记录仪上便可直接使用。在实际生产中应用较为广泛的是极谱型复膜氧电极。

复膜氧电极实际测量的是氧的分压(与发酵液中氧活度对应的氧分压)而非氧的绝对浓度,一般测定时显示的读数为饱和浓度分数。使用前先标定电极,使在发酵液被氧饱和时输出的电流设定为 100％，发酵液氧浓度为零时设定为 0。此读数会随着发酵液成分、搅拌速度、通气量、发酵压力等的变化而变化，故只是一种近似测量溶解氧的方法。

发酵工业所用的测氧电极必须能耐高压蒸汽灭菌，用于生产规模的电极一般装备有压力补偿膜以平衡电极内外溶液的压力，规模罐用电极通常采用气孔平衡方式。复膜溶解氧电极安装使用方便，可实现溶解氧的在线连续测定，有利于发酵过程的优化控制。如利用测定溶解氧值，自动控制通气量的大小或搅拌速度以获得合理的溶解氧浓度；在连续流加补料的生产工艺中，利用溶解氧值控制补料速度，更有利于产物的合成。同时该电极还具有性能稳定、耐高温高压、使用寿命长等优点。

任务二 温度控制

在发酵过程中，需要维持生产菌的适宜的培养条件，其中比较重要的就是保持菌生长和合成产物所需要的最适温度。因为微生物的生长及产物的合成都是在各种酶催化下进行的，而温度恰恰是保证酶活性的重要因素，所以在发酵系统中必须保证稳定而合适的温度环境。

一、发酵热

引起发酵过程温度变化的原因是发酵过程所产生的热量，称为发酵热。发酵热包括生物热、搅拌热、蒸发（汽化）热和辐射热等。

1. 生物热

由于菌体的生长繁殖和形成代谢产物，不断地利用营养物质并将其分解氧化获得能量，其中一部分能量用于合成高能化合物，供合成细胞物质和合成代谢产物所需要的能量。其余部分以热的形式散发出来，这就是生物热。

2. 搅拌热

在好气性培养的发酵设备中都有大功率的搅拌器。搅拌器带动发酵液作机械运动，造成液体与设备之间、液体与液体之间的摩擦，产生数量可观的热。从电机的电能消耗中扣除部分其他形式的能的散失，可得到搅拌热的估算值。

3. 蒸发热

通气时，引起发酵液水分蒸发，发酵液因蒸发而被带走的热量称为汽化热。蒸发热是随发酵罐排出的尾气带走的水蒸发的热量。其温度和湿度随控制条件和季节的不同而各异。水的蒸发以及排出的气体还夹带着部分湿热散失到外界。

4. 辐射热

因发酵过程温度与周围环境温度不同，发酵液的部分热量通过罐体向外辐射。客观存在的大小，取决于罐内外温度差，冬天大些、夏天小些，一般不超过 5％。

发酵过程需要用冷却方式带走的发酵热为：

$$Q_{总}＝Q_{生物}＋Q_{搅拌}－Q_{汽化}－Q_{辐射} \tag{7-2}$$

由于 $Q_{生物}$、$Q_{汽化}$ 在发酵过程中是随时间变化的，因此发酵热在整个发酵过程中也随时间而变化。为了使发酵保持在一定温度下进行，必须采取措施，如在夹套层或蛇管内通入冷水来控制。对小型发酵罐，散热较快，需用热水保温。

二、温度对微生物生长的影响

在影响微生物生长繁殖的各种物理因素中，温度起着最重要的作用。

各种微生物在一定的条件下都有一个最适的生长温度范围，在此温度范围内，微生物生长繁殖最快。如图 7-3 所示。

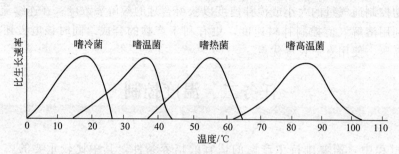

图 7-3 温度对嗜冷菌、嗜温菌、嗜热菌和嗜高温菌比生长速率的影响

温度和微生物生长的关系，一方面在其最适温度范围内，生长速度随温度升高而增加；另一方面，不同生长阶段的微生物对温度的反应不同。

温度影响细胞的各种代谢过程。生物大分子的组分，如比生长速率随温度的上升而增大，细胞中的 RNA 和蛋白质的比例也随着增长。这说明为了支持高的生长速率，细胞需要增加 RNA 和蛋白质的合成。对于重组蛋白的生产，曾应用温度从 30℃ 更改为 42℃ 来诱导产物蛋白的形成。几乎所有微生物的脂质成分均随生长温度变化。温度降低时细胞脂质的不饱和脂肪酸含量增加。如表 7-2 所示，细菌的脂肪酸成分随温度而变化的特性是细菌对环境变化的响应。脂质的熔点与脂肪酸的含量成正比。因膜的功能取决于膜中脂质组分的流动性，而后者又取决于脂肪酸的饱和程度。故微生物在低温下生长时必然会伴随脂肪酸不饱和程度的增加。

表 7-2 温度对大肠杆菌主要脂肪酸组分的影响

脂肪酸品种	脂肪酸含量/%		脂肪酸品种	脂肪酸含量/%	
	10℃下生长	43℃下生长		10℃下生长	43℃下生长
饱和脂肪酸			不饱和脂肪酸		
豆蔻酸(十四烷酸)	3.9	7.7	棕榈油酸(9-十六碳烯酸)	26	9.2
棕榈酸(十六烷酸)	18.2	48.0	十八碳烯酸	37	12.2

三、温度对发酵的影响

温度对发酵的影响是多方面的，对菌体生长和代谢产物形成的影响是各种因素综合表现的结果。

从酶反应动力学角度来看，一方面，温度升高，反应速度加快，生长繁殖快，产物提前合成；另一方面，温度升高，酶失活愈快，菌体易于衰老，影响产物合成。失活愈快，周期缩短，产物最终产量少。

温度除了直接影响发酵过程中各种反应速率外，还会通过改变发酵液的物理性质间接影响菌的生物合成。如温度会影响基质和氧在发酵液中的溶解氧和传递速率，以及菌体对某些物质的分解吸收速率等。温度通过影响发酵液的物理性质间接影响发酵。如影响氧的溶解和传递，影响对基质的分解和吸收速度等。

此外，温度还会影响生物合成或代谢调节的方向和最终产物。这点不难理解，因为温度会影响生物体内的酶的活性。如金色链霉菌能同时产生四环素和金霉素，在 30℃ 以下时，该菌主要合成金霉素；35℃ 时，该菌只产生四环素而停止生成金霉素。

四、发酵温度的控制

1. 最适温度的选择

最适温度是指在该温度下最适于菌的生长或产物的合成。它是一个相对概念。不同菌种、不同的培养条件、不同的发酵时期，最适温度是不同的，而且菌体生长的最适温度不一定等于产物合成的最适温度。如初级代谢产物乳酸的发酵，乳酸链球菌的最适生长温度为 34℃，而产酸最多的温度为 30℃，但发酵速度最高的温度达 40℃。次级代谢产物发酵更是如此，如在 2％乳糖、2％玉米浆和无机盐的培养基中，青霉素生产菌的最适生长温度是 30℃，而最适青霉素合成温度为 20℃。乙醇生产菌的最适生长温度为 30℃，最适合成温度为 33℃。所以在接种的初始阶段，应考虑生长菌体为主，优先调节适于生长的温度，待到产物合成阶段，即调节最适合成温度，以满足生物合成的需要。

此外，根据环境条件的优劣，可以通过调节温度来加以弥补。如通气条件较差或溶解氧较低时，可适当降低温度，因为降低温度可以提高氧的溶解度。降低菌体生长速率，减少氧的消耗量，从而可弥补通气条件差所带来的不足。又如培养基浓度较低或较易被菌体利用的培养基，提高培养基温度会使养分提前耗竭，菌体生长过盛，易发生自溶，使产物产量降低。

发酵温度的确定，在整个发酵过程中不应只选一个培养温度，而应该根据不同的阶段，选择不同的培养温度。在生长阶段，应选择最适生长温度，在产物合成阶段，应选择最适生产温度。这样的变温发酵所得产物的产量是比较理想的。如青霉素变温发酵，其温度变化过程是，起初 5h，维持在 30℃，以后降到 25℃培养 35h，再降到 20℃培养 85h，最后又提高到 25℃培养 40h，放罐。在这样条件下所得青霉素产量比在 25℃恒温培养条件下提高 14.7％。但在工业发酵过程中，由于发酵液的体积很大，升降温度都比较困难，所以在整个发酵过程中，往往采用一个比较适合的培养温度，使得到的产物产量最高，或者在可能条件下进行适当的调整。

2. 温度的测量与控制

（1）温度的测量　传统上用玻璃温度计测量发酵温度，即将金属套管插入发酵罐并焊接固定在发酵罐壁上，再在金属套管内装上传热性好且不易挥发的液体介质，将玻璃温度计插入金属套管并浸泡于液体介质中，便可测量温度。目前普遍采用热电偶测量发酵温度。由于铂、铜等热敏电阻在一定范围内对温度有较好的线性响应电阻值，所以热电偶由热敏电阻作为感温元件装在金属套管内制作而成。各种型号的热电偶须配置相应的二次仪表，用于显示温度的测量值。只要将热电偶探入发酵罐并通过螺纹连接或焊接固定于罐壁上，即可进行温度检测，测量值显示在二次仪表上。随着电子技术的发展，一次仪表可与计算机连接，使之具备温度测量、显示、记录、控制等多种功能。

（2）发酵温度的控制　为了将发酵温度控制在最适范围内，发酵罐上一般都设置热交换设备，例如夹套、排管或盘管等。将冷却水通入发酵罐的夹套、排管或盘管等，冷却水可与发酵液进行热量交换，起到降低发酵温度的作用，调节发酵罐的夹套、排管或盘管进水阀门的开度，便可以调节发酵温度。如图 7-4 所示，目前，发酵工业上一般采用循环冷却水进行调节发酵温度，即冷水由冷水池经泵送至发酵罐的热交换设备与发酵液进行热交换，然后回收到热水池，再泵送至冷却塔，经冷却后收集到冷水池，如此循环使用。由于被蒸发，水池中的水会不断减少，应定期向该循环系统补充一定量的水。

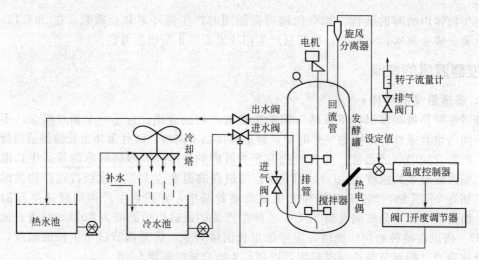

图 7-4　发酵罐采用循环冷却水降温示意图

任务三　pH 值的控制

pH 直接关系着微生物生长和产物合成。因此，在发酵过程中必须及时检测并加以控制，使之处于对生产最有利的最佳状态。

一、pH 值对菌生长和代谢产物形成的影响

微生物发酵有各自的最适生长 pH 和最适生产 pH。这两种 pH 范围对发酵控制来说都是很重要的参数。pH 对发酵过程的菌体生长和产物形成的影响主要体现在以下几个方面：

（1）每一类菌都有其最适的和能耐受的 pH 范围，细菌 6.5～7.5；霉菌 4.0～5.8；酵母菌 3.8～6.0；放线菌 6.5～8.0。因此，控制一定的 pH 值，不仅是保证微生物生长的主要条件之一，而且是防止杂菌感染的一个措施。

（2）不仅不同种类的微生物对 pH 的要求不同，就是同一种微生物，由于 pH 不同，也可能会形成不同的发酵产物。

（3）微生物生长的最适 pH 值和发酵的最适 pH 值往往不一定相同。

二、pH 值对微生物生长繁殖和代谢产物形成影响的主要原因

（1）发酵液 pH 值的改变影响微生物细胞原生质膜的电荷发生改变，这种电荷的改变同时就会引起原生质膜对个别离子渗透性的改变，从而影响微生物对培养基中营养物质的吸收及代谢产物的泄漏，进而影响新陈代谢的正常进行。

（2）发酵液 pH 值的改变直接影响酶的活性。pH 值直接影响酶活性中心上有关基团的解离；影响底物（培养基成分）的解离，从而影响酶-底物的结合。例如酵母在 pH5.0 产生乙醇，碱性产生甘油。黑曲霉在酸性 pH2～3 产生柠檬酸，中性产生草酸。棒杆菌在 pH5.0～5.8 产生谷氨酰胺；在中性条件下，产生谷氨酸。

（3）发酵液的 pH 值影响培养基某些重要的营养物质和中间代谢产物的解离，从而影响微生物对这些物质的利用。

三、影响 pH 值变化的因素

在发酵过程中 pH 值变化决定于微生物种类、培养基组成和发酵条件。

（1）微生物在生长阶段，对培养基中的碳源和氮源进行利用，pH 值会发生变化。随着菌体蛋白酶分解蛋白胨而生成铵离子，pH 上升；随着葡萄糖分解产生的有机酸及铵离子利用，pH 下降。

（2）在产物形成阶段，pH 趋于稳定，维持在最适产物合成的范围。

（3）菌丝自溶阶段，随着基质的耗尽以及菌体蛋白酶的活跃，培养液中氨基氮增加，致使 pH 又上升，此时菌丝趋于自溶而代谢活动终止。

四、发酵过程 pH 值的调节及控制

1. pH 对菌体细胞的影响及发酵过程 pH 的变化

发酵过程中培养液的 pH 值是微生物在一定环境条件下代谢活动的综合指标，是一个重要的参数。不同环境 pH 对菌体细胞产生明显的作用，这些作用可以表现在许多方面。例如，各种微生物都有最适生长 pH 值，超过这个 pH 范围，微生物生长就受到影响甚至停止。有的适宜于酸性培养，有的适宜于中性，有的适宜于碱性。一般来说，霉菌和酵母菌的最适 pH 为 3～6，大多数细菌和放线菌适于中性和微碱性 pH6.3～7.6。

发酵过程 pH 的变化会引起 ATP 生产率的减少，因此引起细胞产量的减少，倍增时间增加。pH 变化对细胞壁的机械强度也有明显的作用，膨胀或收缩改变了内部的渗透压，如青霉菌在 pH>7 时，菌丝体膨胀，细胞壁强度降低。有时，离子毒性作用也由于 pH 的变化而间接形成。即在环境 pH 条件下，一些不离解的分子透过细胞壁，在中性的细胞内部发生离解，从而改变了细胞内部的组成。一般在使用有机酸缓冲液时的抑制作用就是这种效应的结果。

由此可见，尽管 pH 变化对菌种细胞的影响是多种多样的，其最后的作用结果也各不相同，但菌体细胞对 pH 的变化是异常敏感的，所以 pH 值是发酵过程中很重要的参数。然而，在发酵过程中，由于微生物生命活动的结果，使培养液环境的 pH 发生不断变化，如果不加以控制调节，则影响过程的进行。培养液 pH 变化是在特定环境条件下微生物生命活动的综合结果，在同一时间也许既存在着 pH 上升的因素，又存在着使 pH 降低的可能，最后趋势则决定于这些因素的综合结果。

从具体过程来说，微生物生命活动对环境 pH 的影响主要在两种情况下发生。其一就是酸性或碱性代谢产物的形成，使培养液的 pH 发生变化，如在通风发酵中，许多微生物在过量的糖存在下，产生有机酸等代谢物，使 pH 值降低。其二是当菌体自溶时，蛋白质分解或其他含氮化合物产生氨或其他碱性物质。其次就是菌体对培养基中生理酸性或生理碱性物质的利用，使环境的 pH 发生变化。所谓生理酸性或生理碱性物质也是相对而言的，有些物质可能是生理酸性物质，也可能在另一条件下表现为生理碱性物质，主要由菌的生理特性所决定。如氨基酸作为主要或唯一碳源进行好气性培养时，引起氨的产生，当其量超过菌体需氮量时，就会引起 pH 值的上升。如果以氨基酸进行厌氧代谢，在脱氨作用时，既产生碱也产生酸。对于这些由于菌体代谢所引起的 pH 变化，如果不加以控制，则必然干扰微生物反应的正常进行。因此，需要对 pH 进行控制。

2. 发酵的 pH 控制

控制 pH 在合适范围应首先从基础培养基的配方考虑，然后通过加酸碱或中间补料来控制，如在基础培养基中加适量的 $CaCO_3$。在青霉素发酵中按产生菌的生理代谢需要，调节加糖速率来控制 pH，pH 由酸碱控制可提高青霉素的产量 25%（图 7-5）。有些抗生素品种，如链霉素，采用过程通 NH_3 控制 pH，既调节了 pH 在适合于抗生素合成的范围内，也补充了产物合成所需氮的来源。在培养液的缓冲能力不强的情况下 pH 可反映菌的生理状况。如

pH 上升超过最适值，意味着菌处在饥饿状态，可加糖调节，加糖过量又会使 pH 下降。用氨水中和有机酸需谨慎，过量的 NH_3 会使微生物中毒，导致呼吸强度急速下降。故在通氨水过程中监测溶解氧浓度的变化可防止菌的中毒。常用 NaOH 或 $Ca(OH)_2$ 调节 pH，但也需注意培养基的离子强度和产物的可溶性。故在工业发酵中维持生长和产物所需最适 pH 是生产成败的关键之一。

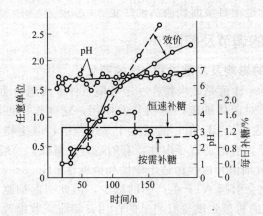

图 7-5 不同的 pH 控制模式对青霉素合成的影响

任务四 泡沫的控制

一、泡沫的产生及其影响

在微生物深层培养过程中，由于通气、搅拌、代谢气体的产生等原因以及培养基中蛋白质、糖分、代谢物等能够稳定泡沫的表面活性物质，使发酵液产生泡沫，这是大多数发酵过程出现的正常现象。有时，这些泡沫是需要的，因为它们可以增加气液接触面积，导致氧传递速率的增加。但有些好氧性发酵中，在发酵旺盛期产生的大量泡沫会引起"逃液"，给发酵造成困难，带来很多负作用，例如：①降低了发酵罐的填料系数。一般的发酵过程填料系数为 0.6～0.7，其余部分容纳泡沫，而通常的情况，泡沫只占培养基的 10% 左右。②泡沫的存在增加了微生物菌群的非均一性。由于泡沫液位的变化，以及不同生长周期微生物随泡沫漂浮，粘在罐壁，影响了菌体浓度以及整体效果。③增加了污染杂菌的机会，培养基随泡沫溅到轴封处容易染菌。④导致产物损失。大量起泡引起"逃液"，如降低通气量或加消泡剂将干扰工艺过程，尤其是加消泡剂会给提取工艺带来困难。

对泡沫起决定性因素的是培养基的物理化学性质，尤其是培养液中所含的蛋白质、微生物菌体等具有稳定泡沫的作用。起泡剂一般都是表面活性物质，这些物质具有亲水基团和疏水基团。分子带极性的一端向着水溶液，非极性的一端向着空气，并在表面作定向排列，增加了泡沫的强度。培养液的温度、pH、浓度和泡沫的表面积对泡沫的稳定性都具有一定的影响。

二、发酵过程泡沫变化

需氧发酵过程中泡沫的形成有一定的规律。泡沫的多少一方面与通风搅拌的剧烈程度有关，搅拌所引起的泡沫比通气来得大；另一方面与培养基所用原材料的性质有关。蛋白质原料，如蛋白胨、玉米浆、黄豆粉和酵母粉等是主要的起泡因素，起泡能力随原料品种、产地、加工条件而不同，还与配比及培养基浓度和黏度有关。葡萄糖等糖类本身起泡能力很差，但在丰富培养基中，浓度较高的糖类增加了培养基的黏度，从而有利于泡沫的稳定。通常培养基中含蛋白质多，浓度高，黏度大，就容易起泡，且泡沫多而持久稳定。而胶体物质多，黏度大的培养基更容易产生泡沫，如糖蜜原料与石油烃类原料，发泡能力特别强，泡沫多而持久稳定。水解糖的水解不完全，糊精含量多，也容易引起泡沫产生。培养基的灭菌方法和操作条件均会影响培养基成分的变化，从而影响发酵时泡沫的产生。可见，发酵过程中泡沫形成的稳定性与培养基的性质有着密切的关系。

在发酵过程中培养液的性质，因微生物的代谢活动处在运动变化中，影响到泡沫的形成和消长。例如霉菌在发酵过程中的代谢活动引起培养液的液体表面性质变化，也直接影响泡沫的消长。发酵初期，由于培养基浓度大，黏度高，营养丰富，因而泡沫的稳定性与高的表面黏度和低的表面张力有关。随着发酵进行，表面黏度下降和表面张力上升，泡沫寿命逐渐缩短。这说明霉菌在代谢过程中在各种细胞外酶如蛋白酶、淀粉酶等作用下，把造成泡沫稳定的物质如蛋白质等逐步降解利用，结果发酵液黏度降低，泡沫减少。另外，菌的繁殖，尤其是细菌本身具有稳定泡沫的作用，在发酵最旺盛时泡沫形成比较多，在发酵后期菌体自溶导致发酵液中可溶性蛋白质增加，又有利于泡沫的产生。此外，发酵过程中污染杂菌而使发酵液黏度增加，也会产生大量泡沫。

三、泡沫的控制

泡沫的控制方法可分为化学消泡和机械消泡两大类。近年来也有从生产菌种本身的特性着手，预防泡沫的形成，如单细胞蛋白生产中筛选在生长期不易形成泡沫的突变株。也有用混合培养方法，如产碱菌、土壤杆菌同莫拉菌一起培养来控制泡沫的形成。

1. 化学消泡

当消泡剂加入到发泡体系中，由于消泡剂的表面张力低（相对于发泡体系），在消泡剂接触液膜面时，成为泡膜的一部分，使液膜面扩大、变薄，同时使泡膜局部表面张力降低，力的平衡破坏，在力的作用下气泡破裂、合并，最后导致泡沫破灭。

（1）常用消泡剂

① 天然油脂类　包括豆油、菜子油、花生油、玉米油等。由于油脂分子中无亲水基团，在发酵液中难铺展，所以消泡活性差，用量大，一般为发酵液的 $0.1\% \sim 0.2\%$。

② 聚醚类　种类较多，主要有 GP 型、GPE 型、GPES 型。如聚氯丙烯甘油 GP 型，消泡剂亲水性差，在发泡介质中的溶解度小，所以宜使用在稀薄的发酵液中。它的抑泡能力比消泡能力优越，适宜在基础培养基中加入，以抑制整个发酵过程泡沫产生。

③ 硅酮类（聚硅油类）　主要是聚二甲基硅氧烷及衍生物，是无色液体，不溶于水，表面张力低，达 21dyn/cm（泡敌为 33dyn/cm，向日葵油 40dyn/cm，青霉素发酵液 $60 \sim 68dyn/cm$）（$1dyn = 10^{-5}N$）。纯的聚二甲基硅氧烷的消泡能力低，因此常加分散剂来提高消泡活性，或加乳化剂成乳状液。硅酮消泡剂适用于微碱性发酵，对于微酸性发酵较差。

④ 醇类　十八醇是常用的一种，它可以单独或与载体一起使用。

（2）化学消泡剂的使用　消泡剂的消泡效果与消泡剂的种类、性质以及使用方式等有密切关系。为了能够迅速有效地消除泡沫，要求消泡剂具备极强的消泡能力和扩散能力。这些主要取决于消泡剂的种类和性质，可以借助机械、载体或分散剂来增强消泡剂在发酵液中的扩散速度，如用聚氧丙烯甘油作消泡剂时，以豆油为载体的消泡增效作用相当明显；也可以多种消泡剂并用，以增强消泡能力，如用 $0.5\% \sim 3\%$ 的硅酮、$20\% \sim 30\%$ 的植物油、$5\% \sim 10\%$ 的聚乙醇二油酸酯、$1\% \sim 4\%$ 的多元脂肪酸与水组成的混合消泡剂，具有明显的增效作用。

发酵工业生产中，首先在发酵培养基配制时加入一定量的消泡剂，连同培养基一起灭菌，具有一定的抑泡作用；然后在发酵过程中根据需要不定量地流加经灭菌的消泡剂，尽量少加，每次流加量以能够消除泡沫为宜。作为中间流加的消泡剂，通常按一定浓度［消泡剂：水＝1：(2～3)］配制，经过灭菌、冷却，贮存在消泡剂贮罐内，用无菌空气保压待用。当发酵罐需要消泡时，为了避免流加量过大，通常先将消泡剂压到发酵罐顶部一个小计量罐内，然后适量流加，其流加步骤如图 7-6 所示。在消泡剂贮罐与发酵罐之间的管道上安装电磁流量计，可以不需要计量罐；如果进一步安装自控装置，便可实现自动流加。

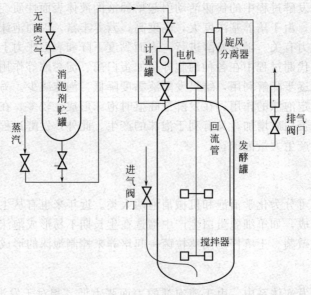

图 7-6 消泡剂流加示意图

2. 机械消泡

一个理想的生物反应器，应具有优化工艺系统，使气体、培养基成分、代谢物、微生物具有较好的分散度和湍流程度，尽量增加装置，而能量消耗小。那么，在反应器中装一个耗能小的消泡系统，不仅要求保证不含"逃液"，使设备保持无菌，而且菌体不能受到机械损伤。

机械消泡是根据物理学的原理，即靠机械作用引起压力变化（挤压）或强烈振动，促使泡沫破裂，这种消泡装置可放在罐内或罐外。在罐内最简单的是在搅拌轴上方装一个消泡桨，它可使泡沫被旋风离心压制破碎。罐外消泡法，是把泡沫引出罐外，通过喷嘴的喷射加速作用或离心力消除泡沫。

机械消泡的好处是，不需引进其他物质，如消泡剂，这样可以减少培养液性质上的微小改变；也可节省原材料，减少污染机会。但缺点是不能从根本上消除引起稳定泡沫的因素。

任务五 补料的控制

一、发酵过程中间分析的主要内容

（1）菌体形态和浓度 菌体形态的改变是代谢变化的反映，抗生素生产中以菌丝形态作为衡量种子质量、区分不同发酵阶段、控制代谢变化及决定发酵周期的依据之一。

（2）目的产物含量的测定　控制发酵生产以及决定放罐时间的重要参数。

（3）pH　反映营养物质消耗、产物形成的综合指标。

（4）基质浓度　基质浓度过低，菌体生长缓慢，生物合成慢；适中，菌体生长迅速，生物合成快；过高，会抑制菌体生长，引起碳分解代谢物阻遏现象，阻碍产物形成。为解除基质过浓的抑制、产物的反馈抑制和葡萄糖分解阻遏效应，以及避免在分批发酵中因一次性投糖过多造成细胞大量生长，耗氧过多而供氧不足的状况，采用中间补料的培养方式是有效的。因此，控制糖、氮、磷等物质的供给和消耗是提高产量的重要手段。

二、补料的原则

菌体生长代谢需要一个合适的基质浓度，过高的浓度对菌体生长有抑制作用，过低，不能满足产物合成的需要。中间补料的原则是使生产菌在分泌期有足够多而不过量的养料，使代谢活动朝着有利于合成产物的方向发展。

三、补料的依据和判断

补料时机的判断对发酵成败也很重要，不同的发酵品种有不同的依据。一般以发酵液中的残糖浓度为指标。对次级代谢产物的发酵，还原糖浓度一般控制在 5g/L 左右的水平。也有用产物的形成来控制补料。如现代酵母生产是借自动测量尾气中的微量乙醇来严格控制糖蜜的流加。这种方法会导致低的生长速率，但其细胞得率接近理论值。

不同的补料方式会产生不同的效果。如表 7-3 所示，以含有或没有重组质粒的大肠杆菌为例，通过补料控制溶解氧不低于临界值可使细胞密度大于 40g/L；补入葡萄糖、蔗糖及适当的盐类，并通氨控制 pH 值，对产率的提高有利；用补料方法控制生长速率在中等水平有利于细胞密度和发酵产率的提高。

表 7-3　发酵过程补料方式对细胞密度、生长速率和产率的影响

菌种	中间补料	通气成分	细胞干重/(g/L)	比生产速率/h⁻¹	产率/[g/(L·h)]
大肠杆菌	补葡萄糖,控制溶解氧不低于临界值	O₂	26	0.46	2.3
大肠杆菌	改变补蔗糖量,控制溶解氧量不低于临界值	O₂	42	0.36	4.7
大肠杆菌	按比例补入葡萄糖和氨,控制 pH 值	O₂	35	0.28	3.9
大肠杆菌	按比例补入葡萄糖和氨,控制 pH 值,低温,维持最低溶解氧浓度大于 10%	O₂	47	0.58	3.6
大肠杆菌	以恒定速率补加碳源,使氧的供应不受限制为条件	O₂	43	0.38	0.8
大肠杆菌（含重组质粒）	补碳源,限制细胞的生长,避免产生乙酸	空气	65	0.10～0.14	1.3
大肠杆菌（含重组质粒）	补碳源,控制细胞生长	空气	80	0.2～1.3	6.2

青霉素发酵是补料系统用于次级代谢物生产的范例。在分批发酵中总菌量、黏度和氧的需求一直在增加，直到氧受到限制。因此，可通过补料速率的调节来控制生长和耗氧，使菌处于半饥饿状态，使发酵液有足够的氧，从而达到高的青霉素生产速率。加糖可控制对数生长期和生产期的代谢。在快速生长期加入过量的葡萄糖会导致酸的积累和氧的需求大于发酵的供氧能力；加糖不足又会使发酵液中的有机氮当作碳源利用，导致 pH 上升和菌量失调。因此，控制加糖速率使青霉素发酵处于半饥饿状态对青霉素的合成有利。对数生长期采用计算机控制加糖来维持溶解氧和 pH 在一定范围内可显著提高青霉素的产率。在青霉素发酵的生产期溶解氧比 pH 对青霉素合成的影响更大，在此期溶解氧为主要控制因素。

在青霉素发酵中加糖会引起尾气 CO_2 含量的增加和发酵液的 pH 下降，如图 7-7 所示。这是由于糖被利用产生有机酸和 CO_2，并溶于水中，而使发酵液的 pH 下降。糖、CO_2、

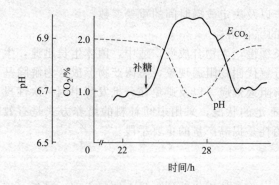

图 7-7 加糖对尾气 CO_2 和 pH 的影响

pH 三者的相关性可作为青霉素工业生产上补料控制的参数。尾气 CO_2 的变化比 pH 更为敏感，故可测定尾气、CO_2 的释放率来控制加糖速度。

苯乙酸是青霉素的前体，对合成青霉素起重要作用，但发酵液中前体含量过高对菌有毒。故宜少量多次补入，控制在亚抑制水平，以减少前体的氧化，提高前体结合到产物中的比例。孙大辉等的研究发现，产黄青霉对使用前体的品种和耐受力随菌种的特性的不同，有很大的差别。如高产菌种 399♯所用的苯乙酰胺的最适维持浓度为 0.3g/L；菌种 RA18 使用的苯乙酸，其最适维持浓度在 1.0～1.2g/L 范围。

任务六 二氧化碳

一、CO_2 对发酵的影响

CO_2 是微生物的代谢产物，同时也是某些产物合成的基质，它是细胞代谢的指标。发酵液中溶解的 CO_2 对微生物生长和合成产物有刺激或抑制作用，从而对产物产量产生有利或不利的影响。因此，对 CO_2 检测与控制往往是那些对 CO_2 较敏感的发酵工艺过程中需要控制的重要参数。

二、CO_2 对菌体生长及产物形成的影响

有些微生物在生长过程中需要 CO_2 作生长因子。如环状芽孢杆菌的发芽孢子在开始生长时需要 CO_2，大肠杆菌和链孢霉变株有时需含 30% 的 CO_2 气体才能生长。

CO_2 对生长还能产生抑制作用。对于大多数微生物的发酵，一般排气中 CO_2 高于 4% 时，菌体的糖代谢和呼吸速率都下降。CO_2 对产黄青霉的菌丝体形态也有很大的影响，当 CO_2 含量在 0～8% 时，菌丝主要呈丝状，上升到 15%～22% 时呈膨胀、粗短的菌丝，CO_2 分压再提高到 $0.08×10^5$ Pa 时，则出现球状或酵母状细胞，使青霉素的合成受阻。

CO_2 对产物合成的影响也可表现为刺激或抑制作用。精氨酸发酵中，CO_2 的最适分压约为 $0.12×10^5$ Pa，高于或低于此分压，产量都会降低。排气中 CO_2 含量大于 4% 时，即使溶解氧在临界氧浓度以上，青霉素合成和菌体呼吸强度都受到抑制，在空气中的 CO_2 分压达 $0.08×10^5$ Pa 时，青霉素的比生产速率下降 50%。

CO_2 除上述对菌体生长、形态以及产物合成产生影响外，还影响培养液的酸碱平衡，过高的 CO_2 积累会导致发酵液 pH 降低很多。

三、CO_2 对细胞的作用机制

CO_2 及 HCO_3^- 都会影响细胞膜的结构，它们分别作用于细胞膜的不同位点。溶解于培养液中的 CO_2 主要作用在细胞膜的脂肪酸核心部位，而 HCO_3^- 则影响磷脂、细胞膜表面上的蛋白质。当细胞膜的脂质相中 CO_2 浓度达一临界值时，使膜的流动性及细胞膜表面电荷密度发生变化，这将导致许多基质的膜运输受阻，影响细胞膜的运输效率，使细胞处于"麻

醇"状态，细胞生长受到抑制，形态发生改变。除上述机制外，还有其他机制影响微生物发酵，如 CO_2 抑制红霉素生物合成，可能是 CO_2 对甲基丙二酸前体合成产生反馈抑制作用，使红霉素发酵单位降低。CO_2 还可能使发酵液 pH 下降，或与其他物质发生化学反应，或与生长必需的金属离子形成碳酸盐沉淀，造成间接作用而影响菌的生长和发酵产物的合成。

四、CO_2 浓度的控制

CO_2 在发酵液中的浓度变化受到许多因素的影响，如菌体的呼吸强度、发酵液流变学特性、通气搅拌程度和外界压力大小等。在大发酵罐发酵中，设备规模大小也对 CO_2 浓度有很大影响，由于 CO_2 的溶解度随压力增加而增大，大发酵罐中的发酵液的静压可达 $1.01 \times 10^5 Pa$ 以上，又处在正压发酵，致使罐底部压力可达 $1.5 \times 10^5 Pa$，因此 CO_2 浓度增大，通气搅拌如果不变，CO_2 就不易排出，在罐底形成碳酸，进而影响菌体的呼吸和产物的合成。在发酵过程中，如遇到泡沫上升而引起"逃液"时，采用增加罐压的方法来消泡，这样会增加 CO_2 的溶解度，对菌体生长是不利的。

CO_2 浓度的控制应根据它对发酵的影响而定。如果 CO_2 对产物合成有抑制作用，则应设法降低其浓度；若有促进作用，则应提高其浓度。通气和搅拌速率的大小，不但能调节发酵液中的溶解氧，还能调节 CO_2 的溶解度。在发酵罐中不断通入空气，既可保持溶解氧在临界点以上，又可随废气排出所产生的 CO_2，使之低于能产生抑制作用的浓度。通气搅拌也是控制 CO_2 浓度的一种有效方法，降低通气量和搅拌速率，有利于增加 CO_2 在发酵液中的浓度，反之就会减小 CO_2 浓度。CO_2 形成的碳酸，还可用碱来中和，但不能用 $CaCO_3$。罐压的调节也影响 CO_2 的浓度，对菌体代谢和其他参数也产生影响。

CO_2 的产生与补料工艺控制密切相关，如在青霉素发酵中，补糖会增加排气中 CO_2 的浓度和降低培养液的 pH。因此排气中的 CO_2 浓度变化速率常被用来控制发酵中补糖速率。

五、发酵终点的判断

发酵的类型不同，要求达到的目标也不同，因而对发酵终点的判断标准也应有所不同。对原材料与发酵成本占整个生产成本的主要部分的发酵品种，主要追求提高产率 [kg/($m^3 \cdot$ h)]、得率（转化率）(kg 产物/kg 基质) 和发酵系数 {kg 产物/[m^3（罐容积）· h（发酵周期）]}。如下游提炼成本占主要部分和产品价值高，则除了高产率和发酵系数外，还要求高的产物浓度。如计算总的体积产率 [g 产物/(L 发酵液 · h)]，则以放罐发酵单位除以总的发酵时间（包括发酵周期和前一批放罐、洗罐、配料和灭菌直到接种前所需时间），如图 7-8 所示。

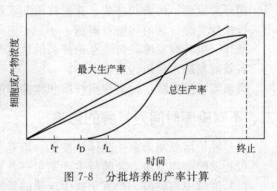

图 7-8 分批培养的产率计算

总产率可用从发酵终点到下一批发酵终点直线斜率来代表；最高产率可从原点与产物浓度曲线相切的一段直线斜率代表。切点处的产物浓度比终点最大值低。从下式可求得发酵总生产周期。

$$t = 1/\mu_m \times \ln(X_1/X_2) + t_T + t_D + t_L \tag{7-3}$$

式中，t_T、t_D 和 t_L 分别为放罐检修工作时间，洗罐、打料和灭菌时间以及生长停滞时间；X_1 和 X_2 分别为起始与放罐细胞浓度；μ_m 为最大比生长速率。

因此，如要提高总产率，则必须缩短发酵周期。即在产率降低时放罐，延长发酵虽然略能提高产物浓度，但产率下降，且消耗每千瓦电力、每吨冷却水所得产量也下跌，成本提高。放罐时间对下游工序有很大的影响。放罐时间早，会残留过多的养分，如糖、脂肪、可溶性蛋白等，会增加提取工段的负担，这些物质促进乳化作用或干扰树脂的交换；如放罐太晚，菌丝自溶，不仅会延长过滤时间，还可能使一些不稳定的产物浓度下跌，扰乱提取工段的作业计划。

临近放罐时加糖、补料或消沫剂要慎重，因残留物对提炼有影响。补料可根据糖耗速率计算到放罐时允许的残留量来控制。对抗生素发酵，在放罐前约 16h 便应停止加糖或消沫。判断放罐的指标主要有产物浓度、过滤速度、菌丝形态、氨基氮、pH、DO、发酵液的黏度和外观等。一般，菌丝自溶前总有些迹象，如氨基氮、DO 和 pH 开始上升，菌丝碎片多、黏度增加、过滤速率下降，最后一项对染菌罐尤为重要。老品种抗生素发酵放罐时间一般都按作业计划进行。但在发酵异常情况下，放罐时间需当机立断，以免倒罐。新品种发酵更需探索合理的放罐时间。绝大多数抗生素发酵掌握在菌丝自溶前，极少数品种在菌丝自溶后放罐，以便胞内抗生素释放出来。总之，发酵终点的判断需综合多方面的因素统筹考虑。

任务七　染菌的控制

发酵染菌能给生产带来严重危害，防止杂菌污染是任何发酵工厂的一项重要工作内容。尤其是无菌程度要求高的液体深层发酵，污染防治工作的重要性更为突出。

所谓"杂菌"，是指在发酵培养中侵入了有碍生产的其他微生物。几乎所有的发酵工业都有可能遭受杂菌的污染。染菌的结果，轻者影响产量或产品质量，重者可能导致倒罐，甚至停产。

一、不同种类的杂菌对发酵的影响

青霉素发酵：污染细短产气杆菌比粗大杆菌的危害大。
链霉素发酵：污染细短杆菌、假单胞杆菌和产气杆菌比粗大杆菌的危害大。
四环素发酵：污染双球菌、芽孢杆菌和荚膜杆菌的危害较大。
柠檬酸发酵：最怕污染青霉菌。
肌苷、肌苷酸发酵：污染芽孢杆菌的危害最大。
谷氨酸发酵：最怕污染噬菌体。
高温淀粉酶发酵：污染芽孢杆菌和噬菌体的危害较大。

二、不同染菌时间对发酵的影响

（1）种子培养期染菌　菌体浓度低、培养基营养丰富。
（2）发酵前期染菌　杂菌与生产菌争夺营养成分，干扰生产菌的繁殖和产物的形成。
（3）发酵中期染菌　严重干扰生产菌的繁殖和产物的生成。
（4）发酵后期染菌　如杂菌量不大，可继续发酵；如污染严重，可采取措施提前放罐。

三、不同染菌途径对发酵的影响

从技术上分析，染菌的途径不外有以下几方面：种子包括进罐前在菌种室阶段出问题；培养基的配制和灭菌不彻底；设备上特别是空气除菌不彻底和过程控制操作上的疏漏。遇到染菌首先要监测杂菌的来源。对顽固的染菌，应对种子、消后培养基和补料液、发酵液及无菌空气取样作无菌试验以及设备试压检漏，只有系统、严格的监测和分析才能判断其染菌原因，做到有的放矢。

　　种子带菌的检查包括菌种室保藏的菌种、斜面、摇瓶直到种子罐。保藏菌种定期作复壮、单孢子分离和纯种培养；斜面、摇瓶和种子罐种子作无菌试验，可以用肉汤和斜面或平板培养基检查有无杂菌。显微镜观察菌形是否正常，应注意在显微镜检不出杂菌时不等于真的无杂菌，需作无菌试验才能最后肯定。

　　培养基和设备消毒不彻底的原因有多方面，如蒸汽压力或灭菌时间不够，培养基配料未混合均匀，存在结块现象，设备未清洗干净，特别是罐冲洗不到的犄角处，有结痂而未铲除干净。

　　设备方面特别是老设备也常会遇到各种问题，如夹层或盘管、轴封和管道的渗漏，空气除菌效果差，管道安装不合理，存在死角等是造成染菌的重要原因。

　　过程控制主要包括接种、过程加糖补料和取样操作等是否严密规范。一级种子罐的接种可分为血清瓶针头或管道方式或火焰敞口式接种，罐与罐之间的移种前管道冲洗或灭菌不当也会出问题。

四、染菌对产物提取和产品质量的影响

1. 对过滤的影响

　　发酵液的黏度加大；菌体大多自溶；由于发酵不彻底，基质的残留浓度加大。造成过滤时间拉长，影响设备的周转使用，破坏生产平衡；大幅度降低过滤收率。

2. 对提取的影响

　　(1) 有机溶剂萃取工艺　染菌的发酵液含有更多的水溶性蛋白质，易发生乳化，使水相和溶剂相难以分开。

　　(2) 离子交换工艺　杂菌易黏附在离子交换树脂表面或被离子交换树脂吸附，大大降低离子交换树脂的交换量。

3. 对产品质量的影响

　　(1) 对内在质量的影响　染菌的发酵液含有较多的蛋白质和其他杂质。对产品的纯度有较大影响。

　　(2) 对产品外观的影响　一些染菌的发酵液经处理过滤后得到澄清的发酵液，放置后会出现浑浊，影响产品的外观。

五、杂菌的检查方法

　　借助适当的方法，才能正确而及时地发现发酵过程是否污染杂菌和染菌的原因与途径。检查杂菌的方法，要求准确可靠和快速，这样才能在短时间内获得效果。

1. 杂菌的检查方法

　　目前生产上常用的检查方法有：①显微镜检查；②平板划线检查；③肉汤培养检查。判断发酵是否染菌应以无菌试验结果为根据。

　　无菌试验的目的：

　　① 监测培养基、发酵罐及附属设备灭菌是否彻底。

　　② 监测发酵过程中是否有杂菌从外界侵入。

　　③ 了解整个生产过程中是否存在染菌的隐患和死角。

2. 各种检查方法的比较

　　以上3种方法各有优缺点。显微镜检查方法简便、快速，能及时发现杂菌，但由于镜检取样少，视野的观察面也小，因此不易检出早期杂菌。平板划线法的缺点是需经较长时间培养（一般要过夜）才能判断结果，且操作较繁琐。

3. 杂菌检查中应注意的问题

① 检查结果应以平板划线和肉汤培养结果为主要根据。

② 平板划线和肉汤培养应做 3 个平行样。

③ 要定期取样。

④ 酚红肉汤和平板划线培养样品应保存至放罐后 12h，确定为无菌时方可弃去。

⑤ 取样时要采取防止外界杂菌混入的措施。

4. 检查的工序和时间

选择哪些生产工序和时间的样品检查也是十分重要的问题。科学合理地选择检查工序和时间，对于除去已污染杂菌的物料、避免下道工序再遭染菌，有着直接的指导意义。有时即使由于检查时间较长，未能及时指导本批生产，但对于找出造成染菌事故的环节、分析染菌原因、杜绝染菌漏洞也是不可缺少的。

由于生产菌种和产品的不同，检查的时间也不完全一样。但总的原则是一致的，即每个工序或经一定时间都应进行取样检查。

检查的一般时间或工序见表 7-4。

表 7-4 发酵过程的杂菌检查

工序	时间	被检物名称	检查方法
斜面		成熟斜面,抽查	平板划线
一级种子		成熟培养液	平板及镜检
二级种子	0h	灭菌后,接种前	平板
一级种子	0h	接种后发酵液	平板
二级种子	培养中期	发酵液	平板及镜检
二级种子	成熟种子	发酵液	平板及镜检
发酵	0h	接种前发酵液	平板
发酵	0h	接种后发酵液	平板
发酵	8h	发酵液	平板及镜检
发酵	16h	发酵液	平板及镜检
发酵	24h	发酵液	平板及镜检
发酵	放罐前	发酵液	镜检
总过滤器	每月一次	无菌空气	肉汤
分过滤器	每月一次	无菌空气	肉汤

除了以上的方法外，在实际生产中还可以根据 pH 值、尾气中 CO_2 含量和溶解氧等参数的异常变化来判断是否染菌。

六、发酵染菌率和染菌原因的分析

发酵染菌能给生产带来严重危害，发酵设备、空气除菌系统和培养基灭菌系统等有关设备以及管道的配置都必须严格符合无菌要求。如果设备结构和管道配置不合理，制造、安装不注意或在发酵过程中操作不慎就会使发酵液污染杂菌，导致产量下降甚至得不到产品。在发酵前期或中期染菌，杂菌会很快消耗掉营养物质，使生产菌无法正常生长而引起倒罐。在发酵后期染菌，虽然没有早期或中期染菌的影响大，一般会使产率下降并影响产物的提取。但如核苷酸等某些产品的发酵即使在后期染菌，也会使发酵产物被所染杂菌迅速消耗掉而得不到产品。因此，染菌问题是影响产率和后序操作的主要因素之一，必须予以重视。有人认为染菌是不可避免的，这是一种错误看法。"决定的因素是人不是物"。只要思想上重视，对各个因素和环节周密考虑、严格掌握，是完全可以避免和减少污染的。

　　根据以往工厂中发生染菌事故的经验教训来分析发酵系统中染菌的原因，来认识整个发酵过程中可能造成污染的各种途径并提出相应的防治措施。由于发酵生产的连贯性强，在整个生产过程中各个环节的污染问题都不能忽视，所以本小节除了着重讨论发酵设备方面的污染防治问题外，对于培养种子设备的要求和有关操作方法也作一般介绍。

（一）发酵染菌率

　　（1）总染菌率　指一年内发酵染菌的批次与总投料批次数之比乘以 100 得到的百分率。

　　（2）设备染菌率　统计发酵罐或其他设备的染菌率，有利于查找因设备缺陷而造成的染菌原因。

　　（3）不同品种发酵的染菌率　统计不同品种发酵的染菌率，有助于查找不同品种发酵染菌的原因。

　　（4）不同发酵阶段的染菌率　将整个发酵周期分成前期、中期和后期三个阶段，分别统计其染菌率。有助于查找染菌的原因。

　　（5）季节染菌率　统计不同季节的染菌率，可以采取相应的措施克服染菌。

　　（6）操作染菌率　统计操作工的染菌率，一方面可以分析染菌原因，另一方面可以考核操作工的灭菌操作技术水平。

（二）染菌原因的分析

　　避免在发酵生产中污染杂菌应以预防为主。"防重于治"，事前防止胜于事后挽救。如果一旦发生染菌现象就要尽快找出原因及时纠正、堵塞漏洞才能减少损失，并从中吸取经验教训，避免以后有类似情况发生，保持生产的正常进行。但在发酵生产中，往往因为生产过程的环节很多，同时各工厂的生产设备、产品种类和管理措施不尽相同，引起染菌的原因比较复杂，有时不能及时找出而耽误了生产。如果原因一经查出，解决问题还是比较容易和迅速的。所以，必须善于透过现象看本质，对染菌的情况作具体分析，不致盲目寻找而耽误了时间，也不至于将染菌的真正原因遗漏而造成连续染菌事故。下面根据发酵工厂的生产经验，从一般染菌的现象来分析引起染菌的可能原因，具体见表 7-5、表 7-6。

表 7-5　国外——抗生素发酵染菌原因的分析

染菌原因	百分率/%	染菌原因	百分率/%
种子带菌	9.64	蛇管穿孔	5.89
接种时罐压跌为零	0.19	接种管穿孔	0.39
培养基灭菌不透	0.79	阀门泄漏	1.45
空气系统带菌	19.96	罐盖漏	1.54
搅拌轴密封泄漏	2.09	其他设备漏	10.13
泡沫冒顶	0.48	操作问题	10.15
夹套穿孔	12.36	原因不明	24.91

表 7-6　国内——制药厂发酵染菌原因的分析

染菌原因	百分率/%	染菌原因	百分率/%
外界带入杂菌（取样、补料带入）	8.20	蒸汽压力不够或蒸汽量不足	0.60
设备穿孔	7.60	管理问题	7.09
空气系统带菌	26.00	操作违反规程	1.60
停电罐压跌为零	1.60	种子带菌	0.60
接种	11.00	原因不明	35.00

　　上述资料是国内外抗生素生产中统计了多年生产中发生染菌现象的各种原因所占的百分

比，今列出以供参考。从发酵工厂的生产经验来看，染菌原因是以设备渗漏和空气系统的染菌为主，其他则次之。

1. 从染菌的规模来分析染菌原因

（1）大批发酵罐染菌　如果整个工厂中各个产品的发酵罐都出现染菌现象而且染的是同一种菌，一般来说，这种情况是由使用的统一空气系统中空气过滤器失效或效率下降而使带菌的空气进入发酵罐造成的。大批发酵罐染菌的现象较少但危害极大，所以对于空气系统必须定期经常检查。

（2）分发酵罐（或罐组）染菌　生产同一产品的几个发酵罐都发生染菌，这种染菌如果出现在发酵前期可能是种子带杂菌，如果发生在中后期则可能是中间补料系统或油管路系统发生问题所造成。通常同一产品的几个发酵罐其补料系统往往是共用的，倘若补料灭菌不彻底或管路渗漏，就有可能造成这些罐同时发生染菌现象。另外，采用培养基连续灭菌系统时，那些用连续灭菌进料的发酵罐都出现染菌，可能是连消系统灭菌不彻底所造成。

（3）个别发酵罐连续染菌和偶然染菌　个别发酵罐连续染菌大多是由设备问题造成的，如阀门的渗漏或罐体腐蚀磨损，特别是冷却管的不易觉察的穿孔等。设备的腐蚀磨损所引起的染菌会出现每批发酵的染菌时间向前推移的现象，即第二批的染菌时间比第一批提早，第三批又比第二批提早。至于个别发酵罐的偶然染菌其原因比较复杂，因为各种染菌途径都可能。

2. 从染菌的时间来分析

发酵早期染菌，一般认为除了种子带菌外，还有培养液灭菌或设备灭菌不彻底所致，而中、后期染菌则与这些原因的关系较少，而与中间补料、设备渗漏以及操作不合理等有关。

3. 从染菌的类型来分析

所染杂菌的类型也是判断染菌原因的重要依据之一。一般认为，污染耐热性芽孢杆菌多数是由于设备存在死角或培养液灭菌不彻底所致。污染球菌、酵母等可能是从蒸汽的冷凝水或空气中带来的。在检查时如平板上出现的是浅绿色菌落（革兰阴性杆菌），由于这种菌主要生存在水中，所以发酵罐的冷却管或夹套渗漏所引起的可能性较大。污染霉菌大多是灭菌不彻底或无菌操作不严格所致。

综上所述，引起染菌的原因很多。不能机械地认为某种染菌现象必然是由某一途径引起，应把染菌的位置、时间和杂菌类型等各种现象加以综合分析，才能正确判断从而采取相应的对策和措施。

七、发酵染菌的防止

（一）种子带菌的原因及防止

1. 种子带菌的原因

一般包括三个方面：一是无菌室的无菌条件不符合要求；二是培养基灭菌不彻底；三是操作不当。

2. 种子带菌的防止

种子带杂菌是发酵前期染菌的原因之一。在每次接种后应留取少量的种子悬浮液进行平板、肉汤培养，借以说明是否是种子中带杂菌。种子培养的设备和装置有无菌室、灭菌锅和摇瓶机等。

（1）无菌室　接种、移种等无菌操作需要在无菌室内进行。无菌室面积不宜过大，一般约 $4\sim6m^2$，高约 2.6m。为了减少外界空气的侵入，无菌室要有 $1\sim3$ 个套间（缓冲过道）

（参照图 7-9）。无菌室内部的墙壁、天花板要涂白漆或采用磨光石子，要求无裂缝，墙角最好做成圆弧形，便于揩擦清洗以减少空气中微生物的潜伏场所。室内布置应尽量简单，最好能安装空气调节装置，通入无菌空气并调节室内的温湿度。无菌室的每个套间一般都用紫外线灭菌。通常用 30W 紫外线灭菌灯照射 20～30min 即可。紫外线杀菌的效率还与室内空气的性质有关：空气温度高杀菌效率高，空气中灰尘多杀菌效率低，而相对湿度高则紫外线灯的使用寿命长。紫外线能穿过石英但不能透过玻璃。

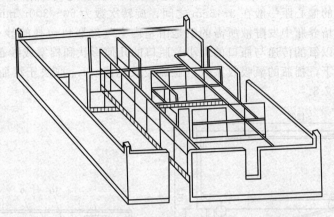

图 7-9 无菌室的立视图

配合使用的化学灭菌药剂有：用作喷洒或揩擦的（以揩擦为主）有 75%酒精、0.25%新洁尔灭（季铵盐）、0.6%～1%漂白粉、0.5%石炭酸、0.5%过氧乙酸、1%煤酚皂（来苏儿）、0.5%高锰酸钾、300 单位/mL 土霉素、50 单位/mL 制霉菌素等；用作熏蒸的有甲醛（每立方米空间约用 10mL）或硫黄（每立方米空间约用 2～3g）。要根据不同情况采用不同的灭菌剂。如检查出无菌室中潜伏的微生物细菌较多，用石炭酸、土霉素等灭菌较好；如无菌室中霉菌多可以采用制霉菌素；如有噬菌体则用甲醛、双氧水或高锰酸钾等较好。

无菌室内无菌度的要求是：把无菌培养皿平板打开盖子在无菌室内放置 30min，根据一般工厂的经验，长出的菌落在 3 个以下为好。

在种子的无菌条件不要求很高的情况下，可以不采用无菌室而直接用无菌箱进行操作；但在无菌条件要求很高的情况下，即使在无菌室内还要用无菌箱操作。

无菌室的利用次数要恰当，每次使用时间也不宜过长。用具要经蒸汽灭菌或用灭菌剂揩擦后才能带入使用。

（2）灭菌锅 灭菌锅是一种压力容器，用于培养种子及小型试验用具的灭菌，有立式和卧式两种。灭菌操作时需要注意排气管是否畅通，因为灭菌锅的排气管较小，易被铁锈或瓶子破碎后的培养基等所堵塞。如果排气管不通，锅内空气排不出去形成气团，蒸汽就不易渗入，从而使灭菌不彻底。用某种较耐热的芽孢杆菌进行试验证明：在排气不通畅的情况下，以 1kgf/cm² 的蒸汽压力经 30min 灭菌后进行检查，发现在三角瓶中的某些部位灭菌前放入的芽孢杆菌没有被杀死。如果不是采用蒸汽而是用锅内烧水的办法进行灭菌，那么排气的时间更要长一些，不然水蒸气来不及驱出空气，而使被灭菌的瓶中的冷空气排不尽。

通入蒸汽后使瓶内培养基温度达到 121℃所需的时间与瓶内培养基的体积有关，其试验结果见表 7-7。

表 7-7 通入表压为 1kgf/cm² 的蒸汽时，三角瓶中培养基的体积与升温时间的关系

培养基体积/mL	50	200	500	1000	2000
升温至 121℃需要的时间/min	1	3	8	12	20

实际上,使用蒸汽的压力一般大于 1kgf/cm², 所以表7-7中的数据仅供对照参考,但根据上表的试验结果可以说明培养基体积与升温时间的关系。

(3)摇瓶机 摇瓶机(亦称摇床)是培养好气菌的小型试验设备或作为种子扩大培养之用,常用的摇瓶机有往复式(图7-10)和旋转式两种。往复式摇瓶机的往复频率一般在80~140次/min,冲程一般为6~14cm。如频率过快、冲程过大或瓶内液体装料过多,在摇动时液体会溅到包瓶口的纱布上易引起染菌,特别是启动时更易发生这种情况。

旋转式摇瓶机的偏心距一般在 3~6cm 之间,旋转次数为 60~300r/min。

放在摇瓶机上培养瓶中发酵液所需的氧是由室内空气经瓶口包扎的纱布(一般是八层)或棉塞通入的,所以氧的传递与瓶口的大小、瓶口的几何形状和棉塞或纱布层的厚度和密度有关。在通常情况下,摇瓶的氧吸收系数(亚硫酸氧化值)K_d 取决于摇瓶机的特性和三角瓶的装料量,见表7-8。

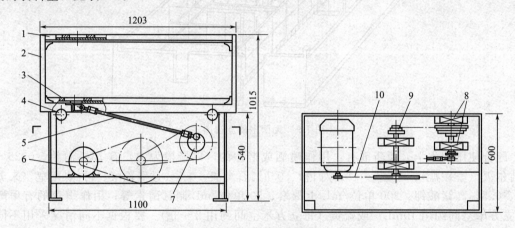

图 7-10 往复式摇瓶机

1—上托盘;2—框架;3—下托盘;4—托轮;5—连杆;6—电动机;7—偏心轮;
8—轴承;9—调速皮带轮;10—三角皮带

表 7-8 往复式和旋转式摇瓶机的 K_d 值 ($K_d \times 10^{-7}$)

单位:mol 氧/(mL·min·Pa)

摇瓶机	250mL 三角瓶的装料体积/mL					
	10	20	30	50	80	100
往复式:冲程,127mm 往复频率,96 次/min	17.92	15.42	11.35	11.04	7.04	6.51
旋转式:偏心距,50mm 转数,215r/min	11.49	6.09	5.29	2.96	2.22	1.96

往复式摇瓶机(图7-10)是利用曲柄原理带动摇床作往复运动,机身为铁制或木制的长方形框子,有一层至三层托盘,托盘上开有圆孔备放培养瓶,孔中凸出一三角形橡皮,用以固定培养瓶并减少瓶的振动,传动机构一般采用二级皮带轮减速,调换调速皮带轮可改变往复频率。偏心轮上开有不同的偏心孔,以便调节偏心距。往复式摇瓶机的频率和偏心距的大小对氧的吸收有明显的影响。

根据支撑装置结构不同,往复式摇瓶机分为滚轮式和悬挂式两种。滚轮式摇瓶机是将摇床置于四个滚轮上,悬挂式摇瓶机(图7-11)是用四条吊杆将摇床吊在机架上,结构较为简单,托盘可装至三层以上,能放 5~10L 甚至更大的瓶,动力消耗较少。但悬挂式摇瓶机如为多层时,每层的冲程不一样,越是上层冲程越小。故使用多层悬挂式摇瓶机时应予注意。

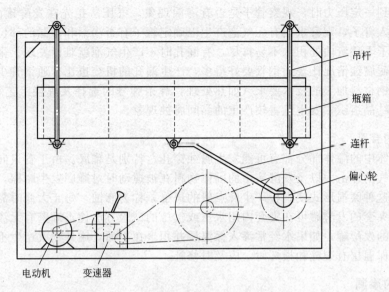

图 7-11　悬挂式摇瓶机

旋转式摇瓶机是利用旋转的偏心轴使托盘摆动，托盘有一层或两层，可用不锈钢板、铜板、塑料板或木板制造。托盘由三根呈等边三角形分布的偏心轴支撑，也有用滚动轴承作支撑的。在三个偏心轴上装有螺栓可调节上下，使托盘保持水平。此种摇瓶机结构比较复杂，加工安装要求比往复式高，造价也较贵。其优点是氧的传递较好，功率消耗小，培养基不会溅到瓶口的纱布上。

有关文献报道，采用旋转式摇瓶机，对于 300mL 或 600mL 的三角瓶，当转数在 500r/min 和具有各种挡板条件下，与实装培养液 10L 具有六叶涡轮搅拌器的实验型发酵罐的 K_d 值一样。所以摇瓶机将成为放大发酵试验过程中的一种更有效的工具。

（二）发酵设备、管件的渗漏与配置

设备和管件的渗漏一般是指设备和管件由于腐蚀、内应力或其他原因形成微小漏孔所发生的渗漏现象。这些漏孔很小，特别是不锈钢材料形成的漏孔更小，有时肉眼不能直接觉察，需要通过一定的试漏方法才能发现。

1. 冷却管的渗漏

由于发酵液具有一定的酸度和含有某些腐蚀性强的物质（如亚硫酸盐、硫酸铵等），冷却钢管很易受到腐蚀。发酵液中含有固体物料时，固体物料因搅拌桨的搅动与冷却管摩擦而引起管外壁磨损。管内冷却介质一般为井水或自来水，因水的化学成分和流动时的冲击以及加热时蒸汽冲击的影响，管内壁也会引起腐蚀及磨损。所以冷却管是发酵罐中最容易渗漏的部件之一。而最易穿孔的部分是冷却列管的弯曲处，原因是弯曲处外壁减薄和加热煨弯时使材料的性质有所改变所致。冷却水的压力通常大于罐压，如果有微孔，冷却水就会进入发酵液而引起染菌。

检查列管有否渗漏，在漏孔极其微小时是不易发现的。需要将管外壁的污垢铲除后，将管子烘干，管内加水压，才能发现渗漏的部位。管子与罐体的连接方式有两种：法兰连接和焊接。法兰虽然易于拆卸更换，但连接处有垫片易渗漏，而焊接则无此种现象。为了及早发现漏孔予以排除，冷却管要定期检查作渗漏试验。

试漏方法有两种：气压试验和水压试验。水压试验是用手动泵或试压齿轮泵将水逐渐压入冷却管,泵到一定压力时,观察管子是否有渗漏现象。气压法是先在发酵罐内放满清水,用压缩空气通入管子,观察水面有无气泡产生以确定管子有否渗漏和渗漏的部位。气压法快速方便,但管子下部弯曲处积水不易排尽,有漏孔时不产生气泡就难以发现。采用不锈钢制造的冷却管,耐腐蚀情况比普通钢管要好得多,产生漏孔的机会也比普通钢管少。但如加工时不符合不锈钢材料加工的技术要求(如热处理,焊条牌号的选择及焊接工艺等),就会改变不锈钢材的结晶组织,发生危害较严重的晶间腐蚀现象。

2. 罐体的穿孔

浸没在液体中的罐体部分都有可能发生腐蚀穿孔,特别是罐底。由于管口向下的空气管喷出的压缩空气的冲击力以及发酵液中的固体物料在被搅动时对罐底发生摩擦,罐底极易磨损引起渗漏,这种磨损形式使钢板产生麻点般的斑痕,称为麻蚀。每年大修时需检查钢板减薄的程度。有夹套的发酵罐可在夹套内用水压或气压的试验方法检查罐壁有无渗漏。

有保温层的发酵罐,如果水经常渗入保温层并积聚在里面,罐外壁就产生不均匀的腐蚀现象,所以当保温层有裂缝和损坏时,应及时修补。

3. 管件的渗漏

与发酵罐相连接的管路很多,有空气、蒸汽、水、物料、排气、排污等管路。管路多,相应的管件和阀门也多。管道的连接方式、安装方法及选用的阀门形式对防止污染有很大的关系。所以,与发酵有关的管路不能同一般化工厂的化工管路完全一样,而有其特殊的要求。

(1)阀 据统计,因阀的渗漏引起的染菌占染菌率的比例很大,值得引起重视。与发酵罐直接连通的管道更应选用密封性较高的阀门。目前使用的大小阀门大多采用截止阀和橡胶隔膜阀。

① 截止阀(图 7-12) 阀体为横放的 S 形,阀座与阀芯的接触面小,污物不易附在上面,但构造比较复杂,流体阻力较大。由于截止阀能很方便地调节流量,小型发酵罐上大多采用这种阀门。平面形紧密面的垫料采用橡胶或聚四氟乙烯,关闭后垫料与阀座紧紧地吻合,达到不漏的目的。阀芯垫料需定期检查,损坏后立即调换。截止阀在使用中经常发生以下两个问题:a. 阀芯轧坏,物料中的硬质物或焊接施工后的焊渣以及螺钉零件等被带到阀内,当关闭时,阀芯与阀座被上述坚硬物轧住,能将紧密面轧出凹凸不平的痕迹,而导致关不严密;b. 填料的渗漏,操作时用扳手过分关紧,会使阀杆弯曲,弯曲后的阀杆不仅启动费力,并且使填料部分不紧密而引起渗漏,操作中需要注意。阀门在使用一定时间后,阀杆磨损或填料损坏也会引起渗漏,就需要将填料压盖适当拧紧或更换填料。

② 隔膜阀 隔膜阀的结构如图 7-13 所示。阀体内装有橡胶隔膜,用螺钉与阀芯连接,当阀杆作上下运动时就带动隔膜上升或下降。隔膜阀的制造要求不高,关键在于膜的性能,如采用橡胶隔膜阀,在一般情况下,对橡胶隔膜的要求是耐压 $4kgf/cm^2$ 以上,耐温 160℃以上,在压紧和放松时不变形。隔膜阀有以下优点:严密不漏;无填料;阀结构为流线型,流量大,阻力小,无死角,无堆积物,在关闭时不会使紧密面轧坏,检修方便,但必须定期检查隔膜有否老化及脱落。

(2)管路的连接 管子的连接有螺纹连接、法兰连接和焊接三种。

① 螺纹连接 螺纹连接需在管端铰出管螺纹,安装时在螺纹上涂以白漆并加麻丝(也有用聚四氟乙烯薄膜)作为填料,如密封要求高的可用石墨粉加少许机油作为填料,或用氧化铅甘油胶合剂更好。螺纹连接简单,但装拆较麻烦。为了便于装拆,要在管路上适当位置安装活接头,接头平面用石棉橡胶板或橡胶等作垫圈。由于管路受冷热和震动的影响,活接头的接口易松动,使密封面不能严密而造成渗漏。如在接种输液时,因液体快速流动造成局

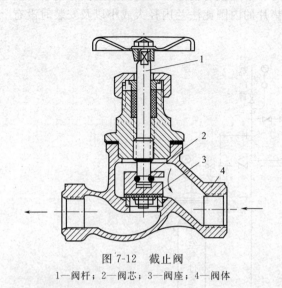

图 7-12　截止阀
1—阀杆；2—阀芯；3—阀座；4—阀体

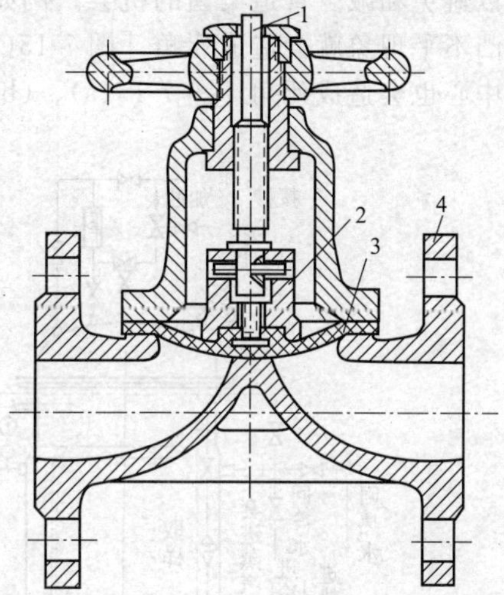

图 7-13　隔膜阀
1—阀杆；2—阀芯；3—隔膜；4—阀体

部真空，在渗漏处将外界空气吸入，空气中的菌就被带入发酵罐中而造成危害。所以，重要的管路连接大多采用法兰连接。

②　法兰连接　就是把两个管道、管件或器材，先各自固定在一个法兰盘上，两个法兰盘之间加上法兰垫，用螺栓连接在一起。

法兰连接强度高、密封可靠，压力、温度和管径的适用范围大，拆卸方便但费用较高。

③　焊接　焊接的方法比其他方法简便，而且密封可靠。所以空气灭菌系统、培养液灭菌系统和其他物料管路以焊接连接为好。但需经常拆卸的管路则不宜用焊接连接。

管路、管件的试漏一般在管路中通入压缩空气并在焊缝和连接处涂以肥皂水，如有肥皂泡发生，则表示此处有泄漏，需重新焊接或安装。

（3）管路的配置

①　排气管与下水管　发酵工厂中若干发酵罐的排气管路大多汇集在一条总的管路上，以节约管材，下水管亦然。但在使用中有相互串通、相互干扰的弊病，一只罐染菌往往会影响其他罐。排气管路的串通连接尤其不利于污染的防止。故对于排气和下水管路要考虑发酵的特点进行配置，对于容易染菌的场合还是以每台发酵罐具有独立的排气、下水管路为宜。倘若使用一根总的排气管时，必须选择较大直径的管子，保证排气下水通畅不致倒回到发酵罐内。

②　发酵罐的管路　图 7-14 表示发酵罐（带空气分过滤器）的水、蒸汽和物料管路的配置。如有自控和测量仪表，那么还应包括这些仪表所需的有关管路（图中未包括）。由于罐体和有关管路均需用蒸汽进行灭菌，所以要保证蒸汽能够达到所有需要灭菌的区域。对于某些蒸汽可能达不到的死角（如阀）要装设与大气相通的旁路（图中的小阀门）。在灭菌操作时，将旁路阀门打开，使蒸汽自由通过。接种、取样和加油等管路要配置单独的灭菌系统，使能在发酵罐灭菌后或在发酵过程中单独进行灭菌。

（4）发酵罐与管件的死角　所谓死角是指灭菌时因某些原因使灭菌温度达不到或不易达到的局部区域。发酵罐及其管路如有死角存在，则死角内潜伏的杂菌不易杀死，会造成连续染菌，影响生产的正常进行。现将经常出现死角的场合及形成死角的几种原因介绍如下。

①　法兰连接的死角　如果对染菌的概念了解不够，按照一般化工厂管路的常规加工方法来焊接和安装管道法兰就会造成死角。发酵工厂的有关管路要保持光滑、通畅、密封性

好，以避免和减少管道染菌的机会。例如法兰与管子焊接时受热不匀使法兰翘曲、密封面发生凹凸不平现象就会造成死角［图7-15(c)］。垫片的内圆比法兰内径大或小以及安装时没有对准中心也会造成死角［图7-15(a)、(b)］。

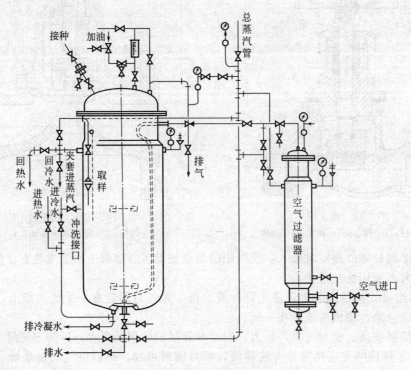

图 7-14 发酵罐的管路

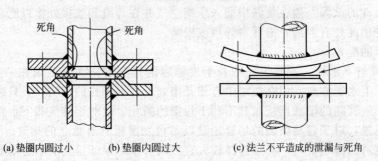

(a) 垫圈内圆过小　　(b) 垫圈内圆过大　　(c) 法兰不平造成的泄漏与死角

图 7-15 法兰连接的死角

②渣滓在罐底与用环式空气分布管所形成的死角　培养基中如果含有钙盐类及固形物，在发酵罐的搅拌功率较小和采用环式空气分布管的情况下，由于在灭菌时培养基得不到强有力地翻动，罐底会形成一层1～2mm甚至更厚的膜层（图7-16）。这种膜层具有一定程度的

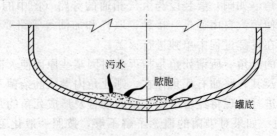

图 7-16 罐底积垢

绝热作用，所以膜层下潜伏的耐热菌不易被杀死。对这种情况的发酵罐必须定期铲除罐底积垢。大的发酵罐，为了减少搅拌轴的摆动，罐底装有底轴承，轴承支架处也容易堆积菌体。如果在底轴承下增设一个小型搅拌桨就可以适当改善罐底积垢的情况（图 7-17）。环式空气分布器在整个环管中空气的速度并不一致，靠近空气进口处流速最大，远离进口处的流速减小，当发酵液进入环管内，菌体和固形物就会逐渐堆积在远离进口处的部分形成死角，严重时甚至会堵塞喷孔（图 7-18）。

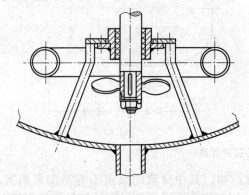

图 7-17　底轴承下的小型搅拌桨

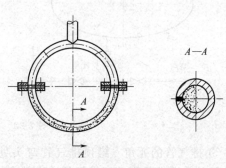

图 7-18　空气分布管中形成的死角

发酵罐中除了上述容易造成死角的区域外，其他还有一些容易造成死角的区域，如挡板（或冷却列管）与罐身固定的支撑板周围和不能在灭菌时排气的盲管、温度计接头等。对于这些地区每次放罐后的清洗工作应注意，经常检查、仔细清洗才能避免因死角而产生的污染事故。

③ 不锈钢衬里的死角　某些有机酸的发酵对碳素钢有腐蚀，而小型发酵罐通常采用不锈钢制造。对于大型发酵罐，为了节约不锈钢材料，一般都采用不锈钢衬里的方法，即在碳钢制造的壳体内加衬一层薄的不锈钢板（厚约 $1\sim3\text{mm}$）。如果不锈钢衬里加工焊接不善，在钢板和焊缝处有裂缝，或在操作时不注意，使不锈钢皮鼓起后产生裂缝，发酵液就会通过裂缝进入衬里和钢板之间，窝藏在里面形成死角（图 7-19）。不锈钢皮怎样会鼓起呢？因为作为衬里的不锈钢皮较薄，在培养液分批灭菌或空罐灭菌时，发酵罐经加热后再行冷却，如果此时不及时通入无菌空气保持一定压力，那么会因蒸汽的突然冷凝体积减小而形成真空将衬里吸出，严重者造成破裂。所以对于不锈钢衬里设备加工时应该尽可能增加衬里的刚度，其办法是每隔一定距离用点焊增加衬里与钢制壳体的连接强度，减少鼓起的可能性。操作时要注意避免罐内发生真空现象。发生这种事故后，如衬里钢板尚未破裂可用罐内加水压的方法将其恢复原状（水的压力不应超过设备的允许使用压力），应尽可能避免锤击，用锤击的方法会使钢板受

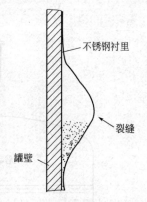

图 7-19　不锈钢衬里破裂后造成的死角

力不匀易造成破损。衬里与外壳之间的夹层可用水压或气压方法检查其是否渗漏。

采用复合钢板（将两种不同材质的钢板轧合为一体的钢板）制造发酵罐，因为两层钢板紧密结合在一起，中间没有空隙，所以不会产生上述问题，是一种理想的材料。

④ 接种管路的死角　接种一般采用以下两种方法：

a. 压差接种法　存种子的血清瓶上装有橡皮管，在火封下与罐的接种口相连接，利用两者的压力差使种子进入罐内，要求瓶与橡皮管的连接不漏，橡皮管与接种口的大小一致。

b. 微孔接种法　利用注射器在罐的接种口橡皮膜上注入罐内进行接种，在操作时要注

意防止注射器针孔堵塞。

采用种子罐时是利用压力差将种子罐中培养好的种子输入发酵罐内,种子罐与发酵罐的一段连接管路的灭菌是与发酵罐的灭菌同时进行的。如图 7-20(a) 所示有一小段管路存在蒸汽不流通的死角,所以应在阀 1 的半截上装设旁通,焊上一个小的放气阀,如图 7-20(b) 所示,此段管路即可得到蒸汽的充分灭菌。

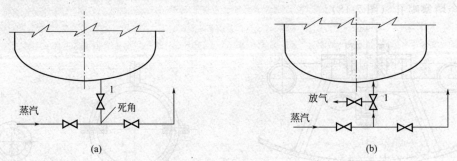

图 7-20 种子罐的接种管路

⑤ 排气管的死角 罐顶排气管弯头处如有堆积物,其中窝藏的杂菌不容易彻底消灭,当发酵时受搅拌的震动和排气的冲击就会一点点地剥落下来造成污染。另外排气管的直径太大,灭菌时蒸汽流速小也会使管中部分耐热菌不能全部杀死。有的单位曾作过试验,将排气管做成每节可拆卸的,灭菌后将各节拆下分别检查就发现某些未被杀死的耐热菌。所以排气管要与罐的尺寸有一定比例,不宜过大或过小。

⑥ 不合理补料管配置造成的死角(图 7-21)。

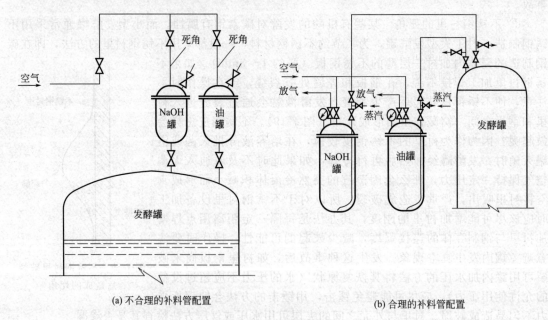

(a)不合理的补料管配置　　　　　　　　(b)合理的补料管配置

图 7-21 补料管配置

⑦ 压力表安装不合理形成的死角(图 7-22)。

(三) 空气过滤器

工业用的空气除菌系统中的空气过滤器一般都比较庞大,如果其中的纤维铺设不匀,密的部分阻力大、松的部分阻力小,就会使较多的空气沿着阻力小的部分流出,从而形成短

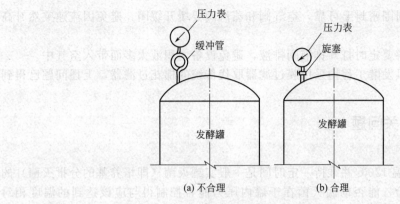

图 7-22 压力表安装

路。走短路的那部分空气没有经过充分过滤而带菌，进入发酵罐将使发酵染菌。纤维层装得太松对过滤不利，太紧同样也会影响过滤效率。同时，在过滤介质用蒸汽灭菌时，太紧则蒸汽穿透力差，穿透力差灭菌效果也差。所以用过分压实纤维层的办法试图达到增加过滤效率的目的，实际上是适得其反。对于棉花过滤器最合适的充填密度是 $160\sim180kg/m^3$；玻璃纤维是 $130\sim180kg/m^3$ 左右。在铺纤维时应分层均匀铺设。

过滤器器壁腐蚀形成氧化铁层，氧化铁是一种多孔物质，空气会在其中穿过而得不到过滤，因而也会使空气带菌并造成污染。

采用活性炭棉花作为过滤介质的空气过滤器，活性炭受到气流的冲击互相碰撞、摩擦而破碎并逐渐灰化，使活性炭的体积减小，空间增大，上下两端的棉花受空气的顶撞力而逐渐改变位置（图 7-23）。之后，灰化的活性炭随气流逸出，整个过滤介质的体积减小使过滤层倾斜甚至发生翻身的现象，致使大量未经过滤的空气进入发酵罐内造成严重的染菌事故。在用蒸汽灭菌时，检查排出蒸汽的情况可以判断过滤层是否有问题。排出蒸汽均匀并呈青色有力表示情况良好，排出蒸汽呈雾状无力表明压得太紧，而当排出蒸汽断续不均匀以及进出口两侧的压力降低过小时则就有可能是过滤层有位移现象，发现不正常的情况应立即予以纠正。

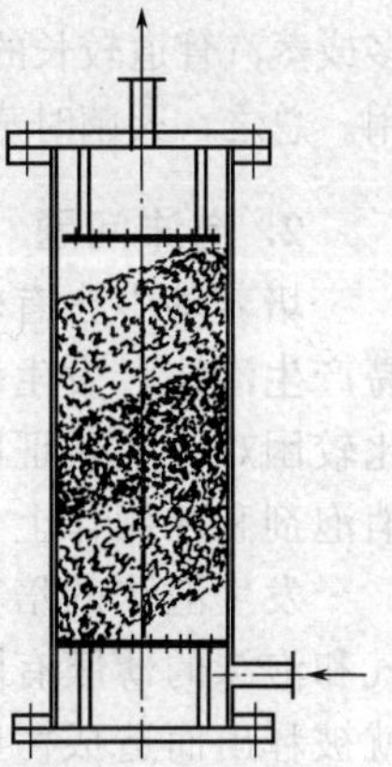

不论采用何种过滤介质，必须保持其干燥，油水分离的清净与否是保证过滤效果和延长使用寿命的关键因素。要根据发酵的特点和要求选用合理的空气流程并选用高效的气液分离设备（如气液过滤网）。吸湿的办法不是好办法，因为吸湿材料使用一定时间后要进行除湿，增加操作管理费用，而当空气中湿度增高时就难以保证达到使空气干燥的要求。

图 7-23 空气过滤器中过滤介质变位情况

大多数产品在整个发酵期间需要改变空气流量，但油水分离设备、过滤器的过滤面积和长度是根据空气流速来设计的，空气流速的改变就会影响油水分离效果和过滤效率，所以设计时要充分注意这种情况，掌握空气流量改变的范围，选择合适的空气流速。生产时各罐的发酵时间要尽量错开，使空气流量均匀。

过滤器灭菌用的蒸汽阀的微小渗漏会使蒸汽管路中的冷凝水抽吸到过滤器内使过滤介质受潮，影响过滤效果，所以最好装设双重阀以防渗漏。

发酵罐在灭菌和发酵时，如操作不当使罐压高于过滤器中空气的压力，就会将冷凝水或发酵液倒灌至过滤器内。冷凝水将使介质受潮；发酵液则使过滤介质被浸透结成硬块，而使过滤器失效。当突然停电时，空压机停止运转也会发生倒灌的情况。

超细玻璃纤维纸的周围密封要可靠，空气阀和蒸汽阀要缓开缓闭，避免因流速突然升高将过滤纸击穿。

空气系统所有的设备要定时打开排液阀排液，避免设备内积液太多而带入空气中。

近年来，大部分通风发酵工程均采用膜过滤器取代传统的棉花过滤器，上述问题已得到很好的解决。

八、灭菌操作中的有关问题

1. 蒸汽和灭菌操作

罐压 1kgf/cm^2、料温 120℃并维持一定时间是一般实罐灭菌（即培养基的分批灭菌）的操作规范。根据操作经验，能否彻底灭菌在于罐内压力能否控制得与应该达到的温度相对应，例如罐压已达到 1kgf/cm^2 而料温却并未达到 120℃，则某些耐热的细菌芽孢就难以完全杀死。产生罐压和料温不相对应的情况是由于操作不合理所致，例如在灭菌开始时没有将罐内冷空气排除干净，蒸汽中掺入了冷空气使蒸汽的分压降低，蒸汽压力实际上没有达到 1kgf/cm^2 因而料温也就达不到 120℃。

为了加快加热时间，凡能进蒸汽的管路在灭菌时都可同时进汽，但各管路的阻力不同，大量蒸汽从阻力小的进汽管中冲入罐内，这是一种蒸汽短路现象。可使物料受热不匀，部分培养液过热而部分培养液则可能灭菌不透，尤其是罐底的空气分布管是主要的进汽口，但由于液柱压力较大，阻力就比其他进口大，所以在灭菌操作时应将空气分布管的进口阀门开得比其他进气口的阀门大一些，以保证有足够的蒸汽从空气分布管进入，促使培养液激烈翻动起搅拌混合作用。

灭菌蒸汽要求采用饱和蒸汽，冷凝水越少越好。冷凝水多，热量的穿透力就差，在冷凝水较多或蒸汽管道较长的情况下，蒸汽进车间后的总管上要装设汽水分离装置将冷凝水分离后再使用。总之，灭菌时蒸汽压力要求平稳，在压力变动较大时，操作人员需灵活掌握加以控制。

2. 泡沫问题

培养基中含有较多量的黄豆饼粉、花生粉或蛋白胨等成分时，在灭菌时这种培养基就容易产生泡沫，发生泡沫的温度约为 90℃。泡沫严重时会上升到罐顶甚至逃液，此时操作就比较困难。实践证明，灭菌时泡沫严重的，就不易灭透。所以在发生泡沫时应加以清除（加消泡剂和在操作上予以控制）。

发生泡沫的培养基灭菌不透的原因可能是由于某些耐热细菌潜伏在泡沫中，泡沫中的空气和泡沫的薄膜有隔热作用，热量不易穿透进去杀死其中潜伏的菌，一旦泡沫破裂，这些菌就被释出而造成污染。

3. 其他操作问题

实罐灭菌时，当经过加热和维持时间后开始冷却，此时可能因蒸汽冷凝而使罐压突然降低甚至会形成真空，所以此时必须将无菌空气通入罐内保持一定压力，并注意压力变化，随时进行调节。

对于中小型发酵罐，一般经空罐灭菌（1.5kgf/cm^2，15min）后再将培养基放入罐内进行实罐灭菌。有些工厂为了节约蒸汽，直接进行实罐灭菌而不进行空罐灭菌，只有在检修后或在节日停工后以及春夏季节发酵罐空置了 24h 以上时才进行空罐灭菌。这种方法如果操作上注意是完全可行的，也是一种节约燃料的有效措施。

大型发酵罐大多采用连续灭菌，这时空罐需先行灭菌。但也有在发酵完毕后，将空罐保压不灭菌就进连消好的培养基，这要根据各厂的生产菌株特性和生产设备等具体情况而定。对于发酵周期短的菌株、突变影响小的发酵，采用保压不进行空罐灭菌的办法是可行的，但经一定发酵批数后仍需定期进行空罐灭菌，否则较难避免杂菌污染与遗传突变的影响。

九、染菌后的挽救措施

为了减少损失，对被污染的发酵液要根据具体情况采取不同的挽救措施。

如果种子培养或种子罐中发现污染，则这批种子就不能再继续扩大培养，因为此时的损失毕竟是很小的。

发酵早期染菌可以适当添加营养物质，重新灭菌后再接种发酵。中后期染菌，如果杂菌的生长将影响发酵的正常进行或影响产物的提取时，应该提早放罐。但有些发酵染菌后的发酵液中的碳源、氮源还较多，如果提早放罐，这些物质会影响后处理提取使产品取不出，此时应先设法使碳源、氮源消耗，再放罐提取。

在染菌的发酵液内添加抑菌剂（如小剂量的抗生素或醛类）用以抑制杂菌的生长也是一种办法。抑菌剂要事先经过试验，确实证明不妨碍生产菌的生长和发酵才能使用。因而不是所有的发酵都能使用抑菌剂。另外，采用加大接种量的办法，使生产菌的生长占绝对优势排挤和压倒杂菌的繁殖，也是一个有效的措施。还有将种子罐中种子培养好后，进行冷冻保压（$1.5kgf/cm^2$，$10℃$左右），经平板检查证明无杂菌后，再接入发酵罐发酵，这一措施在一些谷氨酸发酵生产工厂取得很好效果。

有时发酵罐偶尔染菌，原因一时又找不出，一般可以采取以下措施：

① 连续灭菌系统前的料液贮罐在每年4～10月份（杂菌较旺盛生长的时间）加入0.2%甲醛，加热至$80℃$，存放处理4h，以减少带入培养液中的杂菌数。

② 对染菌的罐，在培养液灭菌前先加甲醛进行空消处理。甲醛用量为每立方米罐的体积加0.12～0.17L。

③ 对染菌的种子罐可在罐内放水后进行灭菌，灭菌后水量占罐体的三分之二以上。这是因为细菌芽孢较耐干热而不耐湿热的缘故。

十、噬菌体感染和处理方法

利用细菌或放线菌进行的发酵容易感染噬菌体。噬菌体是病毒的一种，直径约$0.1\mu m$，可以通过细菌过滤器，所以通用的空气过滤器不易将其除去。设备的渗漏、空气系统和培养基灭菌不彻底都可能是噬菌体感染的途径。如果车间环境中存在噬菌体就很难防止不被感染，只有不让噬菌体在周围环境中繁殖，才是彻底防止它污染的最好办法。因为噬菌体是专一性的活菌寄生体，不能脱离寄主自行生长繁殖，如果不让活的生产菌在环境中生长蔓延也就堵塞了噬菌体的滋生场地和繁殖条件。通常在工厂投入生产的初期噬菌体的危害并不严重，在以后的生产中，若不注意而在各阶段操作中将活的生产菌散失在生产场所和下水道等处，会促成噬菌体的繁殖和变异，随着空气和尘埃的传播而潜入生产的各个环节中。为了不让活的生产菌逃出，发酵罐的排气管要用汽封或引入药液（如高锰酸钾、漂白粉或石灰水等溶液）槽中，取样、洗罐或倒罐的带菌液体要处理后才允许排入下水道。同时要把好种子关，实现严格的无菌操作，搞好生产场地的环境卫生。车间四周要经常进行检查，如发现噬菌体及时用药液喷洒。

如已感染噬菌体，可采用以下处理方法：

① 选育抗性菌株。

② 轮换使用专一性不同的菌株。

③ 加化学药物（如谷氨酸发酵可加2～4mg/L氯霉素、0.1%三聚磷酸钠、0.6%柠檬酸钠或柠檬酸铵等）。

④ 将培养液重新灭菌再接种（噬菌体不耐热，70～80℃经5min即可杀死）。

⑤ 其他方法。如谷氨酸发酵在初期感染噬菌体，可以利用噬菌体只能在生长阶段的细胞（即幼龄细胞）中繁殖的特点，将发酵正常并已培养了 16～18h（此时菌体已生长好并肯定不染菌）的发酵液加入感染噬菌体的发酵液中，以等体积混合后再分开发酵。实践证明，在谷氨酸发酵中采用这个方法可获得较好的效果。

十一、生产技术管理对染菌防治的重要性

曾经有一位对灭菌很有经验的师傅被邀请到一经常发生染菌事故的发酵工厂协助解决染菌问题，他在较短时间内对设备几乎没有什么改造的情况下便将该厂的染菌率从 70%～80% 降到 10% 以下。其成功的经验只有一条，即加强生产技术管理，严格按工艺规程操作，分清岗位责任事故，奖罚分明。有些厂忽视车间的清洁卫生，跑、冒、滴、漏随处可见，这样的厂染菌率不高才怪。由此可见，即使有好的设备，没有科学严密的管理，染菌照样难以防止。因此，要克服染菌，生产技术和管理应同时并重。

任务八 发酵过程参数监测的研究概况

工业发酵研究和开发的主要目标之一是建立一种能达到高产低成本的可行过程。历史上达到此目标的重要工艺手段有菌种的改良、培养基的改进和补料等生产条件的优化等。近年来，在生产过程参数的测量、生产过程的仪器化、过程建模和控制方面有了巨大的进步。生产过程的控制不仅要从生物学上还要从工程的观点考虑。由于过程的多样性，生物技术工厂的控制是一复杂的问题，Schugerl 对工业发酵过程监控的现状曾作过一篇综述。常用发酵仪器监测手段的最方便的分类为：就地使用的探头；其他在线仪器、气体分析；离线分析培养液样品的仪器。典型生物状态变量的测量范围和准确度与培养参数（即控制变量）的精度列于表 7-9。在线测量所需的变量一般均需将采集的电信号放大。这些信号可用于监测发酵的状态、直接做发酵闭环控制和计算间接参数。

表 7-9 典型生物状态变量的测量范围和准确度或培养参数（即控制变量）的精度

变量	测量范围	准确度或精度/%	变量	测量范围	准确度或精度/%
温度	0～150℃	0.01	气泡	开/关	
搅拌转速	0～3000r/min	0.2	液位	开/关	
罐压	0～2bar①	0.1	pH	2～12	0.1
质量	0～100kg	0.1	p_{O_2}	0～100%饱和	1
	0～1kg	0.01	p_{CO_2}	0～100mbar	1
液体流量	0～8m³/h	1	尾气 O_2	16%～21%	1
	0～2kg/h	0.5	尾气 CO_2	0～5%	1
稀释速率	0～1h⁻¹	<0.5	荧光	0～5V	—
通气量	0～2m³/(m³·min)	0.1	在线 HPLC		
氧还电位	−0.6～0.3V	0.2	有机酸	0～1g/L	1～4
MSL 挥发物			红霉素	0～20g/L	<8
甲醇,乙醇	0～10g/L	1～5	其他副产物	0～5g/L	2～5
丙酮	0～10g/L	1～5	在线 GC		
丁酮	0～10g/L	1～5	乙酸	0～5g/L	2～7
在线 FIA			3-羟基丁酮	0～10g/L	<2
葡萄糖	0～100g/L	<2	丁二醇	0～10g/L	<8
NH₄⁺	0～10g/L	1	乙醇	0～5g/L	2
PO₄³⁻	0～10g/L	1～4	甘油	0～1g/L	<9
泡沫	开/关				

① 1bar＝10⁵Pa。

发酵过程的好坏完全取决于能否维持一生长受控的和使良好生产的环境。达到此目标的最直接和有效的方法是通过直接测量发酵的变量来调节生产过程。故在线测量是高效过程运行的先决条件。选择仪器时不仅要考虑其功能，还要确保该仪器不会增加染菌的机会。置于发酵罐内的探头必须耐高压蒸汽灭菌。常遇到的问题是探头的敏感表面受微生物的黏附。常规在线测量和控制发酵过程的设定参数有罐温、罐压、通气量、搅拌转速等。

一、设定参数

工业规模发酵对就地测量的传感器的使用十分慎重，不轻易采用一些无保证的未经考验的就地测量探头。现时采用的发酵过程就地测量仪器只是少数很牢靠的化学工厂也在用的传感器，如用热电耦测量罐温、压力表指示罐压、转子流量计读空气流量和测速电机显示搅拌转速等。

1. 状态参数

状态参数是指能反映过程中菌的生理代谢状况的参数，如 pH、溶解氧、溶解 CO_2、尾气 O_2、尾气 CO_2、黏度、菌浓等。现有的监测状态参数的传感器除了必须耐高温蒸汽反复灭菌，还具有探头表面被微生物堵塞的危险性，从而导致测量的失败。特别是 pH 和溶解氧电极有时还会出现失效和显著漂移的问题。为了克服漂移和潜在的探头失效问题，曾发明了探头可伸缩的适合于大规模生产的装置。这样，探头可以随时拉出，重新校正和灭菌，然后再推进去而不影响发酵罐的无菌状况。

在发酵生产中需要一些能在过程出错或超过设定的界限时发出警告或作自动调节的装置。例如，向过程控制器不断提供有关发酵控制系统的信息，当过程变量偏移到允许的范围之外，控制器便开始干预，自动报警。

在各种状态参数中 pH 和溶解氧或许是最为重要和广泛使用的。适合于大多数微生物生产的 pH 较窄，有些品种发酵需作 pH 的闭环控制，但大多数工业发酵的培养基含有缓冲剂，可调节不大的 pH 波动。调节 pH 可通过位式延迟开关控制酸碱的流加。对一些因碳源的耗竭会使 pH 升高的发酵过程，如青霉素，也可通过调节葡萄糖的流加速度来控制 pH 在一适合的范围。此法需调节好泵打开和停开的时间，以免葡萄糖添加过量。一般在发酵后期不宜用此法控制 pH。

溶解氧是好氧发酵的重要参数，它能反映发酵过程氧的供需和生产菌的生理状况。发酵液中的溶解氧浓度可通过改变通气量、搅拌速率、罐压、通气成分（纯氧或富氧）和加糖、补料来控制。实际生产中常设法维持溶解氧水平高于一临界值，而不是在一设定值。或许最有价值的状态参数是尾气分析和空气流量的在线测量。用红外和顺磁氧分析仪可分别测定尾气 CO_2 和 O_2 含量，也可以用一种快速、不连续的、能同时测多种组分的质谱仪测定。尽管得到的数据是不连续的，但这种仪器的速度相当快，可用于过程控制。

2. 间接参数

间接参数是指那些通过基本参数计算求得的，如摄氧率（OUR）、CO_2 释放速率（CER）、K_{La}、呼吸熵（RQ）等，见表 7-10。

表 7-10　通过基本参数求得的间接参数

监测对象	所需基本参数	换算公式
摄氧率（OUR）	空气流量 V(mmol/h)，发酵液体积 W(L)，进气和尾气 O_2 含量 $c_{O_2\,in}$、$c_{O_2\,out}$	$OUR = V(c_{O_2\,in} - c_{O_2\,out})/W = Q_{O_2}X$
呼吸强度（Q_{O_2}）	OUR，菌体浓度 X	$Q_{O_2} = OUR/X$

监测对象	所需基本参数	换算公式
氧得率系数($Y_{X/O}$)	① Q_{O_2}，μ	$Q_{O_2} = Q_{O_2 m} + \mu/Y_{X/O}$
	② Y_S，基质得率系数；M，基质相对分子质量	$1/Y_{X/O} = 16[(2C + H/2 - O)/Y_S M + O/1600 + C/600 - N/933 - H/200]$
CO_2 释放率（CER）	空气流量 V(mmol/h)，发酵液体积 W(L)，进气和尾气 CO_2 含量 $c_{CO_2\,in}$，$c_{CO_2\,out}$	$CER = V(c_{CO_2\,out} - c_{CO_2\,in})/W = Q_{CO_2} X$
比生产速率（μ）	Q_{O_2}，$Y_{X/O}$，Q_{Om}	$\mu = (Q_{O_2} - Q_{Om})Y_{X/O}$
菌体浓度（X_t）	Q_{O_2}，$Y_{X/O}$，Q_{Om}，$X_0 t$	$X_t = [e^Y(Q_{O_2} - Q_{Om})t]X$
呼吸熵（RQ）	进气和尾气 O_2 和 CO_2 含量	$RQ = CER/OUR$
体积氧传质系数（$K_L a$）	OUR，c_L，c^*	$K_L a = OUR/(c^* - c_L)$

通过对发酵罐作物料平衡可计算 OUR 和 CER 以及 RQ 值，后者反映微生物的代谢状况。它尤其能提供从生长向生产过渡或主要基质的代谢过渡指标。用此法也能在线求得体积氧传质系数 $K_L a$，它能提供培养物的黏度状况。

尾气分析能在线，即时反映生产菌的生长情况。不同品种的发酵和操作条件，OUR、CER 和 RQ 的变化不一样。以面包酵母补料-分批发酵为例，有两种主要原因导致乙醇的形成，包括培养基中基质浓度过高或氧的不足。前一种情况，称为负巴斯德效应。当乙醇产生时 CER 升高，OUR 维持不变。因此，RQ 的增加是乙醇产生的标志。应用尾气分析控制面包酵母分批发酵收到良好的效果。将 RQ 与溶解氧控制结合，采用适应性多变量控制策略可以有效地提高酵母发酵的产率和转化率。

综合各种状态变量可以提供反映过程状态、反应速率或设备性能的宝贵信息。例如，用于维持一环境变量恒定的过程控制动作（加酸，生物反应器的加热/冷却，消泡剂的添加等）常与生长和产物合成关联，尽管这些动作也受过程干扰、代谢迁移和其他控制动作的影响。如 pH 受反馈控制，用于调节 pH 的控制动作反映过程的代谢速率。将这些速率随时间积分可用于估算反应的进程。从冷却水的流量和测得的温度可以准确计算几百升罐的总的热负荷和热传质系数。后者是一种关键的设计变量，它的监测能反映高黏度或积垢问题。

二、离线发酵分析

除了 pH、溶解氧外还没有一种可就地监测培养基成分和代谢产物的传感器，这是由于开发可灭菌的探头或建立一种能无菌取样的系统有一定困难。故发酵液中的基质（糖、脂质、盐、氨基酸）、前体和代谢产物（抗生素、酶、有机酸和氨基酸）以及菌量的监测目前还是依赖人工取样和离线分析。所采用的分析方法从简单的湿化学法、分光光度分析、原子吸收、GC 到核磁共振（NMR），无所不包。离线分析的特点是所得的过程信息是不连贯的和迟缓的。离线测定生物量的方法见表 7-11。除流动细胞光度术外没有一种方法能反映微生物的状态。为此，曾采用几种系统特异的方法，如用于测定丝状菌的形态的成像分析、胞内酶活力的测量等。

表 7-11 离线测定生物量的方法

方法	原理	评价
压缩细胞体积	离心沉淀物的高度	粗糙和快速
干重	悬浮颗粒干后的质量	如培养基含固体，却难以解释
光密度	浊度	要保持线性需稀释，缺点同上
显微观察	血球计数器上作细胞计数	费力，通过成像分析可最大化
荧光或其他化学法	分析与生物量有关的化合物，如 ATP、DNA、蛋白质等	只能间接测量，校正困难
平板活菌计数	经适当稀释，数平板上的菌落	测量存活的菌，需长时间培养

三、在线发酵仪器的研究进展

随着使用计算机成本的下降和功能的不断增强，发酵监测和控制得到更大的改进。这为装备实验室和工厂规模的联（计算）机发酵监控提供了机会。为了解决一些养分和代谢物的测定需依赖离线分析仪的问题，曾开发一些新的就地检测的传感器。一些在线生物传感器和基于酶的传感器所具备的高度专一性和敏感性有可能满足在线测量这些基质的要求。现还存在灭菌、稳定性和可靠性问题，为此，有人发展了一些连续流动管式取样方法和临床实验室技术。在适当的校验条件下，菌量测量的新技术，如导纳波谱（admittance spectroscopy）、IR 光导纤维光散射检测、测定 NAD（P）H 的在线荧光探头，均显示相当好的直接关联，但受生物与物化等多样性的影响。同样，离子选择电极可用于测定许多重要的培养基成分，但所测的值是活度，需要进行一系列的干扰离子、离子效应和螯合的校正。这些装置有许多已商品化，但还存在一些灭菌、探头响应的解释问题。这些或许说明它们为什么还未得到推广的原因，目前主要在试验室和中试规模下应用。

有一种自动在线葡萄糖分析仪与适应性控制策略结合可用于高细胞密度培养时控制葡萄糖的浓度在设定点处。还有一种基于葡萄糖氧化酶固定化的可消毒的葡萄糖传感器曾用于大肠杆菌补料分批发酵中心。采用流动注射分析（FIA）法同一些智能数据处理方法，如基于知识的系统，人工神经网络、模糊软件传感器与卡尔曼滤波器结合做在线控制用，可快速可靠地监测样品，所需时间少于 2min。在线 HPLC 系统被用于监测重组大肠杆菌的计算机控制的补料分批发酵中的乙酸浓度。

光学测量方法在工业应用上更具吸引力，因它是非侵入性的，且可靠。曾开发了一种二维荧光分光术，用于试验和工业规模生产，以改进生物过程的监测性能。此法是基于荧光团（fluorophore），可用于监测蛋白质。也曾用近红外分光术于重组大肠杆菌培养中的碳氮养分及菌量与副产物的在线测量。采用就地显微镜监测可以获得有关细胞大小、体积、生物量的信息。

此外，还研究了一些其他测量菌量的方法。这些方法是基于声波、压电薄膜、生物电化学、激光散射、电导纳波谱、荧光、热量计和黏度。如前所述，用传感器测得的信号并不与发酵过程变量呈简单的线性关联，但也能使测量值与用于控制的状态变量，如 ATP 或 NAD（P）与菌量进行关联。但状态变量测量分析表明，测得的变量是多因素复合作用的结果。在适当的试验条件下，这些因素大多数不怎么变动，或可以相互抵消，并能关联。

Katakura 等（1998）构建了一种简单的由一半导体气体传感器和一继电器组成的甲醇控制系统。这种装置的传感器的输出电压（V）随甲醇浓度指数升高（1～10g/L）而呈指数地下降（0.3～1V），具有良好的线性关系。其他可燃气体，包括乙醇、氧对甲醇在线监测的干扰可忽略。温度的影响很大程度是因为直接影响甲醇在气液相中的平衡，故需将温度控制在（30±0.1）℃，以使温度漂移的影响减到最小。搅拌速度在 300～1000 r/min 并不影响甲醇浓度的在线测量，但空气流量的影响不可忽视，被固定在 3L/min。

Sato 等（2000）在清酒糖化期间采用一种 ATP 分析仪（ATP A-1000）在线测量酿酒酵母的胞内 ATPt321。用一种含有 0.08% 苄索氯铵（benzethonium chloride）的试剂萃取胞内 ATP，萃液中的 ATP 浓度用 FIA 法测定，用一光度计测量由细菌的荧光素、荧光素酶反应产生的生物荧光强度。在分析仪中这些反应自动进行。测量一个样品所需时间为 4min。这些操作与测量都是在一定间隔时间内自动进行的。

现时许多环境条件的测量，如前体、基质浓度，还不能进行在线直接反馈控制。因此，常用的发酵环境调节方法是基于把离线和在线测量联合应用于单回路反馈控制。反馈回路中离线测量的应用对控制质量有重要作用。

用反馈控制能很好地维持发酵条件，但不一定能使发酵在最佳的条件下运行。为了改进发酵系统的性能需考虑一些能反映菌的生理代谢而不只是其所处的环境条件的参数。通过改变基质添加速率可直接控制 OUR，从而控制微生物的生长。利用 DO 变化作为 OUR 的指示，以此控制补料-分批青霉素发酵的补料。热的生成（由能量平衡求得）可用于反映若干代谢活性。在新生霉素发酵中利用热的释放，通过补料速率来调节其比生长速率。也有用质量平衡来进行在线估算。此技术曾用于补料-分批、连续酵母发酵和次级代谢物发酵。平衡技术更适合于用合成或半合成培养基的发酵，即使这样，也会有部分碳不知去向。

拓展学习

计算机在发酵中的应用

计算机在发酵中的应用有三项主要任务：过程数据的储存、过程数据的分析和生物过程的控制。数据的存储包含以下内容：顺序地扫描传感器的信号，将其数据条件化、过滤和以一种有序并易找到的方式储存。数据分析的任务是从测得的数据用规则系统提取所需信息，求得间接（衍生）参数，用于反映发酵的状态和性质。过程管理控制器可将这些信息显示、打印和做曲线，并用于过程控制。控制器有三个任务：按事态发展或超出控制回路设定点的控制；过程灭菌，投料，放罐阀门的有序控制；常规的反应器环境变量的闭环控制。此外，还可设置报警分析和显示。一些巧妙的计算机监控系统主要用于中试规模的仪器装备良好的发酵罐。对生产规模的生物反应器，计算机主要应用于监测和顺序控制。有些新厂确实让计算机控制系统充分发挥其潜在的作用。最先进形式的优化控制可使生产效率达到最大，但现今即使在中试规模也还未成熟。近年来，曾将知识库系统用于改进（提供给操作人员的）信息质量和提高过程自动监督水平。张嗣良等以细胞代谢流分析与控制为核心的生物反应工程学观点，通过试验研究，提出了基于参数相关的发酵过程多水平问题研究的优化技术与多参数调整的放大技术。他们设计了一种新概念生物反应器，以物料流检测为手段，通过过程优化与放大，达到大幅度提高青霉素、红霉素、金霉素、肌苷、鸟苷、重组人血清白蛋白的发酵水平。他们采用的计算机参数监控系统（图 7-24）及相关参数研究的优化技术，由计算机人机界面取得如图 7-25 所示的 F-HAS 发酵过程多参数趋势曲线。

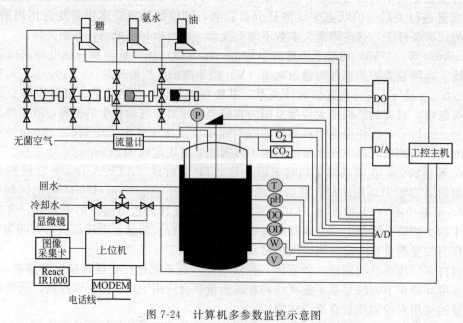

图 7-24 计算机多参数监控示意图

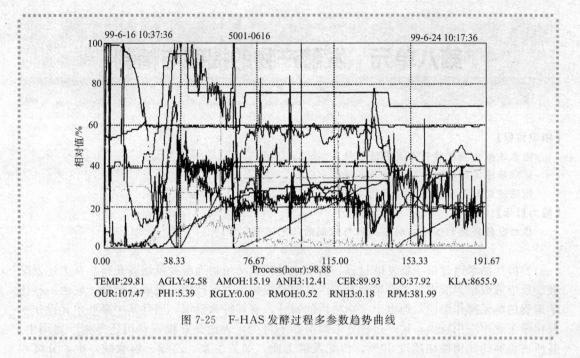

图 7-25 F-HAS 发酵过程多参数趋势曲线

思考与测试

1. 在通气搅拌发酵中，搅拌有什么作用？

2. 好氧性发酵生产中，如何控制溶解氧？

3. 温度对微生物生长和代谢有什么影响？引起发酵温度变化的原因有哪些？生产上如何控制发酵温度？

4. pH 对微生物生长和代谢有什么影响？引起发酵 pH 变化的原因有哪些？生产上如何控制发酵 pH？

5. 泡沫形成的原因是什么？泡沫对发酵有什么危害？发酵生产中如何控制泡沫？

6. 补料的目的是什么？补料的方式有哪些？发酵生产中如何控制补料？

7. 简述发酵染菌的危害。

8. 发酵生产上，染菌的检查方法有哪些？

9. 发酵染菌的常用处理措施有哪些？

10. 发酵生产上，通常采取哪些措施防止染菌？

第八单元　发酵产物的提取与精制

【知识目标】
　　能陈述微生物发酵药物发酵液的特征。
　　能准确陈述细胞破碎的原理与方法。
　　能陈述发酵药物提取与精制的一般流程，以及提取与精制方法的选择。
【能力目标】
　　根据发酵药物的性质，制定提取与精制的工艺流程。

　　发酵产品系通过微生物发酵过程、酶反应过程或动植物细胞大量培养获得。从上述发酵液、反应液或培养液中分离、精制有关产品的过程称为发酵产物的提取与精制。它由一些化学工程的单元操作组成，但由于生物物质的特性，有其特殊要求，而且其中某些单元操作一般化学工业中应用较少。这一过程复杂而又必不可少，无论是在投资费用还是生产费用中，其所占总额的比例往往超过 50%。传统发酵工业（如抗生素、乙醇、柠檬酸）中，分离和精制部分占整个工厂投资费用的 60%。对重组 DNA 发酵、精制蛋白质的费用可占整个生产费用的 80%~90%。提取与精制技术直接影响发酵产物的质量和得率，从而影响到生产的经济效益，因此，发展高效提取与精制技术成为发酵制药领域的一个重要研究方向。

　　发酵液是微生物利用基质中的营养物质进行生长、繁殖和代谢，最终获得的一种浑浊体系，不同于一般的化学品，具有其自身的特点。

1. 发酵液是多组分混合物

　　培养液（或发酵液）是复杂的多相系统，不仅包含营养基质中本身固有的各类营养物质（如糖、蛋白质、无机盐、维生素等），还含有微生物代谢途径的中间产物（如氨基酸、有机酸等）、副产物和目标产物、细胞碎片等。分散在其中的固体和胶状物质，具可压缩性，其密度又和液体相近，加上黏度很大，使从培养液中分离固体很困难。

2. 发酵液中产物浓度较低

　　培养液中所含欲提取的生物物质浓度很低，但杂质含量却很高，特别是利用基因工程方法产生的蛋白质常常伴有大量性质相近的杂质蛋白质。

3. 大多数发酵产物的稳定性差

　　欲提取的生物物质通常很不稳定，遇热、极端 pH、有机溶剂会引起失活或分解，特别是与蛋白质的生物活性和一些辅助因子、金属离子的存在及分子构型有关。一般认为剪切力

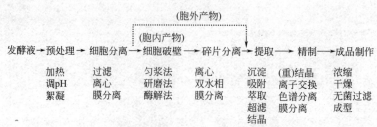

图 8-1　发酵产物的提取与精制工艺过程

会影响空间构型，对蛋白质的活性影响很大。

发酵产物的提取与精制包括目标产物的提取、浓缩、纯化及成品化等过程，一般工艺过程如图 8-1 所示。

任务一 发酵液的预处理和固液分离

从发酵液中分离出固体通常是发酵产物提取与精制的第一步操作，这一步很困难。发酵液预处理的目的，就在于改变发酵液的性质，以利于固液分离。例如，在活性物质稳定的范围内，通过酸化、加热以降低发酵液的黏度。另一种有效的方法是加入絮凝剂，使细胞或溶解的大分子聚结成较大的颗粒。

在固液分离中，传统的板框压滤机和鼓式真空过滤机在某些场合仍在使用，例如处理较粗大的真菌菌丝体时，但在很多场合会遇到困难。一种较好的解决办法是在鼓式真空过滤机转鼓的表面预先铺一层 2～10cm 厚的助滤剂层，过滤时形成的滤饼不断地用缓慢前进的刮刀连同极薄的一层助滤剂（约百分之几毫米厚）一起刮去。但当滤饼用做饲料时，此法就不能采用。此外，离心分离也是常用的方法，较新的装置是倾析式离心机，适用于含固量较多的发酵液。

一种新的过滤方法是利用微滤膜或超滤膜进行错流过滤，此时无滤饼形成。对细菌悬浮液，滤速达 $67～118L/(m^2 \cdot h)$，此法的缺点是不能将液固相分离完全。

任务二 微生物细胞的破碎

微生物的代谢产物有的分泌到细胞或组织之外，例如细菌产生的碱性蛋白酶，霉菌产生的糖化酶等，称为胞外产物。还有许多是存在于细胞内，例如青霉素酰化酶、碱性磷酸酯酶等，称为胞内产物。

对于胞外产物只需直接将发酵液预处理及过滤，获得澄清的滤液，作为进一步纯化的出发原液；对于胞内产物，则需首先收集菌体进行细胞破碎，使代谢产物转入液相中，然后再进行细胞碎片的分离。

一、微生物细胞的破碎技术

常见的细胞破碎方法有：机械方法（球磨机、高压匀浆器、X-press 法、超声波破碎）和非机械方法（酶解法、渗透压冲击、冻结-融化法、干燥法、化学法）。

1. 球磨机

研磨是常用的一种方法，它将细胞悬浮液与玻璃小珠、石英砂或氧化铝一起快速搅拌或研磨，使达到细胞的某种程度破碎。这些装置的主要缺点是在破碎期间样品温度迅速升高，通过用二氧化碳来冷却容器可得到部分解决。

2. 高压匀浆器

如图 8-2 所示为高压匀浆阀结构示意图。高压匀浆器是细胞破碎常用的设备，它由可产生高压的正向排代泵和排出阀组成，排出阀具有狭窄的小孔，其大小可以调节。细胞浆液通过止逆阀进入泵体内，在高压下迫使其在排出阀的小孔中高速冲出，并射向撞击环上，由于突然减压和高速冲击，使细胞受到高的液相剪切力而破碎。在操作方式上，

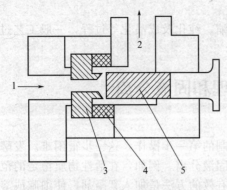

图 8-2 高压匀浆阀结构示意图
1—细胞悬浮液；2—加工后的细胞匀浆液；
3—阀座；4—碰撞环；5—阀杆

可以采用单次通过匀浆器或多次循环通过等方式，也可连续操作。

3. X-press 法

一种改进的高压方法是将浓缩的菌体悬浮液冷却至 -30~-25℃ 形成冰晶体，利用 500MPa 以上的高压冲击，冷冻细胞从高压阀小孔中挤出。细胞破碎是由于冰晶体的磨损，包埋在冰中的微生物的变形所引起的。

该法的优点是适用的范围广、破碎率高、细胞碎片的粉碎程度低以及活性的保留率高。但该法对冷冻-融解敏感的生化物质不适用。

4. 超声波法

细胞的破碎是由于超声波的空穴作用，从而产生一个极为强烈的冲击波压力，由它引起的黏滞性漩涡在介质中的悬浮细胞上造成了剪切应力，促使细胞内液体发生流动，从而使细胞破碎。

对于不同菌种的发酵液，超声波处理的效果不同，杆菌比球菌易破碎、革兰阴性菌细胞比革兰阳性菌细胞容易破碎，对酵母菌的效果极差。

该法不适于大规模操作，因为放大后要输入很高的能量来提供必要的冷却，这是困难的。

5. 酶解法

利用酶反应，分解破坏细胞壁上特殊的键，从而达到破壁的目的。

优点：专一性强，发生酶解的条件温和。

缺点：酶水解费用较贵，一般只适用于小规模的实验室研究。

6. 自溶作用

自溶作用是酶解的另一种方法，所需溶胞的酶是由微生物本身产生的。影响自溶过程的因素有温度、时间、pH、缓冲液浓度、细胞代谢途径等。自溶法在一定程度上能用于工业规模，但是对不稳定的微生物容易引起所需蛋白质的变性，自溶后的细胞培养液过滤速度也会降低。

7. 渗透压冲击

渗透压冲击是较温和的一种破碎方法，将细胞放在高渗透压的介质中（如一定浓度的甘油或蔗糖溶液），待达到平衡后，介质被突然稀释，或者将细胞转入水或缓冲液中，由于渗透压的突然变化，水迅速进入细胞内，引起细胞壁的破裂。

渗透压冲击的方法仅对细胞壁较脆弱的菌，或者细胞壁预先用酶处理，或合成受抑制而强度减弱时才是合适的。

8. 冻结-融化法

将细胞放在低温下突然冷冻和室温下融化，反复多次而达到破壁作用。由于冷冻，一方面能使细胞膜的疏水键结构破裂，从而增加了细胞的亲水性能，另一方面胞内水结晶，使细胞内外溶液浓度变化，引起细胞突然膨胀而破裂。对于细胞壁较脆弱的菌体，可采用此法。但通常破碎率很低，即使反复循环多次也不能提高收率。另外，还可能引起对冻融敏感的某些蛋白质的变性。

9. 干燥法

可采用空气干燥、真空干燥、喷雾干燥和冷冻干燥等。空气干燥主要适用于酵母菌。真空干燥适用于细菌的干燥。冷冻干燥适用于较不稳定的生化物质。干燥法条件变化较剧烈，容易引起蛋白质或其他组织变性。

10. 化学法

用酸碱及表面活性剂处理，可以使蛋白质水解、细胞溶解或使某些组分从细胞内渗漏出来。某些脂溶性溶剂也能作为化学处理的方法，如丁醇、丙酮、氯仿及尿素等。但是这些试剂容易引起生化物质破坏，还会带来分离和回收化学物质的问题。

二、破碎方法的选择

选择合适的破碎方法需要考虑下列因素：

① 细胞的数量；

② 所需要的产物对破碎条件（温度、化学试剂、酶等）的敏感性；

③ 要达到的破碎程度及破碎所必要的速度；

④ 尽可能采用最温和的方法；

⑤ 具有大规模应用潜力的生化产品应选择适合于放大的破碎技术。

任务三　发酵产物的提取

经固液分离或细胞破碎及碎片分离后，活性物质存在于滤液中。滤液体积很大、浓度很低，下游加工过程就是浓缩和纯化的过程，常需好几步操作。其中第一步操作最为重要，称为初步纯化或提取，主要目的在于浓缩，也有一些纯化作用，而以后几步操作所处理的体积小，合称为高度纯化或精制。

（1）吸附法　吸附法主要用于抗生素等小分子物质的提取，系利用吸附剂与抗生素之间的分子引力而将抗生素吸附在吸附剂上。吸附剂有活性炭、白土、氧化铝、各种离子交换树脂等。其中以活性炭应用最广，但有很多缺点，如吸附性能不稳定，即使由同一工厂生产的活性炭，也会随批号不同而改变；选择性不高，即有些杂质被一起吸附，然后又一起洗下来；可逆性差，即常常洗不下来；不能连续操作，劳动强度较大；炭粉还会影响环境卫生。其他吸附剂也在不同程度上存在这些缺点，因此吸附法曾几乎被淘汰，只有对新抗生素提取或其他方法都不适用时，才考虑用吸附法。例如维生素 B_{12} 用弱酸 122 树脂吸附、丝裂霉素用活性炭吸附等。但 1957 年后，随着一种性能优良的新型吸附剂——大网格聚合物吸附剂的合成和应用成功，吸附法又被广泛应用。

（2）离子交换法　离子交换法也主要用于小分子的提取中。离子交换法系利用离子交换树脂和生物物质之间的化学亲和力，有选择性地将生物物质吸附上去，然后以较少量的洗脱剂再将它洗下来。利用此法时，生物物质必须是极性化合物，即在溶液中能形成离子的化合物。如生物物质为碱性，则可用酸性离子交换树脂去提取；如生物物质为酸性，则可用碱性离子交换树脂来提取（例如链霉素是强碱性物质，可用弱酸性树脂来提取）。

当树脂和操作条件选择合适时，虽然杂质的浓度远远超过生物物质的浓度，也能将生物物质有选择性地吸附在树脂上。另外，洗脱时也具有选择作用。因而经过吸附洗脱后，能达到浓缩和精制的目的。

一般的离子交换树脂的骨架具有疏水性，与蛋白质的疏水部分有吸附作用，而使蛋白质变性失活。以天然糖类为骨架的离子交换剂，由于其骨架具有亲水性，可用来提取蛋白质（例如以纤维素为骨架的离子交换剂可用来提取乳清中的蛋白质）。

(3) 沉淀法 沉淀法广泛用于蛋白质的提取中。它主要起浓缩作用，而纯化的效果较差，一般纯化因子只有 3 左右。本法又可分为下列 5 种类型：

① 盐析 加入高浓度的盐使蛋白质沉淀，其机理为蛋白质分子的水化层被除去，而相互吸引。最常用的盐是硫酸铵，加入的量通常应达到 20%～60% 的饱和度。

② 加入有机溶剂 其机理为加入有机溶剂会使溶液的介电常数降低，从而使水分子的溶解能力降低，在蛋白质分子周围不易形成水化层。缺点是有机溶剂常引起蛋白质失活。

③ 调 pH 至等电点 此法沉淀能力不强，常同时加入有机溶剂，使沉淀完全。

④ 加入非离子型聚合物 如 PEG，其机理与加入有机溶剂相似。

⑤ 加入聚电解质 如聚丙烯酸，其机理与盐析作用相似。

沉淀法也用于小分子物质的提取中，但具有不同的机理。通常是加入一些无机、有机离子或分子，能和生物物质形成不溶解的盐或复合物，而沉淀在适宜的条件下又很易分解。例如四环类抗生素在碱性下能和钙、镁、钡等重金属离子或溴化十五烷吡啶形成沉淀，青霉素可与 N, N'-二苄基乙二胺形成沉淀，新霉素可以和强酸性表面活性剂形成沉淀。另外，对于两性抗生素（如四环素）可调节 pH 至等电点而沉淀；弱酸性抗生素如新生霉素，可调节 pH 至酸性而沉淀。

一般发酵单位越高，利用沉淀法越有利，因残留在溶液中的抗生素浓度是一定的，故发酵单位越高、收率就越高。

(4) 溶剂萃取法 由于蛋白质遇有机溶剂会引起变性，故溶剂萃取法一般仅用于抗生素等小分子生物物质的提取。溶剂萃取法的原理在于：当抗生素以不同的化学状态（游离状态或成盐状态）存在时，在水及与水互不相溶的溶剂中有不同的溶解度。例如青霉素在酸性条件下成游离酸状态，在醋酸丁酯中溶解度较大，因而能从水转移到醋酸丁酯中；而在中性下，成盐状态，在水中溶解度较大，因而能从醋酸丁酯转移到水中。当进行转移时，杂质不能或较少地随着转移，因而能达到浓缩和提纯的目的。有时，一次转移并不能将杂质充分除去，则采用二次萃取（例如红霉素提炼采用二次萃取）。

溶剂萃取法常遇到的困难是分配系数较低。一种解决的方法是利用反应萃取法（reactive extraction），即利用一种溶剂（通常是有机膦化合物或脂肪胺），能按一定化学计量关系与生物物质形成特异性的溶剂化键或离子对复合物，例如苏元复等利用此法对柠檬酸的提取。又如青霉素通常在 pH2 时，用醋酸丁酯进行萃取，但在此 pH 下青霉素易失活；利用仲胺或叔胺作为萃取剂，醋酸丁酯作为稀释剂，则可在 pH5 下进行萃取，青霉素的损失低于 1%。本法过去也称为带溶剂（carrier）法。

(5) 两水相萃取法 两水相萃取法仅适用于蛋白质的提取，近年来也开始研究用于小分子物质。由于聚合物分子的不相容性，两种聚合物的水溶液（含盐或不含盐）可以分成两相。例如聚乙二醇 PEG 与葡聚糖（dextran）的水溶液。一种聚合物如 PEG 和一种盐如磷酸盐也能形成两相。蛋白质分子可在两相间进行分配。影响分配系数的因素很多，如聚合物的种类和浓度、聚合物的分子量、离子的种类、离子强度、pH 和温度等。而且这些因素相互有影响。对这种复杂系统，尚无理论分析，最适条件常由实验决定。目前已成功地应用在 30 种酶的提取中。

(6) 超临界流体萃取 对一般物质，当液相和气相在常压下达到平衡时，两相的物理性质如黏度、密度等相差很显著。在较高压力下，这种差别逐渐缩小，当达到某一温度与压力时，两相差别消失，合并成一相，这时称为临界点，其温度和压力分别称为临界温度和临界压力。当温度和压力略超过或靠近临界点时，其性质介于液体和气体之间，称为超临界流体。例如二氧化碳的临界温度为 31.1℃，临界压力为 7.3MPa。

超临界流体的密度和液体相近、黏度和气体相近，溶质在其中的扩散速度可为液体的 100 倍，这是超临界流体的萃取能力和萃取速度优于一般溶剂的原因。而且流体的密度越大，萃取能力也越大，变化温度和压力可改变萃取能力，对某物质具有选择性。已用于咖啡脱咖啡因、啤酒花脱气味等。常用二氧化碳作为萃取剂，因其临界压力较低，操作较安全且无毒，适用于萃取非极性物质。对极性物质萃取能力差，但可加入极性的辅助溶剂——称为夹带剂（entrainer）来补救。减压后 CO_2 汽化除去，不会污染产品。

本法还能应用于结晶。将超临界液体溶解到溶液中，使溶液稀释膨胀，降低原溶剂对溶质的溶解能力，在短时间内形成较大的过饱和度而使溶质结晶析出，可制备超细微粒。

（7）逆胶束萃取　将水溶液与有机溶剂和表面活性剂混合，并加以搅拌，若系统选择适当，则会形成逆胶束。表面活性剂处在胶束表面，极性端指向胶束内部，而非极性端指向胶束外面，形成含逆胶束的有机相与水相成平衡。蛋白质就在这种有机相与水相之间进行分配，如图 8-3 所示。改变操作条件可以有较高的分配系数。影响分配系数的因素很多，主要是 pH。如果选择的是带负电荷

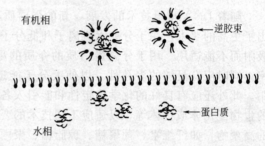

图 8-3　蛋白质溶解在有机相胶束中的示意图

的表面活性剂，则调 pH 使蛋白质带正电荷，依赖静电引力就能使抗生素移向逆胶束中；如果调 pH 使蛋白质带负电荷，则蛋白质被排斥而移入水相，即达到反萃取。

（8）膜过滤法　膜过滤法包括微滤、超滤、纳滤和反渗透四种过程。超滤法是利用一定截留分子量的超滤膜进行溶质的分离或浓缩。小于截留值的分子能通过膜，而大于截留值的分子不能通过膜，因而达到分离。这是一个非常简单的过程，不需加入化学试剂，消耗的能量也较少。

适用于超滤的物质，相对分子质量在 500～1000000 之间，或分子大小近似地在 1～10nm 之间。

在小分子物质的提取中，超滤主要用于去除大分子杂质。在大分子物质的提取中，超滤主要用于脱盐、浓缩。利用透析过滤法，还可将一种缓冲液换成另一种缓冲液，以便进行色层分析。

微滤主要用于发酵液中除去菌体，反渗透主要用于小分子的浓缩，纳滤也可用于小分子的浓缩，而且所能达到的浓缩程度高于反渗透。膜过滤的主要缺点是膜的寿命较短和通量低，很难用于处理量大的工业中，但这些缺点正在被克服，有很好的发展前景。

任务四　发酵产物的精制

经提取后，发酵液的体积已大大缩小。但纯度提高不多，需要进一步进行精制。大分子（蛋白质）和小分子物质的精制方法有类似之处。但侧重点有所不同，大分子物质的精制依赖于色层分离，而小分子物质的精制常常利用结晶操作。

一、色谱分离

色谱分离是一种高效的分离技术，过去仅用于实验室中，后来规模逐渐扩大而应用于工业上。操作是在柱中进行，包含两个相——固定相和移动相，物质在两相间因分配情况不

同，在柱中的运动速度也不同而获得分离。色层分离是一组相关技术的总称，根据分配机理的不同，可以分为如下几种类型，见表 8-1。

表 8-1 各种色谱分离方法

方法	机理	分离能力	容量
凝胶色谱	分子的大小和形状	中等	小
离子交换色谱	电荷和离解度	高	很大
聚焦色谱	等电点	很高	大
疏水色谱	表面自由能	高	大
亲和色谱（免疫吸附色谱）	特殊的生物作用力	优异	很大

随着 DNA 重组技术的发展，新的蛋白质不断出现，纯化这种蛋白质对色层分离技术提出了更高的要求。用于分离无机离子和低分子量有机物质的色层分离介质，由于有非特异性吸附而不能适用。用于分离蛋白质的介质的母体必须有足够的亲水性，以保证有较高的收率；同时应有足够的多孔性，以使大分子能透过；有足够的强度，以便能在大规模柱中应用。此外还应有良好的化学稳定性和能引入各种功能团，如离子交换基团、疏水烃链、特殊的生物配位体或抗体等，以适应不同技术的要求。工业上应用的母体有天然、半合成或合成的高聚物，如纤维素、葡聚糖、琼脂糖、聚丙烯酰胺等。亲水凝胶的一个固有缺点是强度不够，当放入柱中使用时，会发生变形，使压力降增大或流速减小。这个困难可通过改变柱的设计来补救。要增大分离能力，可以增大柱径而不是柱高。分级柱可使压力降在流速高时限制在某一水平。采用均匀、球形的分离介质可使压力降减小，强度较好的分离介质和色谱柱设计的化工问题的解决是色层分离法工业化的关键。

二、结晶

结晶可以认为是沉淀的一种特殊情况，结晶的先决条件是溶液要达到过饱和。要达到过饱和，可用下列方法：①加入某些物质，使溶解平衡发生改变，例如调 pH；②将溶液冷却或将溶剂蒸发。

正确控制温度、溶剂的加入量和加料速度可以控制晶体的生长，以获得粗大的晶体有利于晶体的过滤除去母液。

结晶主要用于低分子量物质的纯化，例如抗生素。青霉素 G 用醋酸丁酯从发酵液中萃取出来，然后加入醋酸钾的酒精溶液以产生沉淀。柠檬酸在工业上用冷却的方法进行结晶。

任务五 选择纯化方法的依据

选择纯化方法应根据目标蛋白质和杂蛋白在物理、化学和生物学方面性质的差异，尤其重要的是表面性质的差异，例如表面电荷密度（滴定曲线）、对一些配基的生物特异性、表面疏水性、表面金属离子、糖含量、自由巯基数目、分子大小和形状（相对分子质量）、pH 值和稳定性等。

选用的方法应能充分利用目标蛋白质和杂蛋白间性能的差异。当几种方法联用时，最好以不同的分离机制为基础，而且经前一种方法处理的液体应能适合于作为后一种方法的料液，不必经过脱盐、浓缩等处理。如经盐析后得到的液体，不适宜于离子交换色谱，但对疏水色谱，则可直接应用。疏水色谱接在离子交换色谱后也很合适。

拓展学习

发酵产物的提取与精制过程正在不断地改进和变化，新的分离方法不断出现，从近期文献看来，其发展趋向大体上有下列七个方面。

1. 操作集成化

如前文所述，操作步骤减少能使收率提高，因此将几个步骤合并，无疑是有吸引力的。最引人注目的是扩张床吸附技术，它能取代液固分离、浓缩和初步纯化三步操作，以使过程大大简化，是近 10 年来研究的热点之一。与流化床相比，它返混程度很小，因而分离效果较好；与固定床相比，它能处理含菌体的悬浮液，可省却困难的过滤操作。本法的关键是研究和制备能适用于不同场合的合适吸附剂，更是最近研究的热点。

又如将细胞破碎与两水相萃取结合起来，既将目标产物自胞内释放又达到初步纯化。L-天冬酰胺酶处在大肠杆菌细胞的壁膜间隙（periplasmic space）中，可以用化学渗透法将它释放出来，利用一种中性表面活性剂（聚乙二醇辛基苯基醚）和磷酸盐组成的两水相系统能将酶全部释放出来，而且几乎完全单侧分配在水相（磷酸盐相），这样能和表面活性剂分离，有利于纯化。

2. 方法集成化

这方面方法很多，仍在不断地发展中。例如将亲和作用力与膜分离结合起来，利用了前者的高选择性和后者的高处理能力的优点，弥补了亲和色谱的处理量小和膜分离选择性差的缺点，称为亲和膜分离。其他如亲和分配、亲和沉淀、亲和絮凝、膜色谱、膜萃取、膜蒸馏、两水相转化等在此不一一列举。

3. 大分子与小分子分离方法的相互渗透

大分子物质的分离开始时采用高度发展的小分子物质分离的各种单元操作，后加以改进开发出适用于大分子物质的新颖方法，如两水相萃取和逆胶束萃取。近年来则有趋势把这些新颖方法应用于小分子物质。有些方法如亲和色谱或亲和分配法，过去都用于大分子，现在也研究应用于小分子。

4. 亲和技术的推广使用和亲和配基的人工合成

由于亲和色谱介质和配基耦合技术的提高，使得亲和介质的成本降低和亲和配基的稳定性提高，尽早使用选择性强的亲和色谱，与杂质尽早分离应该有助于下游过程。过去由于亲和色谱介质价格较贵和亲和配基不稳定，认为亲和色谱不适用于在第一步操作使用，目前这种情况正在改变。

亲和技术的最大难点在于获得合适的配基。有些蛋白质已从生物代谢或反应中知道其配基，但数量不多，而且其中有些太贵或性质不稳定，缺少实用价值。经过生物化学家和有机合成专家的共同努力，历经几十年，现在用人工合成配基的技术——分子印迹（molecular imprinting）已日趋成熟。其基本原理是将带有各种官能团的烯类单体，在交联剂存在下，与模板分子共同聚合，这种官能团可以是能与模板分子非共价结合（如静电力、疏水力和氢键等），也可以是共价结合（如硼酸与顺式 1,2-二羟基之间的作用），而且这种结合是可逆的。聚合后，再将模板分子洗出，就留下一定的空间结构，对模板分子有特殊的亲和力。

5. 优质色谱介质的开发

色谱介质经历了天然多糖类化合物（纤维素、葡聚糖、琼脂糖）、人工合成化合物（聚丙烯酰胺凝胶、甲基丙烯酸羟乙酯、聚甲基丙烯酰胺）和天然、人造混合型几个阶段，主要着重于开发亲水性、孔径大、机械强度好的介质。近年来开发的灌注色谱法，所用介质称为 Poros 介质，含两类孔。一类为贯流孔，孔径 $600\sim800nm$，流体可以对流形式通过；另一类为扩散孔，孔径 $50\sim100nm$。溶质可以对流形式传入颗粒内，然后以扩散形式传入活性位点，使传质速度大大提高，因而可增高色谱柱的线速度而不致使容量或分辨率降低。

6. 基因工程对下游过程的影响

过去上游技术的发展常不考虑下游方面的困难，致使发酵液浓度提高了，却得不到产品。下游方面也强调要服从上游方面的需要，比较被动。现以发展的要求，生物工程作为一个整体，上、中、下游要互相配合。上游方面已开始注意为下游提取方便创造条件，例如将原来是胞内产物变为胞外产物或处于壁膜间隙（periplasmic space）；在细胞中高水平的表达形成细胞包含体（inclusion body），在细胞破碎后，在低离心力下即能沉降，故容易分离；近年来开发出一种融合蛋白（fusion protein）的方法，以利于分离纯化，即利用基因重组的方法，在目标蛋白的基因上，融合上一个尾巴基因，表达后得到的融合蛋白的 C 端或 N 端就会接上有利于分离的标记，例如标记为几个精氨酸残基，就可以离子交换法提取；标记为几个组氨酸残基，就可以固定化金属离子亲和色谱法提取，最后再将标记切下得到目标蛋白。

7. 发酵与提取相耦合

在发酵过程中，把产物提取出来，以避免反馈抑制作用。其方法很多，如萃取与发酵相耦合的萃取发酵、超临界 CO_2 萃取发酵或膜过滤与发酵相耦合的膜过滤发酵等。

思考与测试

1. 发酵液具有哪些基本特征？
2. 简要说明发酵制药药物提取与精制的一般流程。
3. 细胞破碎的常见方法有哪些？简要说明各种方法的原理和特点。

第九单元　安全生产与环境保护

【知识目标】
　　认识发酵工厂安全生产的重要性、发酵工业"三废"的来源和一般处置方法。
　　了解发酵工厂易发生安全事故的场所和环节、发酵工业废液污染控制要求、废渣及污泥的处置及处理系统。
【能力目标】
　　掌握发酵工业易发安全事故的预防及处理措施、发酵废水生化处理的一般流程及要点。

任务一　安全生产

一、安全生产的重要性

　　近年来，我国安全生产的监管力度在不断加大，但在化工、煤矿、交通等行业重大事故仍有发生，人民生命财产损失惨重。这让我们越来越认识到安全生产的重要性：安全为天。

　　2002 年国家已颁布实施了《安全生产法》，将安全生产工作纳入了法制化管理的轨道，把对安全生产的要求提高到了一个新的高度。安全问题，不是一个个人问题，而是一个社会问题。

　　现代工业生产是以广泛使用日新月异的大机器为特征的生产，与人们有关联的设备、零部件以及整个环境，其硬度远比人类的躯体强，其速度远比人们看到后再采取措施快，其能量远比人体的能量大，故安全生产非常重要。

　　我们不仅要增强对不安全生产危害性的认识，更重要的是增强对安全生产与自己密切相关的认识。只有全面认识到生产事故的复杂性、突发性、严重性，才能更好地领会安全生产的重要性。

二、生化生产中常见的安全问题及预防

　　生化生产具有化工生产的一般特点，容易发生中毒、腐蚀、触电、燃烧、爆炸等工伤事故，给人们的生命财产造成无法挽回的损失。下面从二氧化碳中毒、漏电与触电、压力容器的爆炸等几个方面分析其原因和介绍预防措施。

1. 二氧化碳中毒

　　（1）二氧化碳中毒机理　　二氧化碳（CO_2）是无色气体，高浓度时略带酸味。工业上，二氧化碳常被加压变成液态储在钢瓶中，放出时，二氧化碳可凝结成为雪状固体，俗称干冰。CO_2 是窒息性气体，本身毒性很小，但在空气中出现会排挤氧气，使空气含氧量降低。人吸入这种窒息性气体含量高的空气时，会由于缺氧而中毒。

　　职业性接触二氧化碳的生产过程有：①长期不开放的各种矿井、油井、船舱底部及水道等；②利用植物发酵制糖、酿酒以及用玉米制造丙酮等生产过程；③在不通风的地窖和密闭的仓库中储藏水果、谷物等产生高浓度二氧化碳；④灌装及使用二氧化碳灭火器；⑤亚弧焊作业等。

二氧化碳中毒绝大多数为急性中毒，鲜有慢性中毒病例报告。二氧化碳急性中毒主要表现为昏迷、反射消失、瞳孔放大或缩小、大小便失禁、呕吐等，更严重者还可出现休克及呼吸停止等。经抢救，较轻的病员在几小时内逐渐苏醒，但仍可有头痛、无力、头昏等，需两三天才能恢复；较重的病员大多是没有及时抢救出现场而昏迷者，可昏迷很长时间，出现高热、电解质紊乱、糖尿、肌肉痉挛强直或惊厥等，甚或即刻呼吸停止身亡。

如需进入发酵罐或储酒池等含有高浓度二氧化碳场所，应该先进行通风排气，通风管应该放到底层；或者戴上能供给新鲜空气或氧气的呼吸器，才能进入。

（2）二氧化碳中毒实例　1988年6月21日，上海某酿酒厂3名工人在清洗成品仓库酒池时，相继昏倒，10余分钟后，被依次救出，急送至有关医院抢救，其中两人抢救无效死亡，一人抢救后脱离危险。根据现场调查和临床资料，确认该起事故系急性职业中毒事故，为高浓度二氧化碳急性中毒伴缺氧引起窒息。

现场调查发现，发生事故的酒池位于地面下，池底有约4cm厚的酒泥。现场无防护设施、照明差。在救人过程中，酒池内已通过工业用氧气，而对事故现场进行有毒有害气体检测结果显示，二氧化碳浓度超过国家卫生标准6.2倍。二氧化碳达到窒息浓度时，人不可能有所警觉，往往尚未逃走就已中毒和昏倒。

酒池内存在高浓度二氧化碳，主要原因是酒池内有醋酸菌，在其作用下，酒池内残存的葡萄酒可分解为醋酸，醋酸进一步分解为二氧化碳和水。操作工人缺乏起码的劳动安全卫生保障，在清洗酒池时，也未采取任何防护措施，从而导致事故发生。

（3）进入发酵工厂封闭空间的安全规定　所谓发酵工厂的"封闭空间"，是指厂内的仓、塔、器、罐、槽、机和其他封闭场所，如原料仓库、发酵罐等进出口受限制的密闭、狭窄、通风不良的空间。这些场所易发生中毒事故；隐蔽，不易被发现；不通畅，逃生、施救困难。为避免类似上述CO_2中毒事故，发酵工厂针对进入封闭空间制定如下安全规定：进入封闭空间作业前必须办理工作许可证；进入封闭空间作业前必须分析掌握设备状况，做好防护工作，穿戴好防护用品；保证封闭空间与其他设备、管道可靠隔离，防止其他系统中的介质进入封闭空间；严禁堵塞封闭空间通向大气的阀门；保持足够通风，排除封闭空间内易挥发的气体、液体、固体沉积物等有毒介质，或采用其他适当介质进行清洗置换，确保各项指标在规定范围内；必须在封闭空间的控制部位悬挂安全警示牌；并在封闭空间外指定2名监护人随时保持有效联系；若发生意外，应立即将作业人员救出。

2. 发酵工厂的供电保障及漏电触电预防

（1）发酵工厂的供电保障　对于现代化的发酵生产来说，电既是血液——最基本的能源和动力，又是神经——测量控制信号的载体。可以说，没有电就没有现代化的发酵生产。

现代化的发酵生产是一个连续化的生产过程。生产的各个工序承接前一工序的半成品，完成自己的加工任务后转交下一工序，一环扣一环组成完整的生产线。这种高效率的连续生产方式，要求每一工序、每一环节都具有很高的可靠性。任何一个生产环节的中断，都会造成整个生产链条的脱节、瘫痪和停产。要完成生物发酵过程，必须按预定工艺连续进行。如果意外停电，会造成发酵液变质、菌种退化、倒罐、产生废品……正常生产中的意外停电，往往会造成严重的损失。

发酵生产的特点决定了它容易发生发泡、溢料、冲罐以及跑冒滴漏等意外。空气潮湿、污染物多，易造成电器短路、漏电，进一步造成触电或停产等事故。所以生产上一定要严格执行操作规程，保证电器和线路的干燥，经常检查漏电自动断路等自动控制装置是否有效等。另外根据经验，可以采取以下几个措施保证发酵生产的正常供电：双回路供电；发电/

市电双电源配电；采用母线分段措施；选用有载调压变压器；采用抽屉式电柜；采用高可靠性智能化开关。

(2) 发酵工厂安全用电规程 发酵工作室温度较低、湿度大、容易发生"跑冒滴漏"现象，污染废物多，泵、鼓风机等电气设备移动性大，并且由于卫生要求高而经常冲刷容器和地面……由于这些原因，发酵工厂易发生漏电、短路、停电、触电等事故。为避免类似事故发生，操作人员应遵守如下安全用电规程：电气设备必须有保护性接地、接零装置；移动电器设备时必须切断电源；员工使用的配电板、开关、插头等必须保持安全完好；使用移动的电灯必须加防护罩；停电后必须切断电源总开关；严禁擅用非工作电炉、电炊等；非持证电气专业人员，不得随意拆修电器设备；电气设备不得带故障运行；送电前必须检查确定设备内和周围是否有人，并发出送电信号；挂有电器维修牌的开关，绝对不允许闭合；任何电气设备在验明无电前，均认为有电，不得盲目触及；不得用湿手触摸电器；电器设备的清扫，必须在确认断电后进行；做清洁时，严禁用水冲刷电器设施；并且电器设备应加装防水罩；严禁不用插头而直接把电线末端插入插座；电线电缆必须绝缘良好；使用的闸刀、空断器等漏电自动断路控制装置必须完好无损；不得用金属丝代替保险丝；接用临时电源前，必须先办理审批手续；接用的临时电源线要采用悬空架设和沿墙铺设，保证空间安全；用电申请中的用电容量必须有匹配的、完好的安全保护装置，用电负荷及时间必须与申请要求保持一致。

3. 压力容器的超压爆炸或负压吸瘪

压力容器超压可引起容器的鼓包变形，甚至爆炸，造成人员伤亡和重大财产损失，危害性极大。所以一般厂家对超压的危害性非常重视，如锅炉已被列为专项控制设备。而压力容器内形成负压，往往造成设备的损坏，使压力容器吸瘪、内容物泄漏从而停工停产，造成损失。所以说超压和负压都会给企业带来损失，都应该得到高度重视。

任务二 环境保护

一、发酵工业生产中的污染问题

在生化生产中，淀粉、制糖、乳制品等动植物有效成分的提取、加工工艺为：

原料 → 处理 → 提取 → 纯化 → 产品

作为发酵产品，酒精、酒类、味精、柠檬酸、有机酸、氨基酸等的生产工艺为：

原料 → 处理 → 发酵 → 分离与提取 → 纯化 → 产品

可见，发酵工业的主要废渣、废水来自原料处理后剩下的废渣（如蔗渣、甜菜粕、大米渣、麦糟、玉米浆渣、纤维渣、葡萄皮渣、薯干渣；提取胰岛素之后的猪胰脏残渣等），分离与提取主要产品后的萃取液、废母液与废糟（如萃取胰岛素的醇酸废液、盐析废液等，味精发酵废母液，柠檬酸中和液；白酒糟，葡萄酒糟，玉米、薯干、糖蜜酒精糟等），加工和生产过程中的各种冲洗水、洗涤剂以及冷却水。食品与发酵工业年排放废水总量超过30亿立方米，其中废渣量超过4亿立方米，废渣水的有机物总量超过1000万立方米。

发酵工业采用玉米、薯干、大米等作为主要原料，并不是利用这些原料的全部，而是利用其中的淀粉，其余部分（蛋白质、脂肪、纤维等）限于投资和技术、设备、管理等原因，很多企业尚未加以很好利用。发酵工业年耗粮食、糖料、农副产品达8000多万吨，其中玉米、薯干、大米等原料耗量为2500万吨左右。粮薯原料按平均淀粉含量60%计，则上述行业全年有 1000 万吨尚未被很好利用的原料成为废渣水，其中有相当部分随冲洗水及洗涤水排入生产厂周围水系。这不但严重污染环境，而且大量地浪费粮食资源。

味精工业废水对环境造成的污染问题日趋突出。在众所周知的淮河流域水污染问题中，它是仅次于造纸废水的第二大污染源。在太湖、松花江、珠江等流域，也因味精废液污染问题成为公众注目的焦点。对于味精废液过去一直采用末端治理的技术，投资大，不能从根本上解决问题。随着生产规模的不断扩大，味精废液的污染日趋严重。我国味精产量为 50 多万吨，废液中约有 8 万多吨蛋白质和 50 多万吨硫酸铵，其中大部分被排放掉了，造成资源、能源的极大浪费。

全国有甘蔗糖厂 400 多家，甘蔗糖厂的主要污染源——糖蜜酒精废液的治理一直是人们进行的重大科研项目，先后有许多的治理方案和治理工程问世，但是没有一种方案和工程技术既可达到酒精废液的零排放又有明显的环境效益、社会效益和经济效益。

酒精企业酒糟的污染是食品与发酵工业最严重的污染源之一。

淀粉厂的主要污染物是废水，即生产过程中排放的含有大量有机物（蛋白质及糖类）和无机盐的工艺水（中间产品的洗涤水、各种设备的冲洗水）和玉米浸泡水。

柠檬酸生产的主要污染物主要来自废中和液和洗糖废水，另外每生产 1t 柠檬酸大约产生 2.4t 废渣石膏（主要成分为二水硫酸钙），其中残留少量柠檬酸和菌体。

抗生素生产的废水包括发酵废水、酸碱废水和有机溶剂废水、设备与地板的洗涤废水、冷却水，废渣为发酵液固液分离后的药渣。

发酵工业的原料广泛、产品种类繁多，因此排放的污染物差异很大，共性是有机物含量高、易腐败、一般无毒性，但使接受水体富营养化，造成水体污染，恶化水质，污染环境。

二、发酵工业的"三废"处理

发酵工业有酒精、丙酮丁醇溶剂、柠檬酸、味精、酵母、酶制剂、抗生素、维生素、氨基酸、核苷酸等主要产品。在生产过程中都要排出大量的发酵工业废液、一定量废渣、菌丝体及污泥，并排出大量废气，即"三废"。发酵工业的废液与食品、屠宰、皮革、淀粉、制糖等工业排放的废水都属于高浓度的有机废水。由于"三废"排放量大，特别是废液，除量大外，有机物浓度也很高，对环境污染严重，引起了社会的重视。近年来，许多工厂都在采取措施加强对三废的治理，在减轻对环境污染的同时，也可能变废为宝，为企业带来更好的效益。

1. 发酵工业废气的处理

工业废气可分为气体状污染物和气溶胶状污染物两大类，包括烟尘、黑烟、臭味和刺激性气体、有毒气体等。发酵工业排出的废气一部分来自供气系统燃料燃烧排出的废气，其中主要含有一定量的粉尘和有毒性气体 SO_2 等污染物；另一部分主要是发酵罐不断排出废气，其中夹带部分发酵液和微生物。

（1）工业废气的一般处理方法　目前，一般把废气治理分为两类。一类是除尘除雾，常用方法为：重力沉降除尘、旋风分离除尘、湿式除尘、袋式除尘、静电除尘等，这些方法适用于气溶胶状态的废气。另一类是气体净化，其方法有：吸收、吸附、化学催化，这些方法适用于治理废气中的有毒物质。

（2）发酵工业废气的安全处理　对于发酵罐排出的废气，中小型试验发酵罐厂采用在排气口接装冷凝器回流部分发酵液，以避免发酵液体积的大幅下降，气体经冷凝回收发酵液后经排气管放空。大型发酵罐的排气处理一般接到车间外经沉积液体后从"烟囱"排出。当发生染菌事故后，尤其发生噬菌体污染后，废气中夹带的微生物一旦排向大气将成为新的污染源，所以必须将发酵尾气进行处理。目前，国内发酵行业普遍采用的方法是将排气经碱液处理后排向大气。发生噬菌体污染后，虽经碱液处理，吸风口空气中尚有噬菌体存在，这些噬菌体又难于借过滤器除去。利用噬菌体对热的耐受能力差的特点，在空气预处理流程中，将贮罐紧靠着压缩机。此时的空气温度很高，空气在贮罐中停留一段时间可达到杀灭噬菌体的作用。

供气系统排出的废气如果所含 SO_2 气不超标时，一般经旋风除尘器分离除尘后经烟囱放空。当然如果所含 SO_2 高时可改换低硫燃料或经适当碱吸收装置处理后放空。

2. 发酵工业污液的处理

制药发酵工业多采用粮食加工的原料，如淀粉、葡萄糖、花生饼粉、黄豆饼粉以及动植物蛋白、脂肪等做培养基，提取产品以后的发酵液或清洗发酵罐后的洗涤液中还含有剩余的培养基、菌体蛋白、脂肪、纤维素、各种生物代谢产物以及降解物等。但由于排放量大，加上交通运输困难等原因，往往利用不完全，大部分还是直接排入江河及下水渠道，造成地面水系统的严重污染。

这种高浓度有机废水，主要造成收纳水体的缺氧污染。使江河渠道中的水质发臭变黑，破坏水体中的正常生态循环；使渔业生产、水产养殖、淡水资源等遭受破坏；使地下水和饮用水源受到污染，恶化人类的生存环境。因此，科学地处理发酵工业废液尤为必要。

(1) 基本概念　高浓度有机废水，其有机物污染指标主要是用水中的化学需氧量 (COD) 或 5 天生化需氧量 (BOD_5) 这两个综合性指标来表示。

化学需氧量 (chemical oxygen demand, COD) 是在规定的条件下，用氧化剂处理水样时，与溶解物和悬浮物消耗的该氧化剂数量相当的氧的质量浓度，用 mg/L 表示。

生化需氧量 (biochemical oxygen demand, BOD) 是在规定的条件下，水中有机物和(或) 无机物用生物氧化所消耗的溶解氧的质量浓度，用 mg/L 表示。

表 9-1 列出 4 种有代表性的发酵工业废液和我国污水综合排放标准中几项的对比数字。

表 9-1　几种工业废液和污水综合排放标准的对比

废水名称	pH	COD/(mg/L)	BOD/(mg/L)	悬浮物/(mg/L)
污水综合排放标准二级	6～8	200	80	250
酒精废水	4.3	45600	28000	1700
溶剂废水	4.5	30000	24000	900
抗生素废水	4～7	28740	20121	500
维生素 C 废水	5～7	12000	8500	—

(2) 发酵工业废液的特点　发酵工业废液有其自身的特点，一般是含菌丝体、未利用完的粮食产品类悬浮物、无机盐类、有机溶剂及部分目标产品（如残留抗生素），重金属含量很低。另外，发酵工业废液的化学耗氧量 (COD) 高。大多数发酵废液其 COD 指标平均为 10000～50000mg/L。与我国污水综合排放标准 (GB 8978—88) 的二级标准相比较，平均超标倍数达 50～250 倍。换言之，即每立方米发酵废液排入环境中，会造成 50～250m³ 地面水中的 COD 值超标，可见其污染程度是严重的。

发酵工业废液含有多种营养源，可以被自然界存在的各种好氧或厌氧的微生物种群分解利用，达到净化的作用。但不是每种发酵工业废液都能用生物厌氧消化的方法来进行治理。厌氧微生物容易受到各种抑制因子的影响而停止生长。如废液中含有过多的硫酸根就会在厌氧发酵过程中产生硫化氢，中性时它溶于水中，从而抑制厌氧消化过程的进行，这就需要采取生物或化学的脱硫方法来解决。还有些制药发酵工业废液是有抑菌作用的（如广谱抗生素发酵废液），有的在工艺中加入了表面活性剂、卤化烃类、重金属等，均会使厌氧消化受到抑制，这就需要采取针对性的前处理工艺（化学絮凝、微生物脱硫等）来去除这些抑制因子，才能使厌氧生物处理得以进行。采用这些前处理工艺的关键在于处理成本的可行性，应优于其他治理方法，否则就没有意义了。

单纯用粮食做培养基的发酵工业废液，一般较容易采用厌氧消化方法来处理。但抗生素生产的发酵废液由于生产过程原料成分复杂，还含有一些残余抗生素，有的有抑菌作用，故而都需采用一些特定的前处理工艺，才能使这类发酵废液能保持在一定的厌氧消化水平上。

（3）发酵工业废水的生物处理技术　现代废水处理方法主要分为物理处理法、化学处理法和生物处理法三类。

① 物理处理法　通过物理作用分离、回收废水中不溶解的呈悬浮状态的污染物（包括油膜和油珠）的废水处理法。通常采用沉淀、过滤、离心分离、气浮、蒸发结晶、反渗透等方法。将废水中的悬浮物、胶体物和油类等污染物分离出来，从而使废水得到初步净化。

② 化学处理法　通过化学反应和传质作用来分离、去除废水中呈溶解、胶体状态的污染物或将其转化为无害物质的废水处理法。通常采用方法有：中和、混凝、氧化还原、萃取、汽提、吹脱、吸附、离子交换以及电渗透等方法。

③ 生物处理法　通过微生物的代谢作用，使废水溶液、胶体以及微细悬浮状态的有机物、有毒物等污染物质，转化为稳定、无害的物质的废水处理方法。生物处理法又分为需氧处理和厌氧处理两种方法。需氧处理法目前常用的有活性污泥法、生物滤池和氧化塘等。厌氧处理法又名生物还原处理法，主要用于处理高浓度有机废水和污泥，使用处理设备主要为消化池等。

发酵工业的废水除使用物理处理法和化学处理法进行处理外，针对其营养成分含量较多的特点，更多地应用生物处理方法进行处理。

按照反应过程中有无氧气的参与，废水生物处理法又分为好氧生物处理法和厌氧生物处理法。

废水的好氧生物处理，又分为活性污泥法和生物膜法两种。

a. 活性污泥法　活性污泥法是利用悬浮生物培养体来处理废水的一种生物化学工程方法，用于去除废水中溶解的以及胶体有机物质。活性污泥法是一种通常所称的二级处理方法。基本的活性污泥法工艺流程如图 9-1 所示。

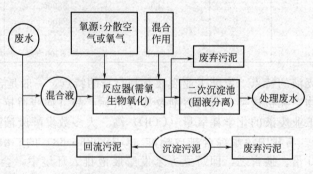

图 9-1　活性污泥法基本流程

活性污泥法中起分解有机物作用的是分布在反应器的多种生物的混合培养体，包括细菌、原生动物、轮虫和真菌。细菌起同化废水中绝大部分有机物的作用，即把有机物转化成细胞物质，而原生动物及轮虫则吞食分散的细菌，使它们不在二沉池水中出现。

反应器的需氧过程也类似于抗生素发酵过程，原理是相似的，只是起作用的生物体、底物、产物不同而已。

活性污泥法包括普通活性污泥法、渐减曝气法、逐步曝气法、吸附再生法、完全混合法、批式活性污泥法、生物吸附氧化法（AB法）、延时曝气法、氧化沟等。其中批式活性污泥法（简称SBR）是国内外近年来新开发的一种活性污泥法，尤其在抗生素的发酵废水的生物处理中应用较多。其工艺总是将曝气池与沉淀池合二为一，是一种间歇运行方式。

批式活性污泥反应去除有机物的机理在充氧时与普通活性污泥法相同，只不过是在运行时，按进水、反应、沉降、排水和闲置5个时期依次周期性运行。进水期是指从开始进水到结束进水的一段时间，污水进入反应池后，即与池内闲置期的污泥混合；在反应期中，反应器不再进水，并开始进行生化反应；沉降期为固液分离期，上清液在下一步的排水期进行外排；然后进入闲置期，活性污泥在此阶段进行内源呼吸。

b. 生物膜法　滤料或某种载体在污水中经过一段时间后，会在其表面形成一种膜状污泥，这种污泥即称之为生物膜。生物膜呈蓬松的絮状结构，表面积大，具有很强的吸附能力，生物膜是由多种微生物组成的，以吸附或沉积于膜上的有机物为营养物质，并在滤料表面不断生长繁殖。随着微生物的不断繁殖增长，生物膜的厚度不断增加，当厚度增加到一定程度后，其内部较深处由于供氧不足而转变为厌氧状态，使其附着力减弱，在水流的冲刷作用下，开始脱落，并随水流进入二沉池，随后在滤料（或载体）表面又会生长新的生物膜。

生物膜法与活性污泥法的主要区别在于生物膜法是微生物以膜的形式或固定或附着生长于固体填料（或称载体）的表面，而活性污泥法则是活性污泥以絮状体方式悬浮生长于处理构筑物中。与传统活性污泥法相比，生物膜法的运行稳定，抗冲击能力强，更为经济节能，无污泥膨胀问题，能够处理低浓度污水等。但生物膜法也存在着需要较多填料和支撑结构、出水常携带较大的脱落生物膜片以及细小的悬浮物、启动时间长等缺点。

生物膜法的基本流程如图9-2所示，废水经初次沉淀池进入生物膜反应器，废水在生物膜反应器中经需氧生物氧化去除有机物后，再通过二次沉淀池出水。初次沉淀池的作用是防止生物膜反应器受大块物质的堵塞，对孔隙小的填料是必要的，但对孔隙大的填料也可以省略。二次沉淀池的作用是去除从填料上脱落入废水中的生物膜。生物膜法系统中的回流并不是必不可少，但回流可稀释进水中的有机物浓度，提高生物膜反应器中的水力负荷。

图9-2　生物膜法基本流程

生物膜法有生物滤池、生物转盘、接触氧化法、生物流化床等多种形式。

厌氧生物处理法的主要优点有：能耗低，可回收生物能源（沼气），每去除单位质量底物产生的微生物（污泥）量少，而且由于处理过程不需要氧，所以不受传氧能力的限制，因而具有较高的有机物负荷的潜力。缺点是处理后出水的COD、BOD值较高，对环境条件要求苛刻，周期长并产生恶臭等。

有机物在厌氧条件下的降解过程分成三个反应阶段：第一阶段是废水中的可溶性大分子有机物和不溶性有机物水解为可溶性小分子有机物。第二阶段为产酸和脱氢阶段。第三阶段即为产甲烷阶段。如图9-3所示，在厌氧生物处理过程中，尽管反应是按三个阶段进行的，但在厌氧反应器中，它们应该是瞬时连续发生的。此外，在有些文献中，将水解和产酸、脱氢阶段合并统称为酸性发酵阶段，将产甲烷阶段称为甲烷发酵阶段。

废水厌氧处理的基本流程可结合图9-4来说明，由于厌氧处理后废水中残留的COD值较高，一般达不到排放标准，所以厌氧处理单元的出水在排放前通常还要进行需氧处理，图中以虚线框标出厌氧处理单元。

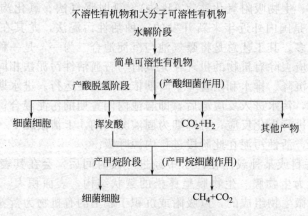

图 9-3 厌氧生物处理的连续反应过程

工业上一般对发酵（包括生物制药）废液这样高浓度的有机废水，先用厌氧处理，然后再用好氧法进行后处理使之达标。另外，根据各类发酵废液所含对生物处理的抑制物质不同，尚需采用各种不同的前处理工艺，稀释或除去抑制物质，使之适合厌氧生物处理工艺要求。典型的处理工艺流程可用图 9-4 表示。

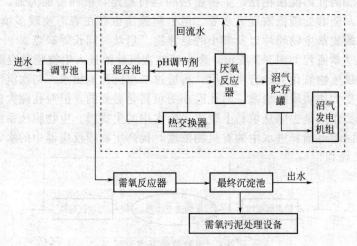

图 9-4 废水厌氧生物处理基本流程

（4）发酵工业废渣的处理 发酵工业的废渣主要表现形式为污泥和废菌渣。污泥主要来源于沉砂池、初次沉淀池排出的沉渣以及隔油池、气浮池排出的油渣等，均是直接从废水中分离出来的。有的是在处理过程中产生的，如生物化学法产生的活性污泥和生物膜等。污泥的特性是有机物含量高，容易腐化发臭，粒度较细，相对密度较小，含水率高而不易脱水，呈胶状结构的亲水性物质，便于管道输送。废菌渣主要来自发酵液过滤或提取产品后所产生的菌渣。菌渣一般含水量为 $80\% \sim 90\%$，干燥后的菌丝粉中含粗蛋白、脂肪、灰分，还含有少量的维生素、钙、磷等物质，有的菌丝还含有发酵过程中加入的金属盐或絮凝剂等。

发酵废渣的主要处理方法是联产饲料。将发酵生产排出的废渣水用于生产饲料，可以降低排放污染负荷。如玉米酒精行业将酒精糟生产全糟蛋白饲料或滤渣蛋白饲料；薯干酒精行业将滤渣直接作饲料；味精行业将大米渣生产蛋白饲料或直接作饲料，将菌体生产蛋白粉；啤酒行业将大麦糟生产饲料，将废酵母生产饲料酵母；白酒行业将酒糟生产饲料。据初步估算，利用发酵废渣水每年至少可开发生产 1000 万吨饲料、蛋白饲料，还可生产 25 万吨酵母饲料。开发的饲料、蛋白饲料、酵母饲料能大大缓解我国饲料工业的原料及蛋白饲料的不足。

抗生素工厂每天排出的废菌渣很多，如果在露天环境中放置易腐败、变质发臭，对环境卫生影响很大，必须及时处理。链霉素、土霉素、四环素、洁霉素、维生素 B_{12} 等产品，由于其稳定性较好，加工过程中不易被破坏。干燥后的菌丝中还含有一定量的残留效价，可用作各种饲料添加剂。青霉素菌丝中的效价破坏很快，此类菌渣只能作饲料或肥料使用。有的青霉素过滤工艺中使用有毒性的十五烷基溴化吡啶（PPB），故不适宜用作饲料。

抗生素湿菌丝可以提取核酸或其他物质，但其综合利用价值取决于成本的可行性。例如青霉素湿菌丝经氢氧化钠水解后得到核酸，再经橘青霉产生的磷酸二酯酶水解后，可制成 5-核苷酸。但由于成本高及二次污染问题，现已不采用这种工艺来制取核苷酸。

抗生素湿菌丝直接用作饲料或肥料是最经济的处理方法，但由于不好保存和运输量大，一般需要干燥做成商品，才有利用价值。就地处理是较为经济可行的办法，还可采用传统的厌氧消化处理活性污泥办法来消化抗生素湿菌体。有毒有害的抗癌药抗生素菌丝可采用焚烧处理办法。但焚烧设施的投资及运行成本较高，焚烧后排放的废气的除臭及无害化处理亦是需要注意的问题。

如果将发酵菌丝排放于下水道，就会造成下水中悬浮物指标严重超标，堵塞下水道等。菌丝进入下水道后，由于细胞死亡而自溶，转变成水中可溶性有机物，使下水道变黑而发臭，形成厌氧发酵。所以生产车间要尽量避免菌丝流入下水道。较典型的废菌丝处理工艺有：废菌丝气流干燥工艺、废菌丝厌氧消化工艺、废菌丝焚烧工艺。

污泥的最终处理，不外乎是部分利用或全部利用，或以某种形式回到环境中。污泥的综合利用将有机污泥中的营养成分和有机物用在农业上或从中回收饲料及能量，以及从污泥中回收有价值的原料及物资，这是污泥处置首先要考虑的。有时由于某些因素及条件所限，可能无法选择污泥的利用和产品回收，这时就不得不考虑兼顾环境的处置方案，如填埋、焚烧和投放于海洋等。焚烧污泥要求先使污泥脱水，而在脱水之前，要改善污泥的脱水性能等。因此，污泥最终处理系统往往包含了一个或多个污泥处理单元过程。对于发酵工业废渣，通常采用的单元过程有浓缩、稳定及脱水等，在某些情况下，还要求消毒、干化、调节、热处理等工序，而每个工序也有不同的处理方法。污泥处理基本流程如图 9-5 所示。

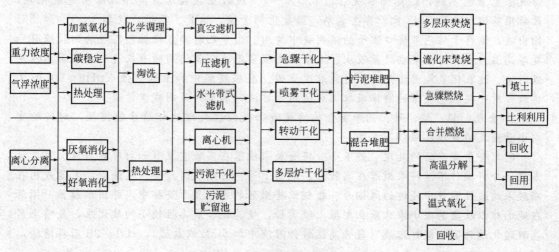

图 9-5　污泥处理基本流程示意图

拓展学习

实验室三废处理办法

实验过程中会产生一些污染物（特别是化学实验），为了减少对环境造成污染，根据实验室"三废"排放的特点和现状，本着适当处理、回收利用的原则，处理实验室"三废"。

1. 废气

对少量的有毒气体可通过通风设备（通风橱或通风管道）经稀释后排至室外，通风管道应有一定高度，使排出的气体易被空气稀释。有些有毒气体需经处理后才排到室外，如氮、硫、磷等酸性氧化物气体，先用导管通入碱液中，使其被吸收后排出。

2. 废液

一般无机废液　根据废液的化学特性选择合适的容器和存放地点，密闭存放。还应注意防止挥发性气体逸出而污染环境；贮存时间不太长，贮存数量也不太多；存放地有良好通风。也可将废液 pH 值调节为 3～4，再加入铁粉，搅拌 30min，用碱调 pH 值至 9 左右，继续搅拌 10min，加入高分子混凝剂进行混凝沉淀，再经次氯酸钠氧化处理后，清液可排放，沉淀物以废渣处理。废酸、废碱液通过酸碱中和。

对有机溶剂废液根据其性质尽可能回收。

废有机溶剂的回收与提纯　从实验室的废弃物中直接进行回收是解决实验室污染问题的有效方法之一。实验过程中使用的有机溶剂，一般毒性较大、难处理，从保护环境和节约资源角度来看，应采取积极措施回收利用。回收有机溶剂通常先在分液漏斗中洗涤，将洗涤后的有机溶剂进行蒸馏或分馏处理加以精制、纯化，所得有机溶剂纯度较高，可供实验重复使用。

（1）石油醚　先将废液装于蒸馏烧瓶中，在水浴上进行恒温蒸馏，温度控制在 81℃±2℃，时间控制在 15～20min。馏出液通过内径 25mm、高 750mm 玻璃柱，内装下层硅胶高 600mm，上面覆盖 50mm 厚氧化铝（硅胶 60～100 目，氧化铝 70～120 目，于 150～160℃活化 4h）以除去芳烃等杂质。重复第一个步骤再进行一次分馏，视空白值确定是否进行第二次分离。经空白值（$n=20$）和透光率（$n=10$）测定检验，回收分离后石油醚能满足质控要求，与市售石油醚无显著性差异。

（2）乙醚　先用水洗涤乙醚废液 1 次，用酸或碱调节 pH 至中性，再用 0.5% 高锰酸钾洗涤至紫色不褪，经蒸馏水洗后用 0.5%～1% 硫酸亚铁铵溶液洗涤以除去过氧化物，最后用蒸馏水洗涤 2～3 次，弃去水层，经氯化钙干燥、过滤、蒸馏，收集 33.5～34.5℃馏出液，保存于棕色带磨口塞子的试剂瓶中待用。由于乙醚沸点较低，乙醚的回收应避开夏季高温为宜。对于某些数量较少、浓度较高确实无法回收使用的有机废液，采用活性炭吸附法、过氧化氢氧化法处理，对高浓度废酸、废碱液经中和至近中性（pH6～9）时才排放。对一些颜色较深的液体采取循环使用等方法，来节约试剂减少污染。

3. 含汞、铅、镉、砷、铜等重金属的废液必须经过处理达标后才能排放，对实验室内小量废液的处理参照以下方法。

（1）含汞废弃物的处理　若不小心将金属汞撒落在实验室里（如打碎压力计、温度计或极谱分析操作不慎将汞撒落在实验台、地面上等）必须及时清除。用滴管、毛笔或用在硝酸汞的酸性溶液中浸过的薄铜片、粗铜丝将撒落的汞收集于烧杯中，并用水覆盖。撒落在地面难以收集的微小汞珠应立即撒上硫黄粉，使其化合成毒性较小的硫化汞，或喷上用盐酸酸化过的高锰酸钾溶液（每升高锰酸钾溶液中加 5mL 浓盐酸），过 1～2h 后再清除，或喷上20％三氯化铁的水溶液，干后再清除干净。应当指出的是，三氯化铁水溶液为对汞具有乳化性能并同时可将汞转化为不溶性化合物的一种非常好的去汞剂，但金属器件（铅质除外）不能用三氯化铁水溶液除汞，因金属本身会受这种溶液的作用而损坏。

如果室内的汞蒸气浓度超过 $0.01mg/m^3$，可用碘净化。即将碘加热或自然升华，碘蒸气与空气中的汞及吸附在墙上、地面上、天花板上和器物上的汞作用生成不易挥发的碘化汞，然后彻底清扫干净。实验中产生的含汞废气可导入高锰酸钾吸收液内，经吸收后排出。

（2）含铅、镉废液的处理　镉在 pH 值高的溶液中能沉淀下来，对含铅废液的处理通常采用混凝沉淀法、中和沉淀法。因此可用碱或石灰乳将废液 pH 值调至9，使废液中的 Pb^{2+}、Cd^{2+} 生成 $Pb(OH)_2$ 和 $Cd(OH)_2$ 沉淀，加入硫酸亚铁作为共沉淀剂，沉淀物可与其他无机物混合进行烧结处理，清液可排放。

（3）含铬废液的处理　铬酸洗液经多次使用后，Cr^{6+} 逐渐被还原为 Cr^{3+}，同时洗液被稀释、酸度降低、氧化能力逐渐降低至不能使用。此废液可在 $110\sim130℃$ 下不断搅拌，加热浓缩，除去水分，冷却至室温，边搅拌边缓缓加入高锰酸钾粉末，直至溶液呈深褐色或微紫色（1L 加入约 10g 左右高锰酸钾），加热至有二氧化锰沉淀出现，稍冷，用玻璃砂芯漏斗过滤，除去二氧化锰沉淀后即可使用。

含铬废液：采用还原剂（如铁粉、锌粉、亚硫酸钠、硫酸亚铁、二氧化硫或水合肼等），在酸性条件下将 Cr^{6+} 还原为 Cr^{3+}，然后加入碱（如氢氧化钠、氢氧化钙、碳酸钠、石灰等），调节废液 pH 值，生成低毒的 $Cr(OH)_3$ 沉淀。分离沉淀，清液可排放。沉淀经脱水干燥后或综合利用，或用焙烧法处理，使其与煤渣和煤粉一起焙烧，处理后的铬渣可填埋。一般认为，将废水中的铬离子形成铁氧体（使铬镶嵌在铁氧体中），则不会有二次污染。

（4）含铜废液的处理　酸性含铜废液，以 $CuSO_4$ 废液和 $CuCl_2$ 废液为常见，一般可采用硫化物沉淀法进行处理（pH 值调节到约为6），也可用铁屑还原法回收铜。碱性含铜废液，如含铜铵腐蚀废液等，其浓度较低和含有杂质，可采用硫酸亚铁还原法处理，其操作简单、效果较佳。

实验室废弃物虽数量较少，但毕竟有危害，必须引起重视。实验室对实验过程中产生的废弃物，必须进行有效的处理后才能排放，这对减少环境污染有着重要意义。

思考与测试

1. 发酵工厂应注意哪些安全生产问题？
2. 发酵工厂哪些场所易发生 CO_2 中毒事故？应如何预防？如何应急处理？
3. 发酵工厂为何易发生漏电短路事故？怎样做到安全用电？
4. 发酵罐等压力容器为什么会发生爆炸或吸瘪事故？怎样预防？
5. 什么是化学需氧量和生化需氧量？
6. 简述发酵工业废气的安全处理方法。
7. 废水的厌氧生物处理和好氧生物处理有何区别？分别简述其基本流程。
8. 简述生物膜法处理污水的基本流程。
9. 简述发酵废渣或菌丝体的综合利用以及污泥的处理系统。

第二篇　现代生物技术制药

生物技术（biotechnology or bioengineering）是对生物有机体（微生物至高等动、植物）或其组成部分（器官、组织、细胞或细胞器等），运用分子生物学、细胞生物学、生物化学、生物物理学、生物信息学等手段，研究、设计、改造，以改良生物乃至创造新的生物品种的一种技术体系。

现代生物技术包括四个方面：①基因工程　生物遗传物质——核酸的分离、提取、体外剪切、拼接重组以及扩增与表达等技术。②细胞工程　细胞（也包括器官或组织）的离体培养、繁殖、再生、融合及细胞核、细胞质和染色体与细胞器（如线粒体、叶绿体等）的移植与改建等操作技术。③酶工程　利用酶，借助固定化、生物反应器和生物传感器等新技术、新装置，高效优质地生产特定产品的技术。④发酵工程（微生物工程）　给微生物提供最适宜的发酵条件以生产特定产品的技术。

现代生物技术不仅直接提供 IFN、IL、EPO、CSF 等基因工程药物，也广泛用于改造抗生素和生物制品等传统医药工业，主要体现在以下几方面：①抗生素　可从产生菌中分离出生物合成酶基因，进行克隆，提高生产菌的生物量，或得到新的杂合抗生素。②氨基酸　利用生物技术得到基因克隆的生产菌，或采用融合技术提高氨基酸产量。③维生素　构建基因工程菌，简化维生素的生产工艺（如维生素 C）。④疫苗　利用基因工程技术将抗原克隆到 E. coli 或酵母中，用工程菌生产疫苗，产量高、工艺简单、操作安全。

第十单元　动植物细胞的培养

【知识目标】

　　能理解和掌握动植物细胞培养的方法和环境要求。

　　能理解和掌握动植物细胞大规模培养的主要方法。

【能力目标】

　　能从事动植物细胞的培养工作。

　　动植物细胞培养是指动、植物细胞在体外条件下的存活或生长，通常在不同的反应器中完成。动植物细胞培养与微生物细胞培养有很大的不同（见表 10-1）。由于动物细胞无细胞壁，且大多数哺乳动物细胞附着在固体或半固体的表面才能生长；对营养要求严格，除氨基酸、维生素、盐类、葡萄糖或半乳糖外，还需有血清。动物细胞对环境敏感，包括 pH 值、溶解氧、CO_2、温度、剪切应力都比微生物有更严的要求，一般须严格地监测和控制。相比之下，植物细胞对营养要求较动物细胞简单。但植物细胞培养一般要求在高密度下才能得到一定浓度的培养产物，而且植物细胞生长较微生物要缓慢，因此长时间的培养对无菌条件及反应器的设计具有特殊的要求。

表 10-1　动植物、微生物细胞的培养特征

比较项目 \ 种类	微生物	动物细胞	植物细胞
大小	$1\sim10\mu m$	$10\sim100\mu m$	$30\sim100\mu m$
悬浮生长	可以，有时絮凝	多数细胞需附着于表面才能生长	可以，但易结团，无单个细胞
营养要求	相对简单	非常复杂	较复杂
生长速率	快，倍增时间 0.5～5h	慢，倍增时间 15～100h	慢，倍增时间 24～74h
代谢调节	内部	内部、激素	内部、激素
环境敏感	不敏感	非常敏感	能忍受广泛范围
细胞分化	无	有	有
剪切应力敏感	低	非常高	高
传统变异,筛选技术	广泛使用	不常使用	有时使用
细胞或产物浓度	较高	低	低
	正常 $10^9\sim10^{10}/mL$	正常 $10^6/mL$	正常 $10^6/mL$

　　在生物技术中，人们已经利用细菌、丝状真菌的大量培养来生产各种酶、抗生素、蛋白质、氨基酸等产物，但是很多有重要价值的生物物质，如毒素、疫苗、干扰素、单克隆抗体、色素、香味物质等，必须借助于动、植物细胞的大规模培养来获得。自 20 世纪 50 年代以来，这方面已取得一些进展。但是，目前的技术还远不能满足细胞生物产品应用的要求，随着动植物培养技术研究的深入，显示出广阔的发展前景。

任务一　动物细胞的大规模培养

　　动物细胞体外培养的历史可追溯到 1907 年，美国生物学家 Harrison 在无菌条件下，以

淋巴液为培养基成功地在试管中培养了蛙胚神经组织达数周,创立了体外组织培养法。1962年,其规模开始扩大,随着细胞生物学、培养系统及培养方法等领域的不断丰富和完善,动物细胞培养技术得到了很大的发展,至今已成为生物、医学研究和应用中广泛采用的技术方法,利用动物细胞培养生产具有重要医用价值的酶、生长因子、疫苗和单抗等,已成为医药生物高技术产业的重要部分。其发展简史见表10-2。

利用动物细胞培养技术生产的生物制品已占世界生物高技术产品市场份额的50%。大量资料表明,生物技术药物是当前新药开发的重要领域,生物技术制药工业是下一个10年制药工业的重要新门类,期间将有数百种生物技术新药上市。动物细胞大规模培养技术是生物技术制药中非常重要的环节。目前,动物细胞大规模培养技术水平的提高主要集中在培养规模的进一步扩大、优化细胞培养环境、改变细胞特性、提高产品的产率与保证其质量方面。

表 10-2　动物细胞培养技术的发展

年份	技术发展概要
1907 年	Harrison 创立体外组织培养法
1951 年	Earle 等开发了能促进动物细胞体外培养的培养基
1957 年	Graff 用灌注培养法创造了悬浮细胞培养史上绝无仅有的 $1\times10^{10}\sim2\times10^{10}$ 个细胞/L 的记录,标志着现代灌注概念的诞生
1962 年	Capstile 成功地大规模悬浮培养小鼠肾细胞(BHK),标志着动物细胞大规模培养技术的起步
1967 年	Van Wezel 用 DEAE-Sephadex A 50 为载体培养动物细胞获得成功
1975 年	Sato 等在培养基中用激素代替血清使垂体细胞株 GH3 在无血清介质中生长获得成功,预示着无血清培养技术的诱人前景
1975 年	Kobhler 和 Milstein 成功地融合了小鼠 B-淋巴细胞和骨髓瘤细胞而产生能分泌预定单克隆抗体的杂交瘤细胞
1986 年	DemoBiotech 公司首次用微囊化技术大规模培养杂交瘤细胞生产单抗获得成功
1989 年	Konstantinovti 首次提出大规模细胞培养过程中的生理状态控制,更新了传统细胞培养工艺中优化控制之理论

一、动物细胞培养的方法

动物细胞的体外培养有两种类型,一类是贴壁依赖性细胞,大多数动物细胞,包括非淋巴组织的细胞和许多异倍体体系的细胞都属于这一类型。这一类需采用贴壁培养。另一类是非贴壁依赖性细胞,来源于血液、淋巴组织的细胞,许多肿瘤细胞(包括杂交瘤细胞)和某些转化细胞属于这一类型。这一类可采用类似微生物培养的方法进行悬浮培养。

所谓的贴壁培养是指大多数动物细胞在离体培养条件下都需要附着在带有适量正电荷的固体或半固体的表面才能正常生长,并最终在附着表面扩展成单层。其基本操作过程为:先将采集到的活体动物组织在无菌条件下采用物理(机械分散法)或化学(酶消化法)的方法分散成细胞悬液,经过滤、离心、纯化、漂洗后接种到加有适宜培养液的培养皿(瓶、板)中,再放入二氧化碳培养箱进行培养。用此法培养的细胞生长良好且易于观察,适于实验室研究。但贴壁生长的细胞有接触抑制的特性,一旦细胞形成单层,生长就会受到抑制,细胞产量有限。如要继续培养,还需将已形成单层的细胞再分散,稀释后重新接种,然后进行传代培养。

而悬浮培养是指少数悬浮生长型动物细胞在离体培养时不需要附着物,悬浮于培养液中即可良好生长。悬浮生长的细胞其培养和传代都十分简便。培养时只需将采集到的活体动物组织经分散、过滤、纯化、漂洗后,按一定密度接种于适宜培养液中,置于特定的培养条件下即可良好生长。传代时不需要再分散,只需按比例稀释后即可继续培养。采用此法细胞增殖快，产量高，培养过程简单，是大规模培养动物细胞的理想模式。但在动物体中只有少数种类的细胞适于悬浮培养。

从培养方式来看，动物细胞无论是贴壁培养或是悬浮培养，均可采用分批式、分批补料式、半连续式、连续式等多种培养方式。从培养系统来看，主要采用中空纤维培养系统和微载体系统，且以灌注式连续培养方式为佳。

1. 分批式培养

分批式培养（batch culture）是指先将细胞和培养液一次性装入反应器内进行培养，细胞不断生长，同时产物也不断形成，经过一段时间的培养后，终止培养。在细胞分批培养过程中，不向培养系统补加营养物质，而只向培养基中通入氧，能够控制的参数只有 pH 值、温度和通气量。因此，细胞所处的生长环境随着营养物质的消耗和产物、副产物的积累时刻都在发生变化，不能使细胞自始至终处于最优的条件下，因而分批培养并不是一种理想的培养方式。分批培养过程特征如图 10-1 所示。

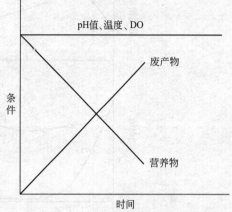

图 10-1　动物细胞分批式培养过程特征

该方式的特点主要有以下几方面。

（1）操作简单　培养周期短，染菌和细胞突变的风险小。反应器系统属于封闭式，培养过程中与外部环境没有物料交换，除了控制温度、pH 值和通气外，不进行其他任何控制，因此操作简单，容易掌握。

（2）直观反映细胞生长代谢的过程　因培养期间细胞生长代谢是在一个相对固定的营养环境，不添加任何营养成分，因此可直观地反映细胞生长代谢的过程，是动物细胞工艺基础条件或"小试"研究常用的手段。

（3）可直接放大　由于培养过程工艺简单，对设备和控制的要求较低，设备的通用性强，反应器参数的放大原理和过程控制比其他培养系统较易理解和掌握。

细胞分批式培养的生长曲线与微生物细胞的生长曲线基本相同。在分批式培养过程中，可分为延滞期、对数生长期、减速期、平稳期和衰退期等五个阶段。

分批培养过程中的延滞期是指细胞接种后到细胞分裂繁殖所需的时间，延滞期的长短根据环境条件的不同而不同，并受原代细胞本身的条件影响。一般认为，细胞延滞期是细胞分裂繁殖前的准备时期，一方面，在此时期内细胞不断适应新的环境条件，另一方面又不断积累细胞分裂繁殖所必需的一些活性物质，并使之达到一定的浓度。因此，一般选用生长比较旺盛的处于对数生长期的细胞作为种子细胞，以缩短延滞期。

细胞通过对数生长期迅速生长繁殖后，由于营养物质的不断消耗、抑制物等的积累、细胞生长空间的减少等原因导致生长环境条件不断变化，细胞经过减速期后逐渐进入平稳期，此时，细胞的生长、代谢速度减慢，细胞数量基本维持不变。

在经过平稳期之后，由于生长环境的恶化，有时也有可能由于细胞遗传特性的改变，细胞逐渐进入衰退期而不断死亡，或由于细胞内某些酶的作用而使细胞发生自溶现象。

由于分批式培养过程的环境随时间变化很大，而且在培养的后期往往会出现营养成分缺乏或抑制性代谢物的积累使细胞难以生存，不能使细胞自始至终处于最优的条件下生长、代谢，因此在动物细胞培养过程中采用此法的效果不佳。如图 10-2 所示为典型的分批培养随时间变化的过程曲线。

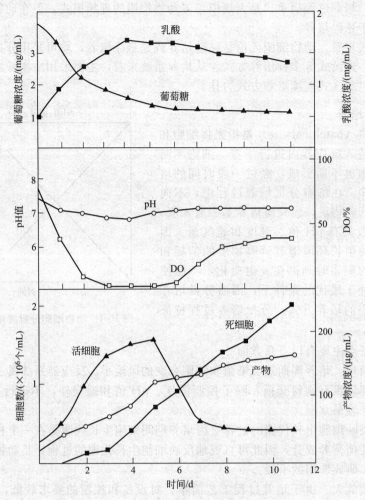

图 10-2 典型的分批培养随时间变化的过程曲线

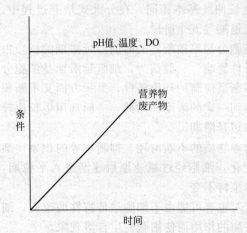

图 10-3 流加式培养过程的特征

2. 分批补料式培养

分批补料式培养（fed-batch culture）是指先将一定量的培养液装入反应器，在适宜的条件下接种细胞，进行培养，使细胞不断生长，产物不断形成，而在此过程中，随着营养物质的不断消耗，不断地向系统中补充新的营养成分，使细胞进一步生长代谢，直到整个培养结束后取出产物。分批补料式培养只是向培养系统补加必要的营养成分，以维持营养物质的浓度不变。由于分批补料式培养能控制更多的环境参数，使得细胞生长和产物生成容易维持在优化状态。

分批补料式培养过程的特征如图 10-3 所示。分批补料式培养的特点就是能够调节培养环境中营养物质的浓度：一方面，它可以避免在某种营养成分的初始浓度过高时影响细胞的生长代谢以及产物的形成；另一方面，它还能防止某些限制性营养成分在培养过程中被耗尽而影响细胞的生长和产物的形成。同时在分批补料式培养过程中，由于新鲜培养液的加入，整个过程的反应体积是变化的。

3. 半连续式培养

半连续式培养（semi-continuous culture）又称为重复分批式培养或换液培养。具体是采用机械搅拌式生物反应器系统，悬浮培养形式。在细胞增长和产物形成过程中，每间隔一段时间，从反应器中取出部分培养物，再用新的培养液补足到原有体积，使反应器内的总体积不变。

这种类型的操作是将细胞接种至一定体积的培养基，让其生长到一定的密度，在细胞生长至最大密度之前，用新鲜的培养基稀释培养物，每次稀释反应器培养体积的 $1/2 \sim 3/4$，以维持细胞的指数生长状态，随着稀释率的增加培养体积逐步增加；或者在细胞增长和产物形成过程中，每隔一定时间，定期取出部分培养物，或是只取出培养基，或是连同细胞、载体一起取出，然后补加细胞、载体或新鲜的培养基，剩余的培养物可作为种子，继续培养，从而可维持反复培养，而无需反应器的清洗、消毒等一系列复杂的操作。在半连续式操作中，由于细胞适应了生物反应器的培养环境和相当高的接种量，经过几次的稀释、换液培养过程，细胞密度常常会提高。

半连续式培养时，培养物的体积逐步增加，可进行多次收获，细胞可持续指数生长，并可保持产物和细胞在较高的浓度水平，培养过程可延续到很长时间。该操作方式的优点是：操作简便，生产效率高，可长时期进行生产，反复收获产品，可使细胞密度和产品产量一直保持在较高的水平。在动物细胞培养和药品生产中被广泛应用。

4. 连续式培养

连续式培养（continuous culture）是指将细胞种子和培养液一起加入反应器内进行培养，一方面新鲜培养液不断加入反应器内，另一方面又将反应液连续不断地取出，使反应条件处于一种恒定状态。与分批式培养不同，连续式培养可以保持细胞所处环境条件长时间的稳定，可以使细胞维持在优化的状态下，促进细胞的生长和产物的形成。由于连续式培养过程可以连续不断地收获产物，并能提高细胞密度，在生产上已被应用于培养非贴壁依赖性细胞。

动物细胞的连续培养一般是采用灌注培养。灌注培养是把细胞接种后进行培养，一方面连续往反应器中加入新鲜的培养基，同时又连续不断地取出等量的培养液，但是过程中不取出细胞，细胞仍留在反应器内，使细胞处于一种营养不断的状态。高密度培养动物细胞时，必须确保补充给细胞足够的营养以及除去有毒的代谢物。灌注培养时，用新鲜培养液进行添加，确保上述目的实现。通过调节添加速度，则使培养保持在稳定的、代谢副产物低于抑制水平的状态。采用此法，可以大大提高细胞的生长密度，有助于产物的表达和纯化。

由于连续培养过程可以连续不断地收获产物，并能提高细胞密度，因此，在生产中广泛被采用。如英国 Celltech 公司采用灌注培养杂交瘤细胞，连续不断地生产单克隆抗体，获得巨大经济效益。虽然灌注培养具有不少优点，但也存在培养基消耗量比较大、操作过程复杂、培养过程中易受污染等缺点。

二、细胞培养的环境要求

细胞的生长、繁殖和代谢等生理性质，在很大程度上受各种环境因素的影响。为了使动物细胞反应处于最佳状态，了解环境因素对其的影响无疑是重要的。影响动物细胞生长、繁殖的环境因素很多，主要有细胞生长的支持物、气体交换、培养温度、pH、渗透压及其他因素等方面。

1. 支持物

体外培养的大多数动物细胞需在人工支持物上单层生长。在早期的实验中，用玻璃作为支持物，开始是由于它的光学特性，后来发现它具有合适的电荷适合于细胞贴壁与生长。

（1）玻璃 玻璃常用作支持物。它很便宜，容易洗涤，且不损失支持生长的性质，可方便地用于干热或湿热灭菌，透光性好，强碱可使玻璃对培养产生不良影响，但用酸洗中和后即可。

（2）塑料制品 一次性的聚苯乙烯瓶是一种方便的支持物。但制成的聚苯乙烯是疏水性的，它不适合细胞生长，所以细胞培养用的塑料用品要用 γ 射线、化学药品或电弧处理使之产生带电荷的表面，具有可润湿性。它的光学性质好，培养表面平。除此之外，细胞也可在聚氯乙烯、聚碳酸酯、聚四氟乙烯和其他塑料上生长。

（3）微载体 大规模动物细胞贴壁培养最常用的支持物是微载体。其材料有聚苯乙烯、交联葡萄糖、聚丙烯酰胺、纤维素衍生物、几丁质、明胶等。通常用特殊的技术制成 $100\sim200\mu m$ 直径的圆形颗粒。微载体的制备是一种较复杂的技术，微载体的价格一般也比较贵。但它的最大优点是使贴壁细胞可以像悬浮培养那样进行。微载体表面及表面深层光滑，并带有少量正电荷，适合于细胞贴附。微载体大多都是一次性的，不能重复使用。

支持物通过各种预处理后，可改善细胞的贴壁和生长性能。用过的玻璃容器比新的更适合细胞生长。这可能归因于培养后的表面的蚀刻和剩余的微量物质，培养瓶中细胞的生长也可以改善表面以利第二次接种，这类调节因素可能是由于细胞释放出的胶原或黏素。

2. 气体交换

（1）氧气 气相中的重要成分是氧气和二氧化碳。各种培养对氧的要求不同，大多数动物细胞培养适合于大气中的氧含量或更低些。据报道，对培养基硒含量的要求与氧浓度有关，硒有助于除去呈自由基状态的氧。在大规模细胞培养中，氧可能成为细胞密度的限制因素。

（2）二氧化碳 二氧化碳对动物细胞培养起着相对复杂的作用，气相中的 CO_2 浓度直接调节溶解态 CO_2 的浓度，溶解态的 CO_2 受温度影响，CO_2 溶于培养基中形成 H_2CO_3，而 H_2CO_3 又能再离解：

$$H_2O + CO_2 \rightleftharpoons H_2CO_3 \rightleftharpoons H^+ + HCO_3^-$$

由于 HCO_3^- 与多数阳离子的离解数很小，趋于结合态，故使培养基变酸。提高气相中 CO_2 含量的结果是降低培养液 pH 值，而它又被加入的 $NaHCO_3$ 浓度所中和：

$$NaHCO_3 \rightleftharpoons Na^+ + HCO_3^-$$

若 HCO_3^- 浓度增加，则平衡向左边移动，直到系统在 pH=7.4 时达到平衡。如果换用其他物质，如 NaOH，实际效果是一样的：

$$NaOH + H_2CO_3 \rightleftharpoons NaHCO_3 + H_2O \rightleftharpoons Na^+ + HCO_3^- + H_2O$$

3. 培养温度

温度是细胞在体外生存的基本条件之一，来源不同的动物细胞，其最适生长温度也不尽相同。例如，鱼属变温动物，鱼细胞对温度变化耐受力较强，冷水、凉水、温水鱼细胞适宜培养温度分别为 20℃、23℃、26℃，昆虫细胞为 $25\sim28$℃，人和哺乳动物细胞最适宜的温度为 37℃，温度不超过 39℃。细胞代谢强度与温度成正比，偏高于此温度范围，细胞的正常代谢和生长将会受到影响，甚至导致死亡。总的来说，细胞对低温的耐受力比对高温的耐受力强；如温度上升到 45℃时，在 1h 内细胞即被杀死。在 $41\sim42$℃虽然细胞尚能生存，但为时很短，$10\sim24$h 后即褪变或死亡。相反，降低温度如把细胞置于 $25\sim35$℃时，它们仍能生长，但速度缓慢，并维持长时间不死，放在 4℃，数小时后再置于 37℃培养细胞仍继续生长。如温度降至冰点以下，细胞可因胞质结冰而死亡。但如向培养液中加入保护剂（二甲基亚砜或甘油），可以把细胞冻结贮存于液氮中，温度达-196℃，能长期保存下去，解冻后细胞复苏，仍能继续生长。

一般来说，变温动物细胞有较大的温度范围，但应保持在一个恒定值，且在所属动物的正常温度范围内，培养反应器既能加热，又能冷却，因为培养温度可能要求低于环境温度。

温度调节的范围最大不超过±0.5℃。培养温度不仅始终一致，而且在培养器各个部位都应恒定，在培养中温度的恒定比准确更重要。

4. pH

合适的 pH 也是细胞生存的必要条件之一，动物细胞合适的 pH 值一般在 7.2～7.4，低于 6.8 或高于 7.6 都会对细胞产生不利影响，严重时可导致细胞褪变或死亡。不同细胞对 pH 也有不同要求：原代培养细胞对 pH 变动耐受性差，传代细胞系耐受性较强。对同一种细胞，生长期和维持期最适 pH 也不尽相同，对大多数细胞来说，偏酸性环境比碱性环境更利于生长，如有人证明，原代羊水细胞培养在 pH6.8 时最适合。

初代培养的新鲜组织或经过消化成分散状态的细胞，对环境的适应力差，此时应严格控制培养基的 pH 值，否则细胞难以生长。细胞量少时比细胞量多时对 pH 变动耐力差。生长旺盛细胞代谢强，产生 CO_2 多，培养基 pH 下降快，如果 CO_2 从培养环境中逸出，则 pH 升高。上述两种情况对细胞都将产生不利影响。因此，维持细胞生存环境中的 pH 是至关重要的。最常用的方法是加碳酸盐缓冲液，缓冲液中的碳酸氢钠具有调节 CO_2 的作用，因而在一定范围内可调节培养基的 pH 值。由于 CO_2 容易从培养环境中逸出，故只适用封闭式培养。为克服碳酸氢钠的这个缺点，有时也采用羟乙基哌嗪乙烷硝酸（HEPES），它对细胞几乎无作用，主要是防止 pH 迅速波动，具有较强的稳定培养基 pH 的能力。

5. 渗透压

渗透压对动物细胞也有影响。有些动物细胞如 HeLa 细胞或其他确定细胞系，对渗透压具有较大耐受性，而原代细胞和正常二倍体细胞对渗透压波动比较敏感。人血浆渗透压约为 290mOsm/kg，是细胞的理想渗透压，对多数细胞来说，260～320mOsm/kg 是适宜的。

6. 其他因素

除上述因素外，其他因素如血清、剪切力等对细胞也有很大影响。总之，影响动物细胞生长及产物合成的因素很多，由于情况比较复杂，需要根据具体情况进行分析。

三、动物细胞大规模培养用生物反应器

动物细胞培养技术能否大规模工业化、商业化，关键在于能否设计出合适的生物反应器（bioreactor）。由于动物细胞与微生物细胞有很大差异，传统的微生物反应器显然不适用于动物细胞的大规模培养。首先必须满足在低剪切力及良好的混合状态下能够提供充足的氧，以供细胞生长及细胞进行产物的合成。

（一）生物反应器的分类

目前，动物细胞培养用生物反应器主要包括：转瓶培养器、塑料袋增殖器、填充床反应器、多层板反应器、螺旋膜反应器、管式螺旋反应器、陶质矩形通道蜂窝状反应器、流化床反应器、中空纤维及其他膜式反应器、搅拌反应器、气升式反应器等。

按其培养细胞的方式不同，这些反应器可分为以下三类。

（1）悬浮培养用反应器 如搅拌反应器、中空纤维反应器、陶质矩形通道蜂窝状反应

器、气升式反应器。

（2）贴壁培养用反应器 如搅拌反应器（微载体培养）、玻璃珠床反应器、中空纤维反应器、陶质矩形通道蜂窝状反应器。

（3）包埋培养用反应器 如流化床反应器、固化床反应器。

1. 搅拌罐生物反应器

这是最经典、最早被采用的一种生物反应器。此类反应器与传统的微生物生物反应器类

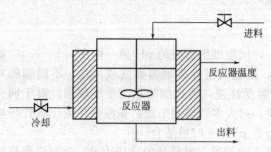

图 10-4 连续搅拌罐式反应器示意

似，针对动物细胞培养的特点，采用了不同的搅拌器及通气方式。通过搅拌器的作用使细胞和养分在培养液中均匀分布，使养分充分被细胞利用，并增大气液接触面，有利于氧的传递。现已开发的有：笼式通气搅拌器、双层笼式通气搅拌器、桨式搅拌器等。如图 10-4 所示。

2. 气升式生物反应器

气升式发酵罐（ALR）也是应用最广泛的生物反应设备。其特点是结构简单、不易染菌、溶解氧效率高和耗能低等，世界最大型的体积可达 3000 多立方米。

气升式发酵罐的工作原理是利用空气喷嘴喷出高速的空气，空气以气泡式分散于液体中，在通气的一侧，液体平均密度下降，在不通气的一侧，液体密度较大，因而与通气侧的液体产生密度差，从而形成发酵罐内液体的环流。气升式发酵罐有多种形式，较常见的有内循环管式、外循环管式、拉力筒式和垂直隔板式。外循环式的循环管设计在罐体外部，内循环管是两根，设计在罐体内部。在气升式发酵罐中，循环管的高度一般不高于罐内液面、不高于循环管出口，且不低于环流出口。气升式发酵罐的优点是能耗低，液体中的剪切作用小，结构简单。在同样的能耗下，其氧传递能力比机械搅拌式通气发酵罐要高得多，广泛用于大规模生产单细胞蛋白质。但不适用于高黏度或含大量固体的培养液。

气升式生物反应器可用于抗生素、酶制剂、有机酸、生物农药、食用菌、单细胞蛋白生产等领域。

气升式生物反应器用于高生物量的霉菌或放线菌培养，能满足高生物量对溶解氧水平的高要求。另外，由于以气体作混合与传质的动力，气液能量传递在瞬间完成，这对像丝状菌等对剪切力敏感菌体培养的影响远小于"通用式"机械搅拌罐。气升式生物反应器用于三孢布拉霉菌 β-胡萝卜素工业发酵生产，使 β-胡萝卜素产率比"通用式"机械搅拌罐提高 2 倍左右，发酵周期缩短 48h 以上。

气升式生物反应器用于高黏度培养物发酵，能利用高黏度拟塑性发酵液剪切变稀的流变性质，大幅度降低其表观黏度，提高传质速率和溶解氧水平。同时，发酵液在反应器中做整体循环，宏观混合较好，不会产生传统的机械搅拌发酵罐中高黏度物料在远离搅拌桨的近壁区常出现的滞流边界层，特别是在挡板后面不会形成静止区或滞流区，该区的气体通过罐中心形成倒漏斗形通道逃逸而不能均匀地和液体混合。

气升式生物反应器用于石油产品的发酵将大大改善油水乳化状态，提高溶解氧水平，加快微生物生长和代谢速度，提高生产效率。气升式生物反应器用于工业规模的微生物石油脱蜡，发酵周期比传统的鼓泡反应器缩短 4 倍多，节能 40% 左右。

常用的气升式反应器有三种：内循环式气升式、外循环式气升式、内外循环式气升式生物反应器。气升式生物反应器还可以衍生发展为光照气升式生物反应器，适合生物藻类、光

合细菌等微生物生长。如图10-5所示。

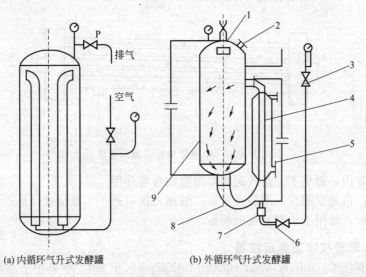

(a) 内循环气升式发酵罐   (b) 外循环气升式发酵罐

图 10-5 气升式生物反应器（带升式发酵罐）

1—人口；2—视镜；3—空气管；4—上升管；5—冷却夹套；6—单向阀门；
7—空气喷嘴；8—带升管；9—罐体

3. 鼓泡式生物反应器

与气升式反应器相类似，是利用气体鼓泡来进行供氧及混合，其设计原理与气升式生物反应器也相同。如图10-6所示。

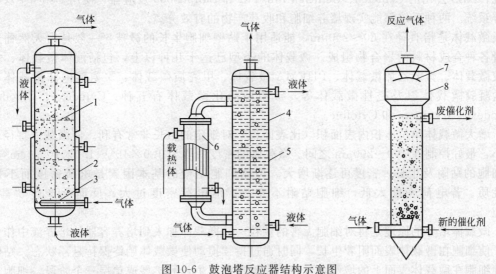

图 10-6 鼓泡塔反应器结构示意图

1—分布格板；2—夹套；3—气体分布器；4—塔体；5—挡板；6—塔外换热器；7—液体捕集器；8—扩大段

4. 中空纤维生物反应器

中空纤维生物反应器用途较广，既可用于悬浮细胞的培养，又可用于贴壁细胞的培养。其原理是：模拟细胞在体内生长的三维状态，利用反应器内数千根中空纤维的纵向布置，提供给细胞近似生理条件的体外生长微环境，使细胞不断生长。中空纤维是一种细微的管状结构，管壁为极薄的半透膜（图10-7）。培养时纤维管内灌流充以氧气的无血清培养液，管外壁则供细胞黏附生长，营养物质通过半透膜从管内渗透出来供细胞生长。对于血清等大分子营养物，必须从管外灌入，否则会被半透膜阻隔而不能被细胞利用。细胞的代谢废物也可通

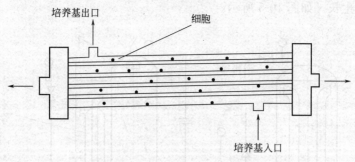

图 10-7 中空纤维反应器示意图

过半透膜渗入管内,避免了过量代谢物对细胞的毒害作用。

其优点是:占地空间少,细胞产量高,细胞密度可达 10^9 数量级;生产成本低,且细胞培养维持时间长,适用于长期分泌的细胞。

5. 微载体培养技术及其反应器

微载体培养技术(microcarrier culture technique)于 1967 年被用于动物细胞大规模培养。经过四十余年的发展,该技术目前已日趋完善和成熟,并广泛应用于生产疫苗、基因工程产品等。微载体培养是目前公认的最有发展前途的一种动物细胞大规模培养技术,其兼具悬浮培养和贴壁培养的优点,放大容易。目前微载体培养广泛用于培养各种类型细胞生产疫苗、蛋白质产品,如成肌细胞、Vero 细胞、CHO 细胞。

使用较多的反应器有两种:贝朗公司的 BIOSTAT 反应器,使用双桨叶无气泡通气搅拌系统;NBS 公司的 CelliGen、CelliGen PlusTM 和 BioFlo3000 反应器,使用 Cell-lift 双筛网搅拌系统。两种系统都能实现培养细胞和收获产物的有效分离。

微载体是指直径在 $60\sim250\mu m$,能适用于贴壁细胞生长的微珠。一般是由天然葡聚糖或者各种合成材料的聚合物组成。微载体的类型已达十几种以上,包括液体微载体、大孔明胶微载体、聚苯乙烯微载体、PHEMA 微载体、甲壳质微载体、聚氨酯泡沫微载体、藻酸盐凝胶微载体以及磁性微载体等。常用商品化微载体有五种:Cytodex1、Cytodex2、Cytodex3、Cytopore 和 Cytoline。

增大微载体单位体积内表面积(比表面积)对细胞的生长非常有利。使微载体直径尽可能小,最好控制在 $100\sim200\mu m$ 之间。微载体的密度一般为 $1.0\times10^3\sim1.0\times10^5 g/cm^2$,随着细胞的贴附及生长,密度可逐渐增大。控制细胞贴壁的基本因素是电荷密度而不是电荷性质。若电荷密度太低,细胞贴附不充分;但电荷密度过大,反而会产生"毒性"效应。

微载体培养的原理是将对细胞无害的颗粒——微载体加入到培养容器的培养液中作为载体,使细胞在微载体表面附着生长,同时通过持续搅动使微载体始终保持悬浮状态。贴壁依赖性细胞在微载体表面上的增殖,要经历黏附贴壁、生长和扩展成单层三个阶段。细胞只有贴附在固体基质表面才能增殖,故细胞在微载体表面的贴附是进一步铺展和生长的关键。黏附主要是靠静电引力和范德华力。细胞能否在微载体表面黏附,主要取决于细胞与微载体的接触概率和相融性。

由于动物细胞无细胞壁,对剪切力敏感,因而无法靠提高搅拌转速来增加接触概率。因此操作时,在贴壁期采用低搅拌转速,时搅时停;数小时后,待细胞附着于微载体表面时,维持设定的低转速,进入培养阶段。微载体培养的搅拌非常慢,最大速度为 $75r/min$。

细胞与微载体的相融性与微载体表面理化性质有关。一般细胞在进入生理 pH 值时,表面带负电荷。若微载体带正电荷，则利用静电引力可加快细胞贴壁速度。若微载体带负电荷，因静电斥力使细胞难于黏附贴壁；但培养液中溶有或微载体表面吸附着二价阳离子作为媒介时，则带负电荷的细胞也能贴附。

影响细胞在微载体表面生长的因素很多，主要有以下三方面：①细胞方面，如细胞群体、状态和类型。②微载体方面，如微载体表面状态、吸附的大分子和离子。微载体表面光滑时细胞扩展快，表面多孔则扩展慢。③培养环境，如培养基组成、温度、pH、溶解氧浓度（dissolved oxygen，DO）以及代谢废物等均明显影响细胞在微载体上的生长。如果所处条件最优，则细胞生长快；反之，生长速度慢。

微载体培养初期要保证培养基与微球体处于稳定的 pH 与温度水平，接种细胞（对数生长期，而非稳定期）至终体积 1/3 的培养液中，以增加细胞与微载体接触的机会。不同的微载体所用浓度及接种细胞密度是不同的。常使用 2～3g/L 的微载体含量，更高的微载体浓度需要控制环境或经常换液。贴壁阶段（3～8d）后，缓慢加入培养液至工作体积，并且增加搅拌速度保证完全均质混合。

培养维持期进行细胞计数（胞核计数）、葡萄糖测定及细胞形态镜检。随着细胞增殖，微球变得越来越重，需增加搅拌速率。经过 3d 左右，培养液开始呈酸性，需换液。停止搅拌，让微珠沉淀 5min，弃掉适宜体积的培养液，缓慢加入新鲜培养液（37℃），重新开始搅拌。

收获细胞时首先排干培养液，至少用缓冲液漂洗一遍，然后加入相应的酶，快速搅拌（75～125r/min）20～30min。然后解离、收集细胞及其产品。

微载体培养的放大可以通过增加微载体的含量或培养体积进行。使用异倍体或原代细胞培养生产疫苗、干扰素，已被放大至 4000L 以上。

目前已经研制了数种适合进行微载体大规模细胞培养的生物反应器系统，如搅拌式生物反应器系统、旋转式生物反应器系统以及灌注式生物反应器系统等。

微载体培养有很多优点：比表面积大，因此单位体积培养液的细胞产率高；把悬浮培养和贴壁培养融合在一起，兼有两者的优点；可用简单的显微镜观察细胞在微珠表面的生长情况；简化了细胞生长各种环境因素的检测和控制，重现性好；培养基利用率较高；放大容易；细胞收获过程不复杂；劳动强度小；培养系统占地面积和空间小。

（二）生物反应器的设计和放大

设计的总体原则包括以下几方面：

① 结构严密，能耐受蒸汽灭菌，采用对生物催化剂无害和耐蚀材料制作，内壁光滑无死角，内部附件尽量减少，以维持纯种培养需要。

② 有良好的气-液接触和液-固混合性能及热量交换性能，使质量与热量传递有效地进行。

③ 在保证产物质量和产量的前提下，尽量节省能源消耗。

④ 减少泡沫产生，或附有消泡装置以提高装料系数，并有能与计算机联机的可靠的参数检测和控制仪表。

一种新的生物技术产品从实验室到工业生产的开发过程中，会遇到生物反应器的逐级放大问题，每一级约放大 10～100 倍。生物反应器的放大，表面看来仅是一个体积或尺度放大问题，实际上并不是那么简单。反应器放大研究虽已提出了不少方法，但没有一种是普遍都能适用的。目前还只能是半理论半经验的，即抓住反应过程中的少量关键性参数或现象进行放大。

氧气是动物细胞生长必要的营养物质，缺氧会导致细胞死亡，但溶解过度也会导致细胞氧气中毒。溶解氧浓度（DO）通常是以 1 个大气压（1atm＝101325Pa）的标准空气在水中达到溶解平衡时的浓度为基准，定义为 100%，此时氧气的浓度是 0.224mol/L。通常细胞生长所需要的氧气控制在 30%～70%，这就需要不断地补充氧气。在生物反应器中，氧的传递速率要满足细胞对氧的摄取速率，并使反应器中溶解氧的浓度 C_L 维持在一定水平上。这就是说，在稳态情况下，氧气传递速率（oxygen transfer rate，OTR）与供氧和需氧间存在下列关系：

$$OTR＝K_La(C_L^*－C_L) \tag{10-1}$$

式中，K_La 为氧的传递系数；C_L^* 为相当气相氧分压的溶解氧浓度；C_L 为培养液中溶解氧浓度。影响供氧的因素总体上讲是 K_La 和（$C_L^*－C_L$）值。要增大（$C_L^*－C_L$），无非是增大 C_L^* 值或降低 C_L 值。增大 C_L^* 的措施有适当增加反应器中操作压力和增大气相中的氧分压两个方法。在实际操作中，反应器保持一定正压，以防止大气中的杂菌从轴封、阀门等处侵入。但在增加罐压的同时，发酵代谢所产生的 CO_2 也会更多地溶解于培养液，而对发酵不利。至于 C_L 值，一般不允许过分减小，因为细胞在生长中有一个临界氧浓度，低于此临界值，细胞的呼吸将受到抑制。影响 K_La 的因素大致可分为三个方面：一是反应器的结构，包括相对几何尺寸的比例；二是操作条件，如搅拌功率或循环泵功率的输入量、通气量等；三是培养或发酵液的物理、化学性质，如流变特性，特别是其黏度或显示黏度、表面张力、扩散系数、细胞形态、泡沫程度等。

在细胞培养和发酵过程中，热量的释放是普遍存在的。这是因为在培养或发酵过程中细胞与周围环境的物质产生新陈代谢，即发生异化（分解）作用和同化（合成）作用，异化作用一般释放能量，同化作用则是吸收能量。同化作用包括细胞生长、繁殖、产物形成，所需能量来自细胞对培养基中的基质及营养成分的异化。从热力学角度讲，异化所产生能量必然应多于同化所需要能量，而多余的能量则转化为热能释放到周围环境中。无论是涉及细胞或酶的反应中，释放出的热量都应及时移去，以免影响过程的正常进行，因此在生物反应器中一般都附有冷却装置。

四、动物细胞大规模培养工艺

大规模动物细胞培养的工艺流程如图 10-8 所示，先将组织切成碎片，然后用溶解蛋白质的酶处理得到单个细胞，收集细胞并离心。获得的细胞植入营养培养基中，使之增殖至覆盖瓶壁表面，用酶把细胞消化下来，再接种到若干培养瓶以扩大培养，获得的细胞可作为"种子"进行液氮保存。需要时，从液氮中取出一部分细胞解冻，复活培养和扩培，之后接入大规

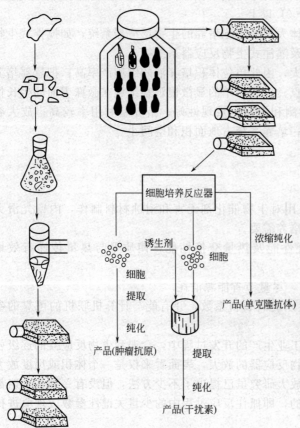

图 10-8 大规模动物细胞培养工艺流程

模反应器进行产品生产。需要诱导的产物或者病毒感染后才能得到产物的细胞，需在生产过程中加入适量的诱导物或感染病毒，再经分离纯化获得目的产品。

任务二　植物细胞的大规模培养

植物细胞培养是指在离体条件下培养植物细胞的方法。将愈伤组织或其他易分散的组织置于液体培养基中，进行振荡培养，使组织分散成游离的悬浮细胞，通过继代培养使细胞增殖，获得大量的细胞群体。小规模的悬浮培养在培养瓶中进行，大规模者可利用发酵罐生产。

植物细胞培养是在植物组织培养技术基础上发展起来的。1902 年，Haberlandt 确定了植物的单个细胞内存在其生命体的全部能力（全能性），使其成为植物组织培养的开端。其后，为了实现分裂组织的无限生长，对外植体的选择及培养基等方面进行了探索。20 世纪 30 年代，组织培养取得了飞速发展，细胞在植物体外生长成为可能。1939 年，Gautheret、Nobercourt、White 分别成功地培养了烟草、萝卜的细胞，至此，植物组织培养才真正开始。20 世纪 50 年代，Talecke 和 Nickell 确立了植物细胞能够成功地生长在悬浮培养基中。自 1956 年 Nickell 和 Routin 第一个申请用植物组织细胞培养产生化学物质的专利以来，应用细胞培养生产有用的次生物质的研究取得了很大的进展。随着生物技术的发展，细胞原生质体融合技术使植物细胞的人工培养技术进入了一个新的更高的发展阶段。借助于微生物细胞培养的先进技术，大量培养植物细胞的技术日趋完善，并接近或达到工业生产的规模。

植物细胞培养技术广泛用于农业、医药、食品、化妆品、香料等生产中，据报道，美国的药方中四分之一是含有来源于植物的药品。尽管通过植物细胞培养可以获得许多产品，但总的来说分为两类：初级代谢产物（包括细胞本身为产物）和次级代谢产物。目前，细胞本身作为最终产物并不经济。大规模培养植物细胞主要用于生产次级代谢产物。有些产物通过化学方法合成很不经济；有些产物其唯一来源只能是植物，而许多有价值的植物必须生长在热带或亚热带地区，还要受到其他自然条件（如干旱、疾病）和人为条件（如政策）的影响。最不能克服的是，有些植物从种植到收获要花几年时间，又很难选出高产植株，不能满足需要。因此，可以通过采用大规模植物细胞培养技术直接生产。例如，紫草宁（shikonin）是典型的通过大规模培养植物细胞生产的产品。紫草宁既可作为染料又可入药，价值高达 4500 美元/kg，但是紫草（*Lithospermum*）需要生长 2～3 年，其紫草宁浓度才达到干重的 1%～2%，远不能满足需要。而通过大规模培养紫草宁可在短时间内（3 周左右）大量生产紫草宁（干重的 14%左右）。由此可见，植物细胞培养技术应用于大规模有价值产品的生产具有巨大潜力。

一、植物细胞培养的流程和方法

植物细胞培养与微生物细胞培养类似，可采用液体培养基进行悬浮培养。植物组织细胞的分离，一般采用次亚氯酸盐的稀溶液、福尔马林、酒精等消毒剂对植物体或种子进行灭菌消毒。种子消毒后在无菌状态下发芽，将其组织的一部分在半固体培养基上培养，随着细胞增殖形成不定形细胞团（愈伤组织），将此愈伤组织移入液体培养基振荡培养。植物体也可采用同样方法将消毒后的组织片愈伤化，可用液体培养基振荡培养，愈伤化时间随植物种类和培养基条件而异，慢的需几周以上，一旦增殖开始，就可用反复继代培养加快细胞增殖。

（一）植物细胞培养流程

继代培养可用试管或烧瓶等，大规模的悬浮培养可用传统的机械搅拌罐、气升式发酵罐。其流程如图10-9所示。

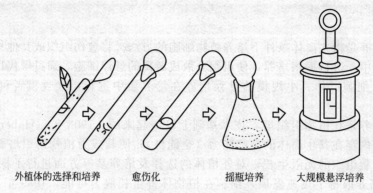

外植体的选择和培养　　愈伤化　　摇瓶培养　　大规模悬浮培养

图 10-9　植物细胞大规模培养流程

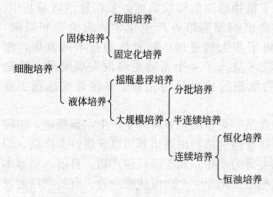

图 10-10　植物细胞的培养系统

植物细胞培养系统可以粗略地分为固体培养和液体培养，每种培养方式又包括若干种方法，如图10-10所示。

（二）植物细胞培养的方法

植物细胞培养根据不同的方法可分为不同的类型。按培养对象可分为单倍体细胞培养和原生质体培养；按培养基可分为固体培养和液体培养；按培养方式又可分为悬浮培养和固定化细胞培养。

1. 单倍体细胞培养

单倍体细胞培养主要用花药在人工培养基上进行培养，可以从小孢子（雄性生殖细胞）直接发育成胚状体，然后长成单倍体植株；或者是通过组织诱导分化出芽和根，最终长成植株。

2. 原生质体培养

植物的体细胞（二倍体细胞）经过纤维素酶处理后可去掉细胞壁，获得的除去细胞壁的细胞称为原生质体。该原生质体在良好的无菌培养基中可以生长、分裂，最终可以长成植株。实际过程中，也可以用不同植物的原生质体进行融合与体细胞杂交，由此可获得细胞杂交的植株。

3. 固体培养

固体培养是在微生物培养的基础上发展起来的植物细胞培养方法。固体培养基的凝固剂除去特殊研究外，几乎都使用琼脂，浓度一般为2%～3%，细胞在培养基表面生长。原生质体固体培养则需混入培养基内进行嵌合培养，或者使原生质体在固体-液体之间进行双相培养。

4. 液体培养

液体培养也是在微生物培养的基础上发展起来的植物细胞培养方法。液体培养可分为静置培养和振荡培养等两类。静置培养不需要任何设备，适合于某些原生质体的培养。振荡培养需要摇床使培养物和培养基保持充分混合以利于气体交换。

5. 悬浮培养

植物细胞的悬浮培养是一种使组织培养物分离成单细胞并不断扩增的方法。在进行细胞培养时，需要提供容易破裂的愈伤组织进行液体振荡培养，愈伤组织经过悬浮培养可以产生比较纯一的单细胞。用于悬浮培养的愈伤组织应该是易碎的，这样在液体培养条件下能获得分散的单细胞，而紧密不易碎的愈伤组织就不能达到上述目的。

6. 固定化培养

固定化培养是在微生物和酶的固定化培养基础上发展起来的植物细胞培养方法。该法与固定化酶或微生物细胞培养类似，应用最广泛的、能够保持细胞活性的固定化方法是将细胞包埋于海藻酸盐或卡拉胶中。

二、植物细胞的大规模培养技术

目前用于植物细胞大规模培养的技术主要有植物细胞的大规模悬浮培养和植物细胞或原生质体的固定化培养。

（一）植物细胞的大规模悬浮培养

悬浮培养通常采用水平振荡摇床，可变速率为 30～150r/min，振幅 2～4cm，温度 24～30℃。适合于愈伤组织培养的培养基不一定适合悬浮细胞培养。悬浮培养的关键就是要寻找适合于悬浮培养物快速生长，有利于细胞分散和保持分化再生能力的培养基。

1. 悬浮培养中的植物细胞的特性

由于植物细胞有其自身的特性，尽管人们已经在各种微生物反应器中成功地进行了植物细胞的培养，但是植物细胞培养过程的操作条件与微生物培养是不同的。与微生物细胞相比，植物细胞要大得多，其平均直径要比微生物细胞大 30～100 倍。同时植物细胞很少是以单一细胞形式悬浮存在，而通常是以细胞数在 2～200 之间、直径为 2mm 左右的非均相集合细胞团的方式存在。根据细胞系来源、培养基和培养时间的不同，这种细胞团通常以以下几种方式存在：①在细胞分裂后没有进行细胞分离；②在间歇培养过程中细胞处于对数生长后期时，开始分泌多糖和蛋白质；③以其他方式形成黏性表面，从而形成细胞团。当细胞密度高、黏性大时，容易产生混合和循环不良等问题。

由于植物细胞的生长速度慢，操作周期就很长，即使间歇操作也要 2～3 周，半连续或连续操作更是可长达 2～3 个月。同时由于植物细胞培养培养基的营养成分丰富而复杂，很适合真菌的生长。因此，在植物细胞培养过程中，保持无菌是相当重要的。

2. 植物细胞培养液的流变特性

由于植物细胞常常趋于成团，且不少细胞在培养过程中容易产生黏多糖等物质，使氧传递速率降低，影响了细胞的生长。对于植物细胞培养液的流变特性的认识目前还是很肤浅的，人们常用黏度这一参数来描述培养液的流变学特征。培养过程中培养液的黏度一方面是由于细胞本身和细胞分泌物等存在，另一方面还依赖于细胞年龄、形态和细胞团的大小。在相同的浓度下，大细胞团的培养液的表观黏度明显大于小细胞团的培养液的表观黏度。

3. 植物细胞培养过程中的氧传递

所有的植物细胞都是好气性的，需要连续不断地供氧。由于植物细胞培养时对溶解氧的变化非常敏感，溶解氧浓度太高或太低均会对培养过程产生不良影响，因此，大规模植物细胞培养对供氧和尾气氧的监控十分重要。与微生物培养过程相反，植物细胞培养过程并不需要高的气液传质速率，而是要控制供氧量，以保持较低的溶解氧水平。

氧气从气相到细胞表面的传递是植物细胞培养中的一个基本问题。大多数情况下，氧气的传递与通气速率、混合程度、气液界面面积、培养液的流变学特性等有关，而氧的吸收却与反应器的类型、细胞生长速率、pH 值、温度、营养组成以及细胞的浓度等有关。通常也用体积氧传递系数（K_La）来表示氧的传递，事实证明，体积氧传递系数能明显地影响植物细胞的生长。

培养液中的通气水平和溶解氧浓度也能影响到植物细胞的生长。长春花细胞培养时，当通气量从 $0.25L/(L \cdot min)$ 上升至 $0.38L/(L \cdot min)$ 时，细胞的相对生长速率可从 $0.34d^{-1}$ 上升至 $0.41d^{-1}$；而当通气量再增加时，细胞的生长速率反而会下降。曾在不同氧浓度时对毛地黄细胞进行了培养，当培养基中氧浓度从 10% 饱和度升至 30% 饱和度时，细胞的生长速率从 $0.15d^{-1}$ 升至 $0.20d^{-1}$，如果溶解氧浓度继续上升至 40% 饱和度时，细胞的生长速率却反而降至 $0.17d^{-1}$。这就说明过高的通气量对植物细胞的生长是不利的，会导致生物量的减少，这一现象很可能是高通气量导致反应器内流体动力学发生变化的结果，也可能是由于培养液中溶解氧水平较高，以至于代谢活力受阻。

由上述情况可以看出，氧对植物细胞的生长来说是很重要的，但是 CO_2 的含量水平对细胞的生长同样相当重要。研究发现，植物细胞能非光合地固定一定浓度的 CO_2，如在空气中混以 $2\% \sim 4\%$ 的 CO_2 能够消除高通气量对长春花细胞生长和次级代谢物产率的影响。因此，对植物细胞培养来说，在要求培养液充分混合的同时，CO_2 和氧气的浓度只有达到某一平衡时，才会很好地生长，所以植物细胞培养有时需要通入一定量的 CO_2 气体。

4. 泡沫和表面黏附性

植物细胞培养过程中产生泡沫的特性与微生物细胞培养产生的泡沫是不同的。植物细胞培养过程中产生的气泡比微生物培养系统中的气泡大，且被蛋白质或黏多糖覆盖，因而黏附性大，细胞极易被包埋于泡沫中，造成非均相的培养。尽管泡沫对于植物细胞来说，其危害性没有微生物细胞那么严重，但如果不加以控制，随着泡沫和细胞的积累，也会对培养系统的稳定性产生很大的影响。

5. 悬浮细胞的生长与增殖

由于悬浮培养具有三个基本优点：①增加培养细胞与培养液的接触面，改善营养供应；②可带走培养物产生的有害代谢产物，

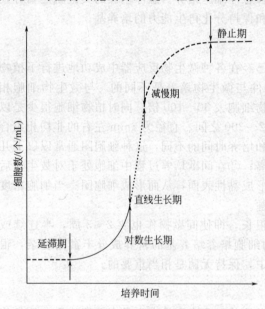

图 10-11 悬浮培养时细胞的生长曲线

避免有害代谢产物局部浓度过高等问题；③保证氧的充分供给。因此，悬浮培养细胞的生长条件比固体培养有很大的改善。

悬浮培养时细胞的生长曲线如图 10-11 所示，细胞数量随时间变化曲线呈现 S 形。在细胞接种到培养基中最初的时间内细胞很少分裂，经历一个延滞期后进入对数生长期和细胞迅速增殖的直线生长期，接着是细胞增殖减慢的减慢期和停止生长的静止期。整个周期经历时间的长短因植物种类和起始培养细胞密度的不同而不同。在植物细胞培养过程中，一般在静止期或静止期前后进行继代培养，具体时间可根据静止期细胞活力的变化而定。

6. 细胞团和愈伤组织的再形成以及植株的再生

悬浮培养的单个细胞在 3～5d 内即可见细胞分裂，经过一星期左右的培养，单个细胞和小的聚集体不断分裂而形成肉眼可见的小细胞团。大约培养两周后，将细胞分裂再形成的小愈伤组织团块及时转移到分化培养基上，连续光照，三星期后可分化成试管苗。

（二）植物细胞或原生质体的固定化培养

经过多年的研究发现，与悬浮培养相比，固定化培养具有很多优点：

① 提高了次生物质的合成和积累；

② 能长时间保持细胞活力；

③ 可以反复使用；

④ 抗剪切能力强；

⑤ 耐受有毒前体的浓度高；

⑥ 遗传性状较稳定；

⑦ 后处理难度小；

⑧ 更好的光合作用；

⑨ 促进或改变产物的释放。

1979 年，Brodelius 首次将高等植物细胞固定化培养以获得目的次级代谢产物，此后，植物细胞的固定化培养得到不断的发展，逐步显示其优势。据不完全统计，约有 50 多种植物细胞已成功地进行了固定化培养。

植物细胞的固定化常采用海藻酸盐、卡拉胶、琼脂糖和琼脂材料，均采用包埋法，其他方式的固定化植物细胞很少使用。

原生质体比完整的细胞更脆弱，因此，只能采用最温和的固定化方法进行固定化，通常也是用海藻酸盐、卡拉胶和琼脂糖进行固定化。

（三）影响植物细胞培养的因素

植物细胞生长和产物合成动力学也可分为三种类型：生长偶联型，产物的合成与细胞的生长呈正比；中间型，产物仅在细胞生长一段时间后才能合成，但细胞生长停止时，产物合成也停止；非生长偶联型，产物只有在细胞生长停止时才能合成。事实上，由于细胞培养过程较复杂，细胞生长和次级代谢物的合成很少符合以上模式，特别是在较大的细胞群体中，由于各细胞所处的生理阶段不同，细胞生长和产物合成也许是群体中部分细胞代谢的结果。此外，不同的环境条件对产物合成的动力学也有很大的影响。

1. 细胞的遗传特性

从理论上讲，所有的植物细胞都可看做是一个有机体，具有构成一个完整植物的全部遗传信息。在生化特征上，单个细胞也具有产生其亲本所能产生的次生代谢物的遗传基础和生理功能。但是，这一概念绝不能与个别植株的组织部位相混淆，因为某些组织部位所具有的高含量的次生代谢物并不一定就是该部位合成的，而有可能是在其他部位合成后通过运输在该部位上积累的。有的植物在某一部位合成了某一产物的直接前体而转运到另一部位，通过该部位上的酶或其他因子转化。如尼古丁是在烟草根部细胞内合成后输送到叶部细胞内的。另外，有些次生物在植物某一部位形成中间体，然后再转运至另一部位，通过该部位上的酶或其他因子转化成产物。因此，在进行植物细胞的培养时，必须弄清楚产物的合成部位。

2. 培养环境

由于各类代谢产物是在代谢过程的不同阶段产生，因此通过植物细胞培养进行次生代谢产物生产所受的限制因子是比较复杂的。各种影响代谢过程的因素都可能对它们发生影响，这些因素主要有光、温度、搅拌、通气、营养、pH 值、前体和调节因子等。

（1）温度 植物细胞培养通常是在 25℃左右进行的，因此一般来说在进行植物细胞培养时很少考虑温度对培养的影响。但是实际上，无论是细胞培养物的生长或是次生代谢物的合成和积累，温度都是起着一定的作用，需要引起重视。

（2）pH 值 植物细胞培养的最适 pH 值一般在 5～6。但由于在培养过程中，培养基的 pH 值可能有很大的变化，对培养物的生长和次生代谢产物的积累十分不利，因此需要不断地调节培养液的 pH 值，以满足细胞的生长和产物代谢、积累的需要。

（3）营养成分 尽管植物细胞能在简单的合成培养基上生长，但营养成分对植物细胞培养和次生代谢产物的生成仍有很大的影响。营养成分一方面要满足植物细胞的生长所需，另一方面要使每个细胞都能合成和积累次生代谢产物。普通的培养基主要是为了促进细胞生长而设计的，它对次生代谢产物的产生并不一定最合适。一般地说，增加氮、磷和钾的含量会使细胞的生长加快，增加培养基中的蔗糖含量可以增加细胞培养物的次生代谢物。

（4）光 光照时间的长短、光的强度对次生代谢产物的合成都具有一定的作用。一般来说，愈伤组织和细胞生长不需要光照，但是光对细胞代谢产物的合成有着很重要的影响。有人研究了光对黄酮化合物形成的影响，结果表明，培养物在光照特别是紫外光下黄酮及黄酮类醇糖苷积累的所有酶活性均增加。通常光照采用荧光灯，或者荧光灯和白炽灯混合，其光强度是 $300～10000lx[6～100\mu m/(m^2 \cdot s)]$，可以连续光照，也可以每天光照 12～18h。

（5）搅拌和通气 植物细胞在培养过程中需要通入无菌空气，适当控制搅拌程度和通气量。在悬浮培养中更应如此。在烟草细胞培养中发现，如果 $K_La \leqslant 5h^{-1}$，对生物产量有明显抑制作用。当 $K_La = 5～10h^{-1}$，初始的 K_La 和生物产量之间有线性关系。当然不同的细胞系，对氧的需求量是不相同的。为了加强气-液-固之间的传质，细胞悬浮培养时，需要搅动。植物细胞虽然有较硬的细胞壁，但是细胞壁很脆，对搅拌的剪切力很敏感，在摇瓶培养时，摇瓶机振荡范围在 100～150r/min。由于摇瓶培养细胞受到剪切比较小，因此植物细胞很适合在此环境生长。实验室中采用六平叶涡轮搅拌桨反应器培养植物细胞，由于剪切太剧烈，细胞会自溶，次生代谢产物合成会降低。各种植物细胞耐剪切的能力不尽相同，细胞越老遭受的破坏也越大。烟草的细胞和长春花的细胞在涡轮搅拌器转速 150r/min 和 300r/min 时，一般还能保持生长。培养鸡眼藤的细胞时，涡轮搅拌器的转速应低于 20r/min。因此培养植物细胞，气升式反应器更为合适。

（6）前体 在植物细胞的培养过程中，有时培养细胞不能很理想地把所需的代谢产物按希望的得率进行合成，其中一个可能的原因就是缺少合成这种代谢物所必需的前体，此时如在培养物中加入外源前体将会使目的产物产量增加。因此，在植物细胞培养过程中，选择适当的前体是相当重要的。对于所选择的前体除了能增加产物的产量外，还要求是无毒和廉价的。但是，寻找能使目的产物含量增加最有效的前体有一定的难度。

虽然前体的作用在植物细胞培养中未完全弄清楚，可能是外源前体激发了细胞中特定酶的作用，促使次生代谢产物量增加。有人在三角叶薯蓣细胞培养液中加入 100mg/L 胆甾醇，可使次生代谢产物薯蓣皂苷配基产量增加 1 倍。在紫草细胞培养中加入 L-苯丙氨酸使右旋紫草素产量增加 3 倍。在雷公藤细胞培养中加入萜烯类化合物中的一个中间体，可使雷公藤羟内酯产量增加 3 倍以上。但同样一种前体，在细胞的不同生长时期加入，对细胞生长和次生代谢产物合成的作用极不相同，有时甚至还起抑制作用。如在洋紫苏细胞的培养中，一开始就加入色胺，无论对细胞生长和生物碱的合成都起抑制作用，但在培养的第二星期或第三星期加入色胺却能刺激细胞的生长和生物碱的合成。

（7）生长调节剂 在细胞生长过程中，生长调节剂的种类和数量对次生代谢产物的合成起着十分重要的作用。植物生长调节剂不仅会影响细胞的生长和分化，而且也会影响次生代谢产物的合成。生长素和细胞分裂素有使细胞分裂保持一致的作用，不同类型的生长素对次生代谢产物的合成有着不同的影响。生长调节剂对次级代谢的影响随着代谢产物种类的不同而有很大的变化，对生长调节剂的应用需要非常慎重。

目前，在大规模植物细胞悬浮培养中，为了提高生物量和次生代谢产物量，一般采用二阶段法。第一阶段尽可能快地使细胞量增长，可通过生长培养基来完成；第二阶段是诱发和保持次生代谢旺盛，可通过生产培养基来调节。因此在细胞培养整个过程中，要更换含有不同品种和浓度的植物生长激素和前体的液体培养基。为了获得能适合大规模悬浮培养和生长快速的细胞系，首先要对细胞进行驯化和筛选，把愈伤组织转移到摇瓶中进行液体培养，待细胞增殖后，再把它们转移到琼脂培养基上。经过反复多次驯化、筛选得到的细胞株，比未经过驯化、筛选的原始愈伤组织在悬浮培养中生长快得多。

毋庸置疑，在过去几十年中，植物生物技术方面已取得了相当巨大的进展，大大缩短了向工业化迈进的距离。国内有关单位对药用植物人参、三七、紫草、黄连、薯蓣、芦笋等已展开了大规模的细胞悬浮培养，并对植物细胞培养专用反应器进行研制。国外，培养植物细胞用的反应器已从实验规模 $1\sim30L$ 放大到工业性试验规模 $130\sim20000L$，如希腊毛地黄转化细胞的培养规模为 $2m^3$，烟草细胞培养的规模最大已达到 $20m^3$。

值得注意的是，影响植物细胞培养物的生物量增长和次生代谢产物积累的因素是错综复杂的，往往一个因素的调整会影响到其他因素的变化，所以需要在培养过程中不断地加以调整，同时，由于不同的植物有机体有其自身的特殊性，因此，对于一种植物或一种次生代谢物适合的培养条件，不一定对其他的细胞或次生代谢作用适合。

拓展学习

组织工程，即通过对细胞的大量培养，并用细胞直接作为一种治疗手段用于临床，或用培养的细胞进一步加工构成一种组织，如人造皮肤、人造肝脏、人造胰腺、人造血管和人造骨等，并用于临床治疗。这方面的发展很快，有的已经在临床应用，如人造皮肤已被广泛用于烧伤患者的植皮中，部分地解决了皮肤的来源问题；有的已在临床试用，如Brugger等在体外培养了1100万流动在周围血（MPB）中的 $CD34^+$ 细胞，输入患者的效果与非培养的细胞相同。Williams等用无血清培养基，加入人血白蛋白和细胞因子 PIX-Y321（IL-3 和 GM-CSF 的融合产物），扩增的细胞中以粒细胞为主，用于患者后也未发现毒性。为了解决急性肝损伤，人造肝脏的研究已在许多国家开展，一方面要解决肝细胞长期培养的问题，而且必须是立体三相培养才能长期保持其功能；另一方面要解决可实用的设备问题，包括固定床、中空纤维反应器。目前在动物身上试验，最长的可保持其功能达8周之久。在人造胰腺方面主要有两种方法，一是用微囊培养胰岛细胞，二是用膜管培养胰岛细胞。其目的都是使营养物质和胰岛素可自由出入，但要防止机体对细胞的排斥反应。据 Larlza 等用膜管培养胰岛细胞在狗身上的试验，能使血糖浓度保持在较低水平长达30周，而且不需用免疫抑制剂。人造血管的研究也很重要，据统计，仅美国一年血管手术就超过350000起，需要做冠状动脉侧支循环的就有100000例。目前通常的做法是截取一段自体的血管，或采用合成的替代物，而后者常常会引起血栓堵塞。为解决该问题，有人在该替代物上培养一层内皮细胞，形成了人造血管。Fischlein 等在41名患者的股动脉试验表明，人造血管无毒性，30个月的通透率为80.2%。其他如用胎儿的中脑细胞治疗帕金森病、用成肌细胞治疗肌肉功能不良等也取得了一定的效果。此外，当前热门的基因治疗，实际也是一种细胞的直接治疗应用。

思考与测试

1. 如何进行动植物细胞大规模培养?
2. 动植物细胞的生长对环境有哪些要求?

第十一单元　基因工程制药

【知识目标】

能陈述基因工程制药的一般过程和主要步骤。

【能力目标】

能从事基因工程菌菌种管理。

能完成基因工程菌发酵。

任务一　基因工程的概念和基因工程制药的发展历程

一、基因工程的概念

基因工程（gene engineering）是将一种生物细胞的基因分离出来，在体外进行酶切和连接并插入载体分子构成遗传物质的新组合，引入另一种宿主细胞后使目的基因得以复制和表达的技术，也称基因操作或重组 DNA 技术。

基因工程药物是用重组 DNA 技术生产的多肽、蛋白质、酶、激素、疫苗、单克隆抗体和细胞因子等。蛋白质是生命活动的重要物质，已知很多蛋白质与人类的疾病密切相关。众所周知的侏儒症与病人缺少生长激素有关，一些糖尿病人则是由胰岛素合成不足引起，出血不止的血友病则是由于缺少凝血因子Ⅷ或凝血因子Ⅸ引起的。在 DNA 重组技术出现以前，大多数的人用蛋白质药物主要是从血液、尿液或动物的组织和器官中提取的，成本高，且产率和产量很低，供应十分有限，并且从人体来源的材料中提取很难保证这种蛋白质物质不被某些病原体（如肝炎病毒）污染，所以存在不安全因素。

基因工程技术的最大优点在于它能从极端复杂的机体细胞内获取所需要的基因，将其在体外进行剪切、拼接，使其重新组合，然后转入适当的细胞进行表达，从而生产出比原来多数百、数千倍的相应的蛋白质。例如用传统技术提取 5mg 的生长激素释放抑制因子需要 50 万头的绵羊脑，而用基因工程技术生产只需 9L 细菌发酵液；2L 人血只能生产 $1\mu g$ 人白细胞干扰素，而 1L 基因工程菌发酵液则可生产 $600\mu g$；生产 10g 胰岛素传统技术要用 450kg 猪胰脏，而用基因工程技术只用 200L 细菌培养液。传统生物药物由于来源及制备上的困难、价格等因素的影响，以及在制备过程中可能受到病毒、衣原体、支原体等的感染等问题，促使人们寻求新方法来制备安全、实用、疗效可靠的生物药物。

应用基因工程技术可十分方便且有效地解决上述提到的问题，从量和质上都可以得到改进，且可以创造全新物质。基因工程技术是生物技术的核心，该技术最突出的成就是用于生物治疗的新型生物应用基因工程技术，完全打破生物界种的界限，在体外对大分子 DNA 进行剪切、加工、重新组合后引入细胞中表达出具有新的遗传特性的性状，定向改造生物。它不仅在动植物的高产、优质、抗逆新品种的选育，而且在生产新型药、疫苗和基因治疗的研究上显示其在生物技术药物制备上的优势。基因工程技术的应用使得人们在解决癌症、病毒性疾病、心血管疾病和内分泌疾病等方面取得明显效果，它为上述疾病的预防、治疗和诊断提供了新型疫苗、新型药物和新型诊断试剂。

二、基因工程制药的发展史

基因工程又称重组 DNA 技术，是基因分子水平上的遗传工程，自 20 世纪 70 年代发展起来。基因工程的突出优越性在于它有能力从极其错综复杂的各种生物细胞内获得所需的目的基因，并将此基因体外剪切、拼接、重组，转入到受体细胞中，从而得到所需蛋白质（主要是各种多肽和蛋白质类生物药物）。基因工程能突破生物种的界限，人工创造出新的物种，并合成人们所需要的新产物。在短短的 20 多年时间里，人胰岛素、人生长激素等用传统方法分离提取难以获得的药物相继上市。

1972 年，斯坦福大学的 S. Cohen 报道，经氯化钙处理的大肠杆菌细胞也能摄取质粒 DNA，并在 1973 年首次将质粒作为基因工程的载体使用。现在，可作为基因克隆载体的有病毒、噬菌体和质粒等不同的小分子质量的复制子。

1973 年，Cohen 和 Boyer 等人在体外构建成含有四环素和链霉素的两个抗性基因的重组质粒分子，将其导入大肠杆菌后，该重组质粒得以稳定复制，并赋予受体细胞相应的抗生素活性，由此宣告了基因工程的诞生，Cohen 和 Boyer 创建了基因工程的基本模型，被誉为"基因工程之父"。

基因工程的诞生使得外源基因在细菌、酵母和动植物细胞中能进行表达，从而打破了物种的界限，在实验室内可以用工程原理和技术对生物直接进行改造，以达到服务于生产实践的目的。1977 年，Hiros 和 Itakura 用基因工程方法表达了人脑激素——生长激素释放抑制因子，这是人类第一次用基因工程方法生产出具药用价值的产品，标志着基因工程药物开始走向实用阶段。

20 世纪 80 年代以来，基因工程制药得到了快速的发展，仅美国、日本开发的生物新技术新药物便达 200 多种，大多数是重组蛋白质药物和重组 DNA 药物。美国已批准上市的基因工程药物有胰岛素、人生长激素、干扰素、白细胞介素 2、促红细胞生成素、甲型肝炎疫苗等。1982 年重组人胰岛素开始产业化，由此吸引和激励了大批科学家利用基因工程技术研制新药品，使得重组人生长激素、重组人凝血因子Ⅷ、重组疫苗等相继上市。但基因工程的研究还处在一个或几个基因改造、利用简单的遗传操作阶段，生命活动复杂体系需要基因群体共同参与，有条不紊地完成生命有机体复杂的生化反应和生理活动，目前基因工程还远远不能满足这种需求。

1990 年启动了人类基因组计划，并于 2003 年完成。人类单倍体基因组序列含约 3×10^9 碱基对，约含 3.4 万～3.5 万个基因。人类基因组研究，极大地促进了生物信息学、药物基因组学、蛋白质组学和其他许多相关学科的发展。在执行结构基因组研究的同时，进一步认识基因的功能及进行蛋白质间相互作用的研究是必不可少的，功能基因组学和蛋白质组学也就应运而生。

近十年来，基因工程在新型生物药物的开发中的应用取得了较大的进展，使得生物技术药物的品种不断增多，这些品种包括基因工程疫苗、细胞因子等。例如：①人胰岛素，克服了动物来源的胰岛素在临床上出现的不良反应；②人生长激素用于治疗侏儒症；③干扰素，临床上用于治疗恶性肿瘤和病毒性疾病；④白细胞介素，临床上用于治疗恶性肿瘤和病毒性疾病（如乙肝、艾滋病等）；⑤造血生长因子（集落刺激因子），临床上用于癌症病人化疗的辅佐药物、骨髓移植促进生血、治疗白血病等；⑥促红细胞生成素（EPO），临床上用于治疗慢性肾功能衰竭引起的贫血和肿瘤化疗后贫血等症；⑦肿瘤坏死因子，用于抗肿瘤、促进正常细胞的免疫生物学活性；⑧重组乙肝疫苗，这是基因工程疫苗中最成功的例子。总的来说，基因工程药物的发展可分为三个阶段。

1. 细菌基因工程

细菌基因工程是把目的基因通过适当重组后导入如大肠杆菌等微生物内构建工程菌，通过它们来表达目的基因蛋白。目前上市的基因工程药物大多属此类。但它们有两大缺点：①细菌为低等生物，把构建好的哺乳动物乃至人类的基因导入细菌里，往往不能表达；②即使表达了人类基因，产物往往没有生物活性或活性不高，必须进行糖基化、磷酸化等一系列修饰加工后才能成为有效的药物。这一过程很复杂，成本和工艺上也有许多问题，因而限制了细菌性基因工程的发展。

2. 细胞基因工程

由于细菌基因工程的缺点，人们考虑用哺乳动物细胞株代替工程细菌，即细胞基因工程。它解决了两个问题：①它能表达人或哺乳动物的蛋白质；②哺乳动物细胞具备对蛋白质进行修饰加工的条件。用该法生产的人凝血因子Ⅸ就是一种代表产品。但它也有不足之处：人和哺乳动物细胞培养要求的条件苛刻，成本太高，这就限制了细胞基因工程的发展。

3. 转基因动物及转基因植物

将所需要的目的基因直接导入哺乳动物（如鼠、兔、羊、牛、猪等）体内或导入可食用植物（如番茄、黄瓜、马铃薯等）体内，使目的基因在哺乳动物及可食性植物内表达，从而获得目的基因产品。

目前各国对转基因动物及转基因植物正在进行放大研究，已成为基因工程药物的发展方向。

三、基因工程制药的特点

① 可以大量生产过去难以获得的生理活性蛋白质和多肽，为临床使用提供有力的保障。

② 可以提供足够数量的生理活性物质，以便对其生理和生化结构进行深入研究，从而扩大这些物质的应用范围。

③ 应用基因工程技术可以发现、挖掘更多的内源性生理活性物质。

④ 内源生理活性物质在作为药物使用时存在的不足之处，可以通过基因工程和蛋白质工程进行改造和去除。

⑤ 利用基因工程技术可获得新化合物，扩大药物筛选来源。

四、基因工程药物的种类

自从 1973 年基因工程诞生之后，基因工程技术为人类提供了传统技术难以获得的许多珍贵药品，主要是医用活性蛋白和多肽类，可分为以下几类。

1. 细胞因子类

（1）干扰素类（IFN）　具有抗病毒活性的一类蛋白，按抗原性分为干扰素α、干扰素β、干扰素γ。

（2）白细胞介素（IL）　IL 是淋巴细胞、巨噬细胞等细胞间相互作用的介质，已发现有几十种之多，如 IL-2、IL-3、IL-4 等。

（3）集落刺激因子类　促进造血细胞增殖和分化的一类因子，如 GM-CSF、G-CSF。

（4）生长因子类　是对不同细胞生长有促进作用的蛋白质，如表皮生长因子（EGF）、纤维母细胞生长因子（FGF）、肝细胞生长因子（HGF）等。

（5）趋化因子类　对嗜中性粒细胞或特定的淋巴细胞等炎性细胞有趋化作用的一类小分子，如 MCP-1、MCP-3、MCP-4 等。

（6）肿瘤坏死因子类 抑制肿瘤细胞生长、促进细胞凋亡的蛋白质，如 TNF-α。

2. 激素类

激素类药物有胰岛素、生长激素、心钠素、人促肾上腺皮质激素等。

3. 治疗心血管及血液疾病的活性蛋白类

（1）溶解血栓类 如组织纤溶酶原激活剂（tPA）、尿激酶原（pro-UK）、链激酶（SK）、葡激酶（SAK）等。

（2）凝血因子类 如凝血因子Ⅶ、凝血因子Ⅷ、凝血因子Ⅸ等。

（3）生长因子类 如促红细胞生成素（EPO）、血小板生成素（TPO）、血管内皮生长因子（VEGF）等。

（4）血液制品 如血红蛋白、白蛋白。

4. 治疗和营养神经的活性蛋白类

此类活性蛋白有神经生长因子（NGF）、脑源性神经生长因子（BDNF）、睫状神经生长因子（CNTF）、神经营养素3（NT-3）、神经营养素4（NT-4）等。

5. 可溶性细胞因子受体类

如白介素1受体、白介素4受体、TNF受体、补体受体等。

6. 导向毒素类

① 细胞因子导向毒素，如 IL-2 导向毒素、IL-4 导向毒素、EGF 导向毒素。

② 单克隆抗体导向毒素。

这些重组蛋白类药物按照结构分类又可分为三种类型：①与人类自身完全相同的多肽和蛋白质。②与人类密切相关但与人类自身不同的多肽和蛋白质，但在氨基酸序列或翻译后修饰上有已知的差异，可能会影响生物活性或免疫原性，如已被批准的 IL-2/125s，它是利用点突变将 IL-2 的 125 位的半胱氨酸改为丝氨酸。③与人类相关较远或无关的多肽和蛋白质，如具有调节活性，但和已知人类多肽和蛋白质没有同源性的多肽和蛋白质、双功能融合蛋白、经蛋白质工程改造的模拟的活性蛋白。

任务二 基因工程制药技术

一、基因工程技术的基本知识

限制性内切酶和连接酶是将所需目的基因插入适当载体（质粒或噬菌体）中的重要工具酶。同时为保证目的基因的正确性，对目的基因要进行限制性内切酶和核苷酸序列分析。基因表达系统就是指工程菌或细胞，有原核生物和真核生物两类表达系统；选择基因表达的系统主要考虑的是保证表达蛋白质的功能，其次要考虑的是表达量的多少和分离纯化的难易。

（一）工具酶

基因工程的操作是分子水平上的操作。为了获得需要重组和能够重组的 DNA 片段，需要一些重要的酶，如限制性核酸内切酶、连接酶、聚合酶等，以这些酶为工具来对基因进行人工切割和拼接等操作，所以把这些酶称为工具酶。

1. 限制性内切酶

限制性内切酶能特异地结合于一段被称为限制性酶识别序列的 DNA 序列之内或其附近的特异位点上，并切割双链 DNA。限制性内切酶在分子克隆中得到了广泛应用，它们是重组 DNA 的基础。

DNA 纯度、缓冲液、温度条件及限制性内切酶本身都会影响限制性内切酶的活性。大部分限制性内切酶不受 RNA 或单链 DNA 的影响。当微量的污染物进入限制性内切酶贮存液中时，会影响其进一步使用，因此在吸取限制性内切酶时，每次都要用新的吸头。如果采用两种限制性内切酶，必须要注意分别提供各自的最适盐浓度。若两者可用同一缓冲液，则可同时水解。若需要不同的盐浓度，则低盐浓度的限制性内切酶必须首先使用，随后调节盐浓度，再用高盐浓度的限制性内切酶水解；也可在第一个酶切反应完成后，用等体积酚-氯仿抽提，加 0.1 倍体积 3mol/L 乙酸钠和 2 倍体积无水乙醇，混匀后置 −70℃ 低温冰箱 30min，离心沉淀 DNA，干燥并重新溶于缓冲液后进行第二个酶切反应。

2. DNA 连接酶

DNA 连接酶能够催化在两条 DNA 链之间形成磷酸二酯键，从而将两条 DNA 分子拼接起来。这种酶需要一条 DNA 的 3′ 端具有一个游离的羟基（—OH）和在另一条链的 5′ 端具有一个磷酸基团，同时还需要一种能源分子。DNA 连接酶主要有两种：T4 噬菌体 DNA 连接酶和大肠杆菌 DNA 连接酶。*E. coli* DNA 连接酶催化 DNA 分子连接的机理与 T4 噬菌体 DNA 连接酶基本相同，只是辅助因子不是 ATP 而是 NAD^+。实际上在所有克隆应用中，T4 噬菌体 DNA 连接酶都是首选的使用酶，既可催化黏性末端间的连接，又可有效地将平端 DNA 片段连接起来。

连接反应的一项重要参数是温度。理论上讲，连接反应的最佳温度是 37℃，此时连接酶的活性最高。但 37℃ 时黏性末端分子形成的配对结构极不稳定，因此人们找到了一个既可最大限度地发挥连接酶的活性，又有助于短暂配对结构稳定的最适温度，即 12～16℃。

3. DNA 聚合酶

DNA 聚合酶的种类很多，它们在 DNA 的复制过程中起重要作用。基因工程中的 DNA 聚合酶有：大肠杆菌聚合酶 I（*E. coli* DNA 聚合酶 I，全酶）；大肠杆菌聚合酶 I 大片段（Klenow 酶）；T4 噬菌体聚合酶；T7 噬菌体聚合酶及修饰的 T7 噬菌体聚合酶测序酶；耐热 DNA 聚合酶（*Taq* DNA 聚合酶）；末端转移酶；反转录酶等。

（二）载体

把一个目的 DNA 片段通过重组 DNA 技术载送进受体细胞中去进行繁殖和表达的工具叫载体（vector）。载体的本质是 DNA，能在宿主细胞中进行自我复制和表达。基因工程的载体有克隆载体、表达载体。载体又分为原核载体，如质粒（如 pBR322、pUC）、噬菌体（如 M13 噬菌体）等；真核载体，如动物病毒载体 pLXSN 等。

1. 基因克隆载体

克隆载体适用于外源基因在受体细胞中复制扩增。细菌质粒是重组 DNA 技术中常用的载体。质粒（plasmid）是一种染色体外的稳定遗传因子，大小从 1～200kb 不等，为双链、闭环的 DNA 分子，并以超螺旋状态存在于宿主细胞中（图 11-1）。质粒主要发现于细菌、放线菌和真菌细胞中，它具有自主复制和转录能力，能在子代细胞中保持恒定的拷贝数，并表达所携带的遗传信息。质粒的复制和转录要依赖于宿主细胞编码的某些酶和蛋白质，如离开宿主细胞则不能存活；而宿主即使没有它们也可以正常存活。质粒的存在使宿主具有一些额外的特性，如对抗生素的抗性等。F 质粒（又称 F 因子或性质粒）、R 质粒（抗药性因子）

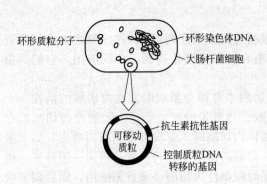

图 11-1 大肠杆菌质粒分子的结构示意

和 Col 质粒（产大肠杆菌素因子）等都是常见的天然质粒。

质粒在细胞内的复制一般有两种类型：严紧控制型（stringent control）和松弛控制型（relaxed control）。前者只在细胞周期的一定阶段进行复制，当染色体不复制时，它也不能复制，通常每个细胞内只含有 1 个或几个质粒分子，如 F 因子。后者的质粒在整个细胞周期中随时可以复制，在每个细胞中有许多拷贝，一般在 20 个以上，如 Col El 质粒。在使用蛋白质合成抑制剂氯霉素时，细胞内蛋白质合成、染色体 DNA 复制和细胞分裂均受到抑制，严紧型质粒复制停止，而松弛型质粒继续复制，质粒拷贝数可由原来的 20 多个扩增至 1000～3000 个，此时质粒 DNA 占总 DNA 的含量可由原来的 2%增加至 40%～50%。

质粒通常含有编码某些酶的基因，其表型包括对抗生素的抗性，产生某些抗生素；降解复杂有机物；产生大肠杆菌素和肠毒素及某些限制性内切酶与修饰酶等。

质粒载体是在天然质粒的基础上为适应实验室操作而进行人工构建的。常用的质粒载体大小一般在 1～10kb 之间，如 pBR322、pUC 系列、pGEM 系列和 pBluescript（简称 pBS）等。与天然质粒相比，质粒载体通常带有 1 个或 1 个以上的选择性标记基因（如抗生素抗性基因）和 1 个人工合成的含有多个限制性内切酶识别位点的多克隆位点序列，并去掉了大部分非必需序列，使分子尽可能减少，以便于基因工程操作。大多质粒载体带有一些多用途的辅助序列，这些用途包括通过组织化学方法肉眼鉴定重组克隆、产生用于序列测定的单链 DNA、体外转录外源 DNA 序列、鉴定片段的插入方向、外源基因的大量表达等。一个理想的克隆载体大致应有下列一些特性：①分子较小、多拷贝、松弛控制型；②具有多种常用的限制性内切酶的单切点，即多克隆位点（multiple cloning sites，MCS）；③能插入较大的外源 DNA 片段；④具有容易操作的检测表型（两三个遗传标志），如抗氨苄青霉素基因（amp^r）、抗四环素基因（tet^r）、β-半乳糖苷酶基因（lacZ），在这些遗传标志内插入外源 DNA 则会导致标志基因失活。在 pBR322 质粒中如果将外源基因插入到 Bam 位点，便产生 amp^{s}tet^r 的重组子，将这种重组子转化的受体菌涂布在含氨苄青霉素的培养基上，存活下来的菌落有两种表型，再将它们分别涂布在含四环素的培养基上，凡是在氨苄青霉素平板上生长，而在四环素平板上不能生长的菌落通常被认为有外源基因插入。

2. 基因表达载体

表达载体适用于在受体细胞中表达外源基因，如大肠杆菌表达载体含启动子、核糖体结合位点、克隆位点、转录终止序列等。大肠杆菌 mRNA 的核糖体结合位点是 SD 序列（位于起始密码子 AUG 上游 3～10bp 处的 3～9bp 长富含嘌呤核苷酸的序列）。转录终止序列（转录终止子）是能被 RNA 聚合酶识别，并停止转录的 DNA 序列。

二、基因工程药物生产的基本过程

基因工程技术就是将重组对象的目的基因插入载体，拼接后转入新的宿主细胞，构建成工程菌（或细胞），实现遗传物质的重新组合，并使目的基因在工程菌内进行复制和表达的技术。基因工程使得很多从自然界很难或不能获得的蛋白质得以大规模合成。20 世纪 80 年代以来，以大肠杆菌作为宿主表达真核 cDNA、细菌毒素和病毒抗原基因等，为人类获取大量有医用价值的多肽、蛋白质开辟了一条新途径。

基因工程药物的生产涉及 DNA 重组技术的产业化设计与应用，包括上游技术和下游技术两个部分，上游技术主要指的是目的基因分离和基因工程菌（或细胞）的构建，主要在实验室内完成；下游技术主要指的是从工程菌（或细胞）的大规模培养一直到产品的分离纯化、质量控制等。基因工程药物生产的基本过程如下：

获得目的基因—构建重组质粒—构建基因工程菌（或细胞）—培养工程菌（或细胞）—产物分离纯化—除菌过滤—半成品和成品检定—包装。

以上程序中的每个阶段都包含若干细致的步骤，这些程序和步骤将会随研究和生产的条件不同而有所改变。

拓展学习

基因工程制药的最新进展

基因工程开创制药工业新门类。现代生物技术是通过生物化学与分子生物学的基础研究而快速发展起来的。医药生物技术起步最早、发展最快，目前世界已有 2000 多家生物技术公司，其中 70% 从事医药产品的开发。生物技术药品的审评速度加快，生物技术工业总体日趋成熟，正在由风险产业变成以商业为动力、以市场为中心的产业。

应用生物技术已有可能产生几乎所有的多肽和蛋白质，基因工程技术的应用已使新药研究方法和制药工业的生产方式发生重大变革。

近十几年来，在利用生物技术制取新药方面取得了惊人的成就，已有不少药物应用于临床。例如人胰岛素、人生长激素、干扰素、乙肝疫苗、人促红细胞生成素（EPO）、GM-集落刺激因子（GM-CSF）、组织纤溶酶原激活素、白介素 2 及白介素 11 等。正在研究的有降钙素基因相关因子、肿瘤坏死因子、表皮生长因子等 140 多种。随着生物技术药物的发展，多肽与蛋白质类药物的研究与开发已成为医药工业中的一个重要领域，同时给生物制剂带来了新的挑战。在实际应用中，基因工程药物受到一定限制，如口服应用时生物利用度低、会受到消化酶的破坏、在胃酸作用下不稳定、在体内半衰期较短等，因此只能注射给药或局部用药。为了克服这些缺陷，已开始改为合成这些天然蛋白质的较小活性片段，即所谓"多肽模拟"或"多肽结构域"合成，又叫"小分子结构药物设计"。这类药物可口服，有利于由皮肤、黏膜给药，用于治疗免疫缺陷症、HIV 感染、变态反应性疾病、风湿性关节炎等，其制造成本也更低。这种设计思想也已应用于多糖类药物、核酸类药物和模拟酶的有关研究中。小分子药物设计属于第二代结构相关性药物设计，所设计的分子能替代原先天然活性蛋白与特异靶相互作用。

在给药方式的研究方面，对注射用溶液和注射用无菌粉末（目前上市的多肽、蛋白质类药物多为此种剂型），除了继续改进其稳定性外，还通过一些其他技术手段，研制出了化学修饰型、控释微球型和脉冲式给药系统。在非注射途径的给药系统，即包括鼻腔、口服、直肠、口腔、肺部给药方面也已取得重大进展。

第一代基因工程药物是针对因缺乏天然内源性蛋白所引起的疾病。应用基因工程技术去扩大这类多肽、蛋白质的产量以替代或补充体内对这类活性多肽、蛋白质的需要，主要是以蛋白质激素类为代表的，如人胰岛素、胰高血糖素、人生长激素、降钙素、生长激素（somatropin）及 α-EPO（epoetin alfa）等。第二代基因工程药物是根据内源性多肽蛋白的生理活性，应用基因工程技术大量生产这些极为稀有物质，以超正常浓度剂量供给人体，以激发它们的天然活性作为其治疗疾病的药理基础，主要是以细胞生长调节因子为代表，如 G-CSF、GM-CSF、α-IFN、γ-IFN 和 tPA 等。

思考与测试

1. 基因工程主要包括哪些内容和主要过程?
2. 基因工程制药具有哪些特点?
3. 基因工程药物主要包括哪些种类?

第三篇　发酵制药生产案例

案例一　青霉素

一、青霉素的结构和理化性质

青霉素是抗生素的一种，是指从青霉菌培养液中提制的分子中含有青霉烷、能破坏细菌的细胞壁并在细菌细胞的繁殖期起杀菌作用的一类抗生素，是第一种能够治疗人类疾病的抗生素。

1. 青霉素分类及分子结构

青霉素类抗生素是 β-内酰胺类中一大类抗生素的总称。青霉素是 6-氨基青霉烷酸（6-aminopenicillanic acid，6-APA）苯乙酰衍生物。侧链基团不同，形成不同的青霉素，主要是青霉素 G。工业上应用的有钠、钾、普鲁卡因、二苄基乙二胺盐。青霉素发酵液中含有 5 种以上天然青霉素（如青霉素 F、青霉素 G、青霉素 X、青霉素 K、青霉素 F 和青霉素 V 等），它们的差别仅在于侧链 R 基团的结构不同，其中青霉素 G 在医疗中用得最多，它的钠盐或钾盐为治疗革兰阳性菌的首选药物，对革兰阴性菌也有强大的抑制作用。青霉素的结构通式可表示为：

$$R-COHN \quad \underset{O}{\overset{S}{\diagdown}} \quad \begin{matrix} CH_3 \\ CH_3 \\ COOH \end{matrix}$$

R 为侧链，根据 R 基不同，有

青霉素 F：	R 为 $CH_3CH_2CH=CHCH_2-$
青霉素 G：	R 为 苯基 CH_2-
青霉素 X：	R 为 $HO-$ 苯基 $-CH_2-$
青霉素 K：	R 为 $CH_3(CH_2)_5CH_2-$
青霉素 F：	R 为 $CH_3(CH_2)_3CH_2-$
青霉素 V：	R 为 苯基 $-OCH_2-$
氨苄青霉素：	R 为 苯基 $\overset{}{\underset{NH_2}{CH-}}$
羟氨苄青霉素：	R 为 $HO-$ 苯基 $-\overset{}{\underset{NH_2}{CH-}}$

2. 青霉素的单位

目前国际上青霉素活性单位表示方法有两种：一是指定单位（unit）；二是活性质量（μg），最早为青霉素规定的指定单位是 50mL 肉汤培养基中恰能抑制标准金黄色葡萄球菌生长的青霉素量为一个青霉素单位。在以后，证明了一个青霉素单位相当于 0.6μg 青霉素钠。因此青霉素的质量单位为：0.6μg 青霉素钠等于 1 个青霉素单位。由此，1mg 青霉素钠等于 1670 个青霉素单位（unit）。

3. 青霉素的理化性质

（1）稳定性 干燥纯净的青霉素盐很稳定，有效期都在三年以上，并且对热稳定，如结晶青霉素钾盐在 150℃ 加热 1.5h 效价不降低。青霉素水溶液 pH＝5～7 时较稳定。最稳定的 pH 为 6～6.5。

（2）溶解度 青霉素是有机酸，易溶于醇、酸、醚、酯类等有机溶剂；青霉素在水中的溶解度很小，而且很快失去活性。青霉素盐极易溶于水，几乎不溶于乙醚、氯仿、乙酸乙酯等。

（3）降解反应 青霉素遇酸、碱和金属离子都很不稳定，发生开环和降解等反应，内酯胺环被破坏后，青霉素失去活性。

（4）紫外吸收光谱 在 252nm、257nm、264nm 处具有弱的吸收峰。

（5）过敏反应 皮肤过敏、血清病样反应多见。

二、青霉素发酵工艺过程

（一）菌种

青霉是产生青霉素的重要菌种，广泛分布于空气、土壤和各种物体上，常生长在腐烂的柑橘皮上呈青绿色。目前已发现有几百种，其中产黄青霉（*Penicillum chrysogenum*）、点青霉（*Penicillium notatum*）等都能大量产生青霉素。青霉素的发现和大规模的生产、应用，对抗生素工业的发展起到了巨大的推动作用。此外，有的青霉菌还用于生产灰黄霉素及磷酸二酯酶、纤维素酶等酶制剂和有机酸。

（二）发酵工艺过程及要点

（1）丝状菌三级发酵工艺流程

沙土管——→斜面母瓶 —[孢子培养]→ 大米孢子 —[孢子培养]→ 种子罐 —[种子培养]→
25℃,6～7d   25℃,40～45h

繁殖罐 —[种子培养]→ 发酵罐 —[发酵]→ 放罐 —[冷至15℃]→ 至提炼部门
25℃,13～15h   26℃,6～7d

（2）球状菌二级发酵工艺流程

球状菌菌种(冷冻管)——→ (亲米孢子培养)亲米锥形瓶 ——→ 亲米孢子 —(生产米孢子培养)大米茄子瓶→
25℃,6～8d   25℃,8～10d

生产米孢子 —[种子罐培养,种子罐]→ 种子液 —[发酵罐培养,发酵罐]→ 发酵液
28℃,50～60h   26℃,pH6.7～7.0,6～7d

1. 生产孢子的制备

将沙土保藏的孢子用甘油、葡萄糖、蛋白胨组成的培养基进行斜面培养，经传代活化。

最适生长温度在25～26℃，培养6～8天，得单菌落，再传斜面，培养7天，得斜面孢子。移植到优质小米或大米固体培养基上，生长7天，25℃，制得小米孢子。每批孢子必须进行严格的摇瓶试验，测定效价及杂菌情况。

2. 种子罐和发酵罐培养工艺

种子培养要求产生大量健壮的菌丝体，因此培养基中应加入比较丰富的易利用的碳源和有机氮源。

青霉素采用三级发酵。

一级种子发酵：发芽罐为小罐，接入小米孢子后，孢子萌发，形成菌丝。培养基成分：葡萄糖、蔗糖、乳糖、玉米浆、碳酸钙、玉米油、消沫剂等。通无菌空气，空气流量1∶3（体积比）；充分搅拌300～350r/min；40～50h；pH自然，温度（27±1）℃。

二级发酵罐：繁殖罐，大量繁殖。玉米浆、葡萄糖等。1∶(1～1.5)；250～280r/min；pH自然，（25±1）℃；0～14h。

三级发酵罐：生产罐。花生饼粉（高温）、麸质粉、玉米浆、葡萄糖、尿素、硫酸铵、硫酸钠、硫代硫酸钠、磷酸二氢钠、苯乙酰胺及消泡剂、$CaCO_3$等。接种量为12%～15%。青霉素的发酵对溶解氧要求极高，通气量偏大，通气比控制在0.7～1.8；150～200r/min；要求高功率搅拌，100m³的发酵罐搅拌功率在200～300kW，罐压控制在0.04～0.05MPa，于25～26℃下培养，发酵周期在200h左右。前60h，pH5.7～6.3，后pH6.3～6.6；前60h为26℃，以后24℃。

3. 发酵过程控制

反复分批式发酵，100m³发酵罐，装料80m³，带放6～10次，间隔24h。带放量10%，发酵时间204h。发酵过程需连续流加补入葡萄糖、硫酸铵以及前体物质苯乙酸盐，补糖率是最关键的控制指标，不同时期分段控制。

在青霉素的生产中，让培养基中的主要营养物只够维持青霉菌在前40h生长，而在40h后，靠低速连续补加葡萄糖和氮源等，使菌半饥饿，延长青霉素的合成期，大大提高了产量。所需营养物限量的补加常用来控制营养缺陷型突变菌种，使代谢产物积累到最大。

（1）培养基　青霉素发酵中采用补料分批操作法，对葡萄糖、铵、苯乙酸进行缓慢流加，维持一定的最适浓度。葡萄糖的流加，波动范围较窄，浓度过低使抗生素合成速度减慢或停止，过高则导致呼吸活性下降，甚至引起自溶，葡萄糖浓度根据pH、溶解氧或CO_2释放率予以调节。

碳源的选择：生产菌能利用多种碳源，如乳糖、蔗糖、葡萄糖、阿拉伯糖、甘露糖、淀粉和天然油脂。经济核算问题，生产成本中碳源占12%以上，对工艺影响很大；糖与6-APA结合形成糖基-6-APA，影响青霉素的产量。葡萄糖、乳糖结合能力强，而且随时间延长而增加。通常采用葡萄糖和乳糖。发酵初期，利用快效的葡萄糖进行菌丝生长。当葡萄糖耗竭后，利用缓效的乳糖，使pH稳定，分泌青霉素。可根据形态变化，滴加葡萄糖，取代乳糖。目前普遍采用淀粉的酶水解产物，葡萄糖化液流加，降低成本。

氮源：玉米浆是最好的，是玉米淀粉生产时的副产品，含有多种氨基酸及其前体苯乙酸和衍生物。玉米浆质量不稳定，可用花生饼粉或棉籽饼粉取代。补加无机氮源。无机盐：硫、磷、镁、钾等。铁有毒，控制在30μg/mL以下。

流加控制：补糖，根据残糖、pH、尾气中CO_2和O_2含量。残糖在0.6%左右，pH开始升高时加糖。补氮：流加硫酸铵、氨水、尿素，控制氨基氮0.05%。

添加前体：合成阶段，苯乙酸及其衍生物，苯乙酰胺、苯乙胺、苯乙酰甘氨酸等均可为青霉素侧链的前体，直接掺入青霉素分子中。也具有刺激青霉素合成作用。但浓度大于

0.19％时对细胞和合成有毒性。还能被细胞氧化。策略是流加低浓度前体，一次加入量低于0.1％，保持供应速率略大于生物合成的需要。

（2）温度　生长适宜温度30℃，分泌青霉素温度20℃。但20℃青霉素破坏少，周期很长。生产中采用变温控制，不同阶段不同温度。前期控制在25～26℃左右，后期降温控制在23℃。过高则会降低发酵产率，增加葡萄糖的维持消耗，降低葡萄糖至青霉素的转化得率。有的发酵过程在菌丝生长阶段采用较高的温度，以缩短生长时间，生产阶段适当降低温度，以利于青霉素合成。

（3）pH　合成的适宜pH在6.4～6.6，避免超过7.0，青霉素在碱性条件下不稳定，易水解。缓冲能力弱的培养基，pH降低，意味着加糖率过高造成酸性中间产物积累。pH上升，加糖率过低不足以中和蛋白产生的氨或其他生理碱性物质。前期pH控制在5.7～6.3，中后期pH控制在6.3～6.6，通过补加氨水进行调节。pH较低时，加入$CaCO_3$、通氨调节或提高通气量。pH上升时，加糖或天然油脂。一般直接加酸或碱自动控制，流加葡萄糖控制。

（4）溶解氧　溶解氧＜30％饱和度，产率急剧下降，低于10％，则造成不可逆的损害。所以不能低于30％饱和溶解氧浓度。通气比一般为1∶0.8VVM。溶解氧过高，菌丝生长不良或加糖率过低，呼吸强度下降，影响生产能力的发挥。适宜的搅拌速度，保证气液混合，提高溶解氧，根据各阶段的生长和耗氧量不同，对搅拌转速调整。

（5）菌丝生长速度与形态、浓度　对于每个有固定通气和搅拌条件的发酵罐内进行的特定好氧过程，都有一个使氧传递速率（OTR）和氧消耗率（OUR）在某一溶解氧水平上达到平衡的临界菌丝浓度，超过此浓度，OUR＞OTR，溶解氧水平下降，发酵产率下降。在发酵稳定期，湿菌浓度可达15％～20％，丝状菌干重约3％，球状菌干重在5％左右。另外，因补入物料较多，在发酵中后期一般每天带放一次，每次放掉总发酵液的10％左右。

菌丝生长有丝状生长和球状生长两种。前者由于所有菌丝体都能充分和发酵液中的基质及氧接触，比生产率高，发酵黏度低，气/液两相中氧的传递率提高，允许更多菌丝生长。球状菌丝形态的控制，与碳源、氮源的流加状况以及搅拌的剪切强度和稀释度相关。

（6）消沫　发酵过程泡沫较多，需补入消沫剂。天然油脂：玉米油；化学消沫剂：泡敌。少量多次。不应在前期多加入，影响呼吸代谢。

青霉素的发酵过程控制十分精细，一般2h取样一次，测定发酵液的pH、菌浓、残糖、残氮、苯乙酸浓度、青霉素效价等指标，同时取样做无菌检查，发现染菌立即结束发酵，视情况进行发酵液提取，因为染菌后pH值波动大，青霉素在几个小时内就会被全部破坏。

三、青霉素的提炼

青霉素提纯工艺流程简图为：

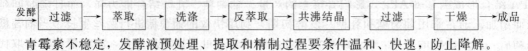

青霉素不稳定，发酵液预处理、提取和精制过程要条件温和、快速，防止降解。

1. 预处理

发酵结束后，目标产物存在于发酵液中，而且浓度较低，如抗生素只有$10～30kg/m^3$，含有大量杂质，它们影响后续工艺的有效提取，因此必须对其进行预处理，目的在于浓缩目的产物，去除大部分杂质，改变发酵液的流变学特征，利于后续的分离纯化过程。这是进行分离纯化的一个工序。

2. 过滤

发酵液在萃取之前需进行预处理，发酵液加少量絮凝剂沉淀蛋白，然后经真空转鼓过滤或板框过滤，除掉菌丝体及部分蛋白质。青霉素易降解，发酵液及滤液应冷至 10℃以下，过滤收率一般在 90％左右。

（1）菌丝体粗长 $10\mu m$，采用鼓式真空过滤机过滤，滤渣形成紧密饼状，容易从滤布上刮下。滤液 pH6.27～7.2，蛋白质含量 0.05％～0.2％。需要进一步除去蛋白质。

（2）改善过滤和除去蛋白质的措施：硫酸调节 pH4.5～5.0，加入 0.07％溴代十五烷吡啶 PPB，0.7％硅藻土为助滤剂。再通过板框式过滤机。滤液澄清透明，进行萃取。

3. 萃取

青霉素的提取采用溶剂萃取法。青霉素游离酸易溶于有机溶剂，而青霉素盐易溶于水。利用这一性质，在酸性条件下青霉素转入有机溶剂中，调节 pH，再转入中性水相，反复几次萃取，即可提纯浓缩。选择对青霉素分配系数高的有机溶剂。工业上通常用乙酸丁酯和乙酸戊酯。萃取 2～3 次。从发酵液萃取到乙酸丁酯时，pH 选择 1.8～2.0，从乙酸丁酯反萃到水相时，pH 选择 6.8～7.4。发酵滤液与乙酸丁酯的体积比为 1.5～2.1，即一次浓缩倍数为 1.5～2.1。为了避免 pH 波动，采用硫酸盐、碳酸盐缓冲液进行反萃。发酵液与溶剂比例为 3～4。几次萃取后，浓缩 10 倍，浓度几乎达到结晶要求。萃取总收率在 85％左右。

所得滤液多采用二次萃取，用 10％硫酸调 pH 至 2.0～3.0，加入乙酸丁酯，用量为滤液体积的三分之一，反萃取时常用碳酸氢钠溶液调 pH 至 7.0～8.0。在一次丁酯萃取时，由于滤液含有大量蛋白质，通常加入破乳剂防止乳化。第一次萃取，存在蛋白质，加0.05％～0.1％乳化剂 PPB。萃取条件：为减少青霉素降解，整个萃取过程应在低温下进行（10℃以下）。萃取罐以冷冻盐水冷却。

4. 脱色

萃取液中添加活性炭，除去色素、热源，过滤，除去活性炭。

5. 结晶

萃取液一般通过结晶提纯。青霉素钾盐在乙酸丁酯中溶解度很小，在二次丁酯萃取液中加入醋酸钾-乙醇溶液，青霉素钾盐结晶析出。然后采用重结晶方法，进一步提高纯度，将钾盐溶于 KOH 溶液，调 pH 至中性，加无水丁醇，在真空条件下，共沸蒸馏结晶得纯品。

直接结晶：在 2 次乙酸丁酯萃取液中加醋酸钠-乙醇溶液反应，得到结晶钠盐。加醋酸钾-乙醇溶液，得到青霉素钾盐。

共沸蒸馏结晶：萃取液，再用 0.5mol/L NaOH 萃取，pH 在 6.4～4.8 下得到钠盐水浓缩液。加 2.5 倍体积丁醇，16～26℃，0.67～1.3kPa 下蒸馏。水和丁醇形成共沸物而蒸出。钠盐结晶析出。结晶经过洗涤、干燥后，得到青霉素产品。

案例二　维生素 C

维生素 C 在国外 1938 年开始工业化生产，主要用作保健品及食品添加剂。

一般采用莱氏化学法。生产流程图如下：

$$D\text{-葡萄糖} \xrightarrow[\text{高压}]{H_2} D\text{-山梨醇} \xrightarrow[\text{发酵}]{\text{黑醋菌}} L\text{-山梨糖}$$

$$\text{双丙酮-L-山梨糖} \xrightarrow[H_2SO_4 \cdot SO_3]{CH_3COCH_3} \text{双丙酮-2-酮-L-古洛糖酸} \xrightarrow[NiSO_4]{NaOCl} \text{2-酮-L-古洛糖酸（1）} \xrightarrow{\text{化学转化}} \text{维生素 C}$$

在国内，开始工业化生产有 30 多年的历史，主要作为药用。采用自行开发的发酵法，分为发酵、提取、转化三个步骤。

1. 发酵过程

D-葡萄糖 $\xrightarrow[\text{催化}]{H_2}$ D-山梨醇 $\xrightarrow[\text{发酵}]{\text{黑醋杆菌}}$ L-山梨糖 $\xrightarrow[\text{发酵}]{\text{假单胞杆菌}}$ 2-酮-L-古洛糖酸钠 $\xrightarrow{\text{732 氢型树脂}}$ 2-酮-L-古洛糖酸(1)

2. 提取过程

发酵液 $\longrightarrow$ 静置沉降 $\longrightarrow$ 树脂调节 pH 值 $\longrightarrow$ 加热凝集 $\longrightarrow$ 高速离心 $\longrightarrow$ 树脂除盐 $\longrightarrow$ 浓缩结晶

3. 转化过程

2-酮-L-古洛糖酸（1）$\xrightarrow[H_2SO_4]{CH_3OH}$ 2-酮-L-古洛糖酸甲酯 $\xrightarrow{NaHCO_3}$ 维生素 C 钠 $\longrightarrow$ 维生素 C

莱氏法的优点是生产工艺成熟，总收率能达到 60%（对 D-山梨醇计算），优级品率为 100%，但生产中为使其他羟基不受影响，需用丙酮保护，使反应步骤增多、连续操作有困难，且原料丙酮用量大，苯毒性大，劳动保护强度大，并污染环境。由于存在上述问题，莱氏法工艺已逐步被两步发酵法所取代。

两步发酵法也是以葡萄糖为原料，经高压催化氢化、两步微生物（黑醋杆菌、假单胞杆菌和氧化葡萄糖酸杆菌的混合菌株）氧化、酸（或碱）转化等工序制得维生素 C。这种方法系将莱氏法中的丙酮保护和化学氧化及脱保护等三步改成一步混合菌株生物氧化。因为生物氧化具有特异的选择性，利用合适的菌将碳上羟基氧化，可以省去保护和脱保护两步反应。

此法的最大特点是去除了大量的有机溶剂，改善了劳动条件和解决了环境保护问题，近年来又去掉了动力搅拌，大大地节约了能源。我国已全部采用两步发酵法工艺，淘汰了莱氏法工艺。

一、L-山梨糖的制备

1. 菌种制备

黑醋杆菌是一种小短杆菌，属革兰阴性菌（G^-），生长温度为 30～36℃，最适温度为 30～33℃。

培养方法：将黑醋杆菌保存于斜面培养基中，每月传代一次，保存于 0～5℃冰箱内。菌种从斜面培养基移入三角瓶种液培养基中，在 30～33℃振荡培养 48h，合并入血清瓶内，糖量在 100mg/mL 以上，镜检菌体正常，无杂菌，可接入生产。

2. 发酵液制备

种子培养分为一级、二级种子罐培养，都以质量分数为 16%～20% 的 D-山梨醇投料，并以玉米浆、酵母膏、泡敌、碳酸钙、复合维生素 B、磷酸盐、硫酸盐等为培养基，在 pH5.4～5.6 下于 120℃保温 30min 灭菌，待罐温冷却至 30～34℃，用微孔法接种。在此温度下，通入无菌空气（1VVM），并维持罐压 0.03～0.05MPa 进行一级、二级种子培养。当一级种子罐产糖量大于 50mg/mL（发酵率达 40% 以上）、二级种子罐产糖量大于 70mg/mL（发酵率在 50% 以上），菌体正常，即可移种。

3. 发酵罐发酵

以 20% 左右 D-山梨醇为投料浓度，另以玉米浆、尿素为培养基，在 pH5.4～5.6，灭菌消毒冷却后，按接种量为 10% 接入二级种子培养液。在 31～34℃，通入无菌空气（0.7VVM），维持罐压 0.03～0.05MPa 等条件下进行培养。当发酵率在 95% 以上，温度略高（31～33℃）、pH 在 7.2 左右，糖量不再上升时即为发酵的终点。

4. 发酵液处理

将发酵液过滤除去菌体，然后控制真空度在 0.05MPa 以上，温度在 60℃以下，将滤液减压浓缩结晶即得 L-山梨糖。

二、2-酮基-L-古洛酸的制备

1. 菌种制备

将保存于冷冻管的假单胞杆菌和氧化葡萄糖酸杆菌菌种活化，分离及混合培养后移入三角瓶种液培养基中，在 29~33℃振荡培养 24h，产酸量在 6~9mg/mL，pH 值降至 7 以下，菌形正常无杂菌，再移入血清瓶中，即可接入生产。

2. 发酵液制备

先在一级种子培养罐内加入经过灭菌后的辅料（玉米浆、尿素及无机盐）和醪液（折纯含山梨糖 1%），控制温度为 29~30℃，发酵初期温度较低，通入无菌空气维持罐压为 0.05MPa，pH6.7~7.0，至产酸量达合格浓度，且不再增加时，接入二级种子罐培养，条件控制同前。作为伴生菌的芽孢杆菌开始形成芽孢时，产酸菌株开始产生 2-酮基-L-古洛酸，直到完全形成芽孢和出现游离芽孢时，产酸量达高峰（5mg/mL 以上），为二级种子培养终点。

3. 发酵罐发酵

供发酵罐用的培养基经灭菌冷却后，加入至山梨糖的发酵液内，接入第二步发酵菌种的二级种子培养液，在温度 30℃，通入无菌空气进行发酵，为保证产酸正常进行，往往定期滴加灭菌的碳酸钠溶液调 pH 值，使保持 7.0 左右。当温度略高（31~33℃）、pH 在 7.2 左右、二次检测酸量不再增加，残糖量在 0.5mg/mL 以下，即为发酵终点，得含古洛酸钠的发酵液。此时游离芽孢及残存芽孢杆菌菌体已逐步自溶成碎片，用显微镜观察已无法区分两种细菌的差别，整个产酸反应到此也就结束了。所以，根据芽孢的形成时间来控制发酵是一种有效的办法。在整个发酵期间，保持一定数量的氧化葡萄糖酸杆菌（产酸菌）是发酵的关键。

整个发酵过程可分为产酸前期、产酸中期和产酸后期。产酸前期主要是菌体适应环境进行生长的阶段。该阶段产酸量很少，为了提高发酵收率应尽可能缩短产酸前期。产酸前期长短与底物浓度、接种量、初始 pH 及溶解氧浓度等有关。产酸中期是菌体大量积累产物的时期。产酸中期的时间主要决定于产酸前期菌体的生长的好坏和中期的溶解氧浓度控制，也与pH 值等有关。因此适宜的操作条件可获得较大的产酸速率和较长的发酵中期，从而可提高发酵收率。产酸后期，菌体活性下降，产酸速率变小，同时部分酸发生分解，引起酸浓度下降。生产上由于要求发酵液中残糖浓度小于 0.5mg/mL，不可能提前终止发酵，所以在此期间应采取措施，设法延长菌体活性，使之继续产酸。

影响发酵产率的因素主要有以下几点：

(1) 山梨糖初始浓度　在一定的温度（30℃）、压力（表压 0.05MPa）、pH（6.7~7.0）及溶解氧浓度（10%~60%）下存在一个极限浓度，此极限浓度为 80mg/mL。当山梨糖浓度大于该浓度时，将抑制菌体生长，表现为产酸前期长，产酸速率变小，使发酵产率下降。从生产角度考虑，希望得到尽可能高的酸浓度，也即要求山梨糖初始浓度越高越好。因此，较适宜的初始浓度为 80mg/mL 左右。在产酸中期，菌体生长正常时，高浓度的山梨糖对发酵收率影响不大。因此，在发酵过程中滴加山梨糖或一次补加山梨糖均能提高发酵液中产物浓度。

(2) 溶解氧浓度　在发酵过程中，溶解氧不但是菌体生长所必需的条件，而且又是反应物之一。在菌体生长阶段，高溶解氧能使菌体很好地生长，而在中期，则应控制一定的溶解氧浓度以限制菌体的过度生长，避免过早衰老，从而延长菌体的生产期。中期溶解氧浓度越高，产酸速率越大，但产酸中期越短，对整个发酵过程是不利的。因此，生产上一般前期处于高的溶解氧状态；中期溶解氧以 3.5~6.0mg/mL 为宜；后期耗氧减少，大多数情况下溶解氧浓度会上升。

（3）pH 值　发酵过程中如 pH 降至 6.4 是不利的，如能通过连续的调节使 pH 维持于 6.7～7.9 之间对发酵是有利的。

三、2-酮基-L-古洛酸的提取

2-酮基-L-古洛酸（2-KGA）是将 2-酮基-L-古洛酸钠用离子交换法经过两次交换，去掉其中 Na^+ 而得。一次、二次交换中均采用 732 阳离子交换树脂。

1. 工艺过程

（1）一次交换　将发酵液冷却后用盐酸酸化，调至菌体蛋白等电点，使菌体蛋白沉淀。静置数小时后去掉菌体蛋白，将酸化上清液以 2～3m^3/h 的流速压入一次阳离子交换柱进行离子交换。当回流到 pH3.5 时，开始收集交换液，控制流出液的 pH 值，以防树脂饱和，发酵液交换完后，用纯水洗柱，至流出液中古洛酸含量低于 1mg/mL 以下为止。当流出液达到一定 pH 值时，则更换树脂进行交换，原树脂进行再生处理。

（2）加热过滤　将经过一次交换后的流出液和洗液合并，在加热罐内调 pH 至蛋白质等电点，然后加热至 70℃ 左右，加 0.3％ 左右的活性炭，升温至 90～95℃ 后再保温 10～15min，使菌体蛋白凝结。停止搅拌，快速冷却，高速离心过滤得清液。

（3）二次交换　将酸性上清液打入二次交换柱进行离子交换，至流出液的 pH 为 1.5 时，开始收集交换液，控制流出液 pH 为 1.5～1.7，交换完毕，洗柱至流出液古洛酸含量在 1mg/mL 以下为止。若 pH>1.7，需更换交换柱。

（4）减压浓缩结晶　先将二次交换液进行一级真空浓缩，温度 45℃，至浓缩液的相对密度达 1.2 左右，即可出料。接着，又在同样条件下进行二级浓缩，然后加入少量乙醇，冷却结晶，甩滤并用冰乙醇洗涤，得 2-酮基-L-古洛酸。

如果以后工序使用碱转化，则需将 2-酮基-L-古洛酸进行真空干燥，以除去部分水分。

2. 注意事项及"三废处理"

① 调好等电点是凝聚菌体蛋白的重要因素。

② 树脂再生的好坏直接影响 2-酮基-L-古洛酸的提取。标准为进出酸差小于 1％、无 Cl^-。

③ 浓缩时，温度控制在 45℃ 左右较好，以防止跑料和炭化。

④ 结晶母液可再浓缩和结晶甩滤，加以回收以提高收率；废盐酸回收后可再用于第一次交换。

四、粗品维生素 C 的制备

由 2-酮基-L-古洛酸（简称古洛酸）转化成维生素 C 的方法目前已从酸转化发展到碱转化、酶转化，使维生素 C（简称维 C）生产工艺日趋完善。

1. 酸转化

（1）反应原理　见莱氏法生产粗维 C 酸转化的反应原理。

（2）工艺过程　配料比为 2-酮基-L-古洛酸：38％盐酸：丙酮＝1：0.4（质量之比）：0.3（质量之比）。

先将丙酮及一半古洛酸加入转化罐搅拌，再加入盐酸和余下的古洛酸。待罐夹层满水后开蒸汽阀，缓慢升温至 30～38℃ 关汽，自然升温至 52～54℃，保温约 5h，反应到达高潮，结晶析出，罐内温度稍有上升，最高可达 59℃，严格控制温度不能超过 60℃。反应过程中为防止泡沫过多引起冒罐，可在投料时加入一定量的泡敌作消泡剂。剧烈反应期后，维持温度在 50～52℃，至总保温时间为 20h。开冷却水降温 1h，加入适量乙醇，冷却至 −2℃，放料。甩滤 0.5h 后用冰乙醇洗涤，甩干，再洗涤，甩干 3h 左右，干燥后得粗维 C。

（3）影响因素　盐酸浓度低，转化不完全；浓度过高，则分解生成许多杂质，使反应物色深，一般盐酸浓度为 38%。转化反应中需加入一定量丙酮，以溶解反应中生成的糠醛，避免其聚合，保持物料中有一定浓度的糠醛，从而防止抗坏血酸的进一步分解生成更多的糠醛。

2. 碱转化

（1）反应原理　先将古洛酸与甲醇进行酯化反应，再用碳酸氢钠将 2-酮基-L-古洛酸甲酯转化成钠盐，最后用硫酸酸化得粗维 C。反应过程如下：

$$\text{古洛酸} + CH_3OH \xrightarrow[\text{浓}H_2SO_4]{[\text{酯化}]} \text{2-酮基-L-古洛酸甲酯} \xrightarrow[66\sim68℃]{[\text{转化}] NaHCO_3,\ CH_3OH} \text{维生素C钠盐} \xrightarrow[\substack{pH2.2\sim2.4 \\ 40℃}]{[\text{酸化}] H_2SO_4} \text{粗维C}$$

（2）工艺过程

① 酯化　将甲醇、浓硫酸和干燥的古洛酸加入罐内，搅拌并加热，使温度为 66～68℃，反应 4h 左右即为酯化终点。然后冷却，加入碳酸氢钠，再升温至 66℃左右，回流 10h 后即为转化终点。再冷却至 0℃，离心分离，取出维生素 C 钠盐，母液回收。

② 酸化　将维 C 钠盐和一次母液干品、甲醇加入罐内，搅拌，用硫酸调至反应液 pH 为 2.2～2.4，并在 40℃左右保温 1.5h，然后冷却，离心分离，弃去硫酸钠。滤液加少量活性炭，冷却压滤，然后真空减压浓缩，蒸出甲醇，浓缩液冷却结晶，离心分离得粗维 C。回收母液成干品，继续投料套用。

（3）改进后的转化工艺　碳酸氢钠转化有许多不足之处。由于使用 NaHCO₃ 后，带入大量钠离子，直接影响了维生素 C 的质量。转化后母液中产生大量的硫酸钠，严重影响母液套用及成品质量，且生产劳动强度大。瑞士 1984 年推出的维生素 C 碱转化新工艺有效地防止了碳酸氢钠转化的不足。新工艺采用有机胺与 2-酮基-L-古洛酸甲酯成盐，通过有机溶剂提取、裂解、游离成维生素 C。

① 反应原理

$$\text{古洛酸} + CH_3OH \xrightarrow[H_2SO_4]{[\text{酯化}]} \text{2-酮基-L-古洛酸甲酯} \xrightarrow{\text{胺}} \text{(成盐物, XO-)} \xrightarrow{\text{有机溶剂}} \text{维生素C}$$

式中，X 为 15～30 碳直链叔胺，16～25 碳支链仲胺，12～24 碳支链伯胺。

② 工艺过程　首先将 2-酮基-L-古洛酸甲酯加入甲醇中，搅拌，升温，回流溶解。在惰性气体中滴加胺，回流、搅拌、浓缩，用蒸馏水溶解油状物。有机溶剂提取、分离，有机层用硫酸钠干燥后，回收套用；水层经浓缩、结晶得维生素 C 晶体。

③ 碱转化新工艺的主要特点　克服了目前碱转化的缺点，提高了产品的质量，转化收

率有所提高，有机溶剂回收套用率高，反应温度要求不高，大量使用液体投料，对自动控制千吨维生素 C 的生产创造了有利条件。其不足之处是 2-酮基-L-古洛酸甲酯与胺反应需在惰性气体保护下进行，如氮气、氩气等。

在本工艺中，维生素 C 胺盐的游离有独特之处。按常规需加入酸或碱中和才能使胺游离，而本工艺采用了有机溶剂的液-液提取方法。当然，也可用温浸的办法，即加热有机溶剂，以达到游离的目的。

除此之外，日本于 20 世纪 80 年代推出了酸转化新工艺。日本盐野义制药株式会社对发酵后的酸转化做了改进。主要工艺是将 2-酮基-L-古洛酸钠盐加入到乙醇与丙酮的混合液中，在室温下搅拌，并向混合液中通入氯气，于 60℃ 左右反应，析出氯化钠固体，滤去，并用丙酮和乙醇混合液洗净，合并滤液，加入惰性溶剂，经保温、搅拌、冷却、析晶，得维生素 C 精品。本工艺的主要特点是析晶纯度较高，反应温度低，工艺时间缩短，减少了维生素 C 精制过程中的水溶解，因而避免了导致维生素 C 不稳定的因素，提高了产品质量，收率也较高，溶剂经分馏后可重新使用。新的酸转化工艺采用的惰性溶剂有氯甲烷、氯乙烷、甲苯、氯仿等。

五、粗维 C 的精制

1. 工艺过程

配料比为粗维 C：蒸馏水：活性炭：晶种 = 1：1.1：0.58：0.00023（质量比）。将粗维 C 真空干燥，加蒸馏水搅拌溶解后，加入活性炭，搅拌 5～10min，压滤。滤液至结晶罐，向罐中加 50L 左右的乙醇，搅拌后降温，加晶种使其结晶。将晶体离心甩滤，用冰乙醇洗涤，再甩滤，至干燥器中干燥，即得精制维生素 C。

2. 注意事项

① 结晶时，结晶罐中最高温度不得高于 45℃，最低不得低于 −4℃，不能在高温下加晶种。

② 回转干燥要严格控制循环水温和时间，夏天循环水温高，可用冷凝器降温。

③ 压滤时遇停电，应立即关空压阀保压。

④ 生产中维生素 C 收率的计算

$$理论值(\%) = \frac{D-山梨醇投料量}{理论维 C 生成量} \times \frac{D-山梨醇相对分子质量}{维 C 相对分子质量} \times 100$$

$$实际值(\%) = 发酵收率(\%) \times 提取收率(\%) \times 转化收率(\%) \times 精制收率(\%)$$

$$维 C 转化生成率(\%) = \frac{维 C 收得量}{2\text{-}KGA 投料用量} \times \frac{2\text{-}KGA 相对分子质量}{维 C 相对分子质量} \times 100$$

案例三　干扰素

干扰素（IFN）是一种广谱抗病毒剂，并不直接杀伤或抑制病毒，而主要是通过细胞表面受体作用使细胞产生抗病毒蛋白，从而抑制乙肝病毒的复制；同时还可增强自然杀伤细胞（NK 细胞）、巨噬细胞和 T 淋巴细胞的活力，从而起到免疫调节作用，并增强抗病毒能力。干扰素是一组具有多种功能的活性蛋白质（主要是糖蛋白），是一种由单核细胞和淋巴细胞产生的细胞因子。它们在同种细胞上具有广谱的抗病毒、影响细胞生长，以及分化、调节免疫功能等多种生物活性。

人们最初想到的是，通过血液制取干扰素。可惜干扰素在血液中的含量太少，用大量的血液才能制得微量的干扰素，这种生产方式产量非常低，自然价格也就十分昂贵。治疗一个病人的费用高达几万美元，因此，干扰素无法得到普及和推广。既然蛋白质是干扰素的本质，那么把制造成这种蛋白质的遗传基因找出来，转入大肠杆菌体内，让它们代劳进行大量生产，也许可行。经过科学家的试验，干扰素的批量生产便成为可能。1980年，终于实现了干扰素的批量生产，这是美国科学家的研究成果，他们利用DNA重组技术构建了生产干扰素的基因工程。

如今，运用基因工程技术的国家有：美国、日本、法国、比利时、德国、英国以及中国等。通过DNA重组、大肠杆菌发酵等方法，大量获取各种干扰素。经过试验证明，这样制得的干扰素对乙型肝炎、狂犬病、呼吸道发炎、脑炎等多种传染病的病毒都有一定疗效。干扰素能减缓癌细胞的生长，是很有希望的防癌治癌药物，具有非常诱人的前景。

一、干扰素的发酵工艺过程

1. 菌种制备

取一70℃下保存的甘油管菌种（工作种子批），于室温下融化。将已融化的菌种接入摇瓶，培养温度30℃，pH值7.0，250r/min活化培养（18±2）h后，进行吸光值测定和发酵液杂菌检查。

2. 种子罐培养

将已活化的菌种接入装有30L培养基的种子罐中，接种量为10%，培养温度30℃，pH值7.0，级联调节通气量和搅拌转速，控制溶解氧为30%，培养3～4h，当OD值达到4.0以上时，转入到发酵罐中，进行二级放大培养，同时取样进行显微镜检查和LB培养基划线检查，控制杂菌。

3. 发酵罐培养

将种子液通入300L培养基的发酵罐中，接种量10%，培养温度30℃，pH值7.0。级联调节通气量和搅拌转速。控制溶解氧为30%，培养4h。然后控制培养温度20℃，pH值6.0，溶解氧为60%，继续培养5～6.5h。同时进行发酵液杂菌检查。当OD值达9.0±1.0后，用5℃冷却水快速降温至15℃以下，以减缓细胞衰老。或者将发酵液转入收集罐中，加入冰块使温度迅速降至10℃以下。

4. 菌体收集

将已降温至20℃以下的发酵液转入连续流离心机，1600r/min离心收集。进行干扰素含量、菌体蛋白含量、菌体干燥失重、质粒结构一致性、质粒稳定性等项目的检测。菌体于一20℃冰柜中保存时不得超过12个月。每保存3个月，检查一次活性。整个发酵工艺过程如下所示。

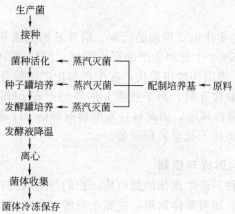

二、干扰素发酵过程控制

1. 发酵中菌体生长与干扰素合成的关系

在假单胞杆菌的发酵生产中，菌体在培养 1.5h 时分裂速度最快，到 3.5h 开始下降。而干扰素的迅速合成出现在 3.5h 之后，在 4h 达到最大，然后由于降解而迅速下降。可见在发酵生产工艺中，假单胞杆菌的生长和干扰素的生产基本处于不相关状态。

2. 培养基组成

一般地，种子培养基的营养成分宜丰富些，尤其是氮源的含量应较高（即 C/N 低）。相反，对于发酵培养基，氮源含量应比种子培养基稍低（即 C/N 高）。假单胞杆菌在以水解酪蛋白、酵母粉等营养丰富的合成培养基中发酵时，由于培养基提供生长所必需的碳源、氮源和磷源，因此生长比在基本培养基上要快。基因工程假单胞杆菌在合成培养基上显示较高的质粒稳定性，这主要是因为在基本培养基上，基因工程菌和宿主菌的比生长速率存在差异。假单胞杆菌发酵需要有合适的生长 pH 值范围，而其生长繁殖过程中产生的代谢产物会引起培养基 pH 值改变。因此，要考虑到培养基的 pH 值调节能力，可用 K_2HPO_4/KH_2PO_4 缓冲液。

3. 溶解氧

基因工程菌发酵要求培养液中有足够的溶解氧，为了提高发酵罐的供氧能力，往往需要增大搅拌转速，增加空气流量，或通入纯氧。氧气不足时，一般表现为乙酸、乙醇等发酵副产物的积累，同时造成菌体生长、生产速率下降。Rin 等发现 15% 的溶解氧就可满足基因工程假单胞杆菌的生长需求，但 70% 以上的溶解氧水平才能保证菌体中干扰素 α2b 的大量合成，其产量是 15% 溶解氧的 6 倍，而菌体生长速率未发生明显变化，质粒稳定性也有很大的提高。因此，可采用两段培养的策略，分别在生长阶段和生产阶段采用各自最佳溶解氧浓度，以提高干扰素的发酵水平。

4. 温度

假单胞杆菌的生长最适温度与产物形成的最适温度是不同的。稳定而适中的温度既能保证菌体细胞膜的完整和细胞中酶的催化活性，又有利于提高干扰素的产量。对于采用温度控制基因表达或质粒复制的基因工程菌，发酵过程一般分为生长和表达两个阶段。基因工程假单胞杆菌发酵温度控制在 20℃ 可以有效防止干扰素 α2b 的降解，而其最佳生长温度则为 30℃，质粒的稳定性随温度的升高而迅速下降，因此在培养后期降温可以减少目标产物的降解。

5. pH 值

发酵过程中，pH 值的变化由工程菌的代谢、培养基的组成和发酵条件所决定。有研究表明，pH 值对大肠杆菌 K802 生长和生产的影响不同。pH6.8 时菌体生长最佳，而干扰素的最佳表达 pH 值为 6.0，采用两段培养法，在生长和生产阶段分别控制在各自最佳 pH 值，对提高干扰素的发酵水平非常有利。而干扰素 α 的等电点在 pH6.0 附近，在低酸性条件下稳定，能耐受 pH2~5 的酸性环境，因此可在发酵后期降低 pH 值，从而造成大量蛋白酶失活，减少干扰素的水解，提高干扰素的积累量。

6. 发酵过程中泡沫的形成与控制

发酵培养液内含有各种易产生泡沫的蛋白质，它们与通气搅拌所产生的小气泡混合，使发酵产生一定数量的泡沫。随着菌体繁殖，使整个发酵过程形成过多和稳定持久的泡沫。气泡内的空气有隔热作用，造成培养及灭菌不彻底。泡沫多时会从排气口甚至从轴封中溢出，容易造成染菌。一般应通过机械搅拌和加入少量表面活性剂来消除泡沫。

三、干扰素的分离纯化

干扰素的分离与纯化分为两个阶段，即初级分离阶段和纯化精制阶段。初级分离阶段在假单胞杆菌发酵之后。其任务是分离细胞和培养液、破碎细胞和释放干扰素（干扰素存在于细胞内），浓缩产物和除去大部分杂质。干扰素的纯化精制阶段是在初级分离基础之上，用各种高选择性手段（主要是各种色谱技术）将干扰素和各种杂质尽可能分开，使干扰素的纯度达到要求，最后制成成品。

整个分离纯化过程所要注意的主要问题是怎样保持干扰素的活性。蛋白质失活的机理概括起来有两点：第一，一级结构被破坏，导致三维结构的变化，造成失活。主要机理有肽键的酸水解（在 Asp 的羟基侧链上最迅速）；Cys、Trp、Met 的氧化，二硫键被还原，巯基与金属离子作用形成硫醇盐，Asn 和 Gln 脱酰胺作用，氨基酸的消旋作用，Pro 的异构化。第二，如果一级结构未被破坏，三级和四级结构的变化也可能导致失活。主要机理有聚集（有时伴随分子和分子间二硫键的形成），酶失去辅酶，寡聚蛋白质解离成单体，吸附于容器表面，不正确的折叠形式或形成错配的二硫键。蛋白质活性损失的原因有很多，一般有以下因素：温度、流体状态、摩擦、剪切力、吸附、截流率、pH 和介质条件、溶液中气体、微生物、活性抑制剂等。

1. 干扰素分离工艺过程

（1）菌体裂解　用纯化水配制裂解缓冲液，置于冷室内，降温至 2～10℃。将 −20℃ 冷冻的菌体破碎成 2cm 以下的碎块，加入到裂解缓冲液（pH7.0）中，2～10℃ 下搅拌 2h，利用冰冻复融分散，将细胞完全破裂，释放干扰素蛋白。

（2）沉淀　向裂解液中加入聚乙烯亚胺。2～10℃ 下气动搅拌 45min，对菌体碎片进行絮凝。然后向裂解液中加入醋酸钙溶液，2～10℃ 下气动搅拌 15min。对菌体碎片、DNA 等进行沉淀。

（3）离心　在 2～10℃，将悬浮液在连续流离心机上于 16000r/min 离心。收集含有目标蛋白质的上清液，细胞壁等杂质沉淀在 121℃ 蒸汽灭菌 30min 后焚烧处理。

（4）盐析　将收集的上清液用 4mol/L 硫酸铵进行盐析，2～10℃ 搅匀静置过夜。

（5）离心与储存　将盐析液在连续流离心机上于 16000r/min 离心，沉淀即为粗干扰素，放入聚乙烯瓶中，于 4℃ 冰箱保存（不得超过 3 个月）。

2. 干扰素分离工艺过程控制

（1）使用保护剂　因为干扰素中的巯基极易被氧化形成二硫键，所以必须使用巯基试剂如硫二乙醇（$C_4H_{10}O_2S$）加以保护。金属离子是酶的激活剂和辅助因子，加入金属螯合剂 EDTA（$C_{10}H_{16}N_2O_8$，乙二胺四乙酸）可除去金属离子，从而抑制酶的活性。PMSF（苯甲基磺酰氟）是丝氨酸蛋白酶和巯基蛋白酶的抑制剂，加入 PMSF 保护目标产物以免被水解。

（2）使用絮凝剂　加入聚乙烯亚胺产生絮凝作用。影响絮凝的因素有絮凝剂的种类和用量、溶液 pH、搅拌速度和时间等。絮凝剂用量是重要的因素，在较低浓度下，增加用量有利于架桥作用，提高絮凝效果。但絮凝剂用量过多会吸附饱和，在胶粒表面形成覆盖层而失去与其他胶粒架桥的作用，造成胶粒再次稳定的现象，降低絮凝效果。过量的絮凝剂会将核酸包围起来，无法实现大范围搭桥作用的沉淀，同时也会包裹一些目标产物，造成损失。高剪切力会打碎絮团，因此适当的搅拌时间和速度可以提高絮凝效果。加入絮凝剂时，注意不要使溶液局部絮凝剂的浓度过高，浓度过高会削弱沉淀的作用。

（3）使用凝聚剂 加入乙酸钙产生凝聚作用。菌体及其碎片大多带负电，由于静电引力作用将溶液中的带正电的粒子吸附在周围，形成双电层结构，水化作用是胶体稳定存在的一个重要原因。加入乙酸钙的作用是破坏双电层和水化层，使粒子间的静电排斥力不足以抵抗范德华力而聚集起来。

案例四 氢化可的松

氢化可的松（hydrocortisone）又称为皮质醇，化学名称为 $11\beta,17\alpha,21$-三羟基孕甾-4-烯-1,20-二酮。其结构式为

氢化可的松为白色或几乎白色的结晶性粉末，无臭，初无味，随后有持续的苦味，遇光逐渐变质，略溶于乙醇或丙酮，微溶于氯仿，在乙醚中几乎不溶，不溶于水。熔点为212～222℃，比旋光度为$+162°$～$+169°$（1％乙醇）。

氢化可的松为皮质激素类药物，具有影响糖代谢、抗炎、抗病毒、抗休克及抗过敏等作用。主要用于肾上腺皮质功能不足和自体免疫性疾病。应用于某些感染的综合治疗。消化性溃疡病、骨质疏松症、精神病、重症高血压患者忌用，充血性心力衰竭、糖尿病、急性感染病慎用。由于氢化可的松疗效确切，为重要的甾体激素类药物之一，国内生产的激素类药物中产量最大。

一、反应原理

这一步反应是利用犁头霉菌，引入 11β-羟基。在产物中，除了氢化可的松（简称 β 体）（b）外，还产生 11α-羟基化合物即表氢可的松（又称为 α 体）（c）、少量的其他位置的羟基化合物和未转化的化合物 S（a）。所以在产品的分离纯化时，以上各种物质必须分离出去。

二、工艺过程

将犁头霉菌接种到马铃薯斜面培养基，28℃培养 7～9d，成熟孢子用无菌生理盐水制成孢子悬液。种子培养基用葡萄糖、玉米浆、硫酸铵等配制，pH 为 5.8～6.3，接入孢子悬液后，在通气搅拌下 28℃培养 28～32h。待培养液菌浓度达到 35％以上，无杂菌污染，即可转入发酵罐。

将玉米浆、酵母膏、硫酸铵、葡萄糖及水投入发酵罐中搅拌，用氢氧化钠溶液调整物料 pH 值到 5.7～6.3，加入 0.03％豆油，灭菌温度 120℃，通入无菌空气，降温全 27～28℃，接入犁头霉孢子悬浮液，维持罐压 0.6kgf/cm² （1kgf/cm²=98.0665kPa），控制排气量，通气搅拌发酵 28～32h。用氢氧化钠溶液调 pH 值到 5.5～6.0，投入发酵液体积 0.15％的莱氏化合物 S，氧化 48h 后，取样作比色试验检查反应终点。到达终点后滤除菌丝，滤液用树脂吸附，然后用乙醇洗脱，洗脱液经减压浓缩至适量，冷却到 0～10℃，过滤、干燥得到粗品，熔点 195℃，收率 46％左右。母液浓缩后，析出结晶主要是表氢化可的松（α 体）。以上所得粗品中主要为 β 体，并混有部分 α 体，必须要分离精制，可以将粗品加入 16～18 倍含 8％甲醇的二氯乙烷溶液中，加热回流使全溶，趁热过滤，滤液冷却至 0～5℃，冷冻、结晶、过滤、干燥得氢化可的松，熔点 202℃以上。经纸色谱分离 α 体∶β 体=1∶8 左右，进行下一步精制。精制时可用 16 倍左右的甲醇或乙醇重结晶，即可以得到精制的氢化可的松，熔点 212℃以上。氢化可的松的生产流程见下图。

生物转化反应随着菌种、菌株、培养基成分、发酵工艺、投料浓度、接种量等不同，转化率和收率也不相同。国外在氢化可的松的生产中，用新月弯孢霉在玉米浆培养基中将化合物 S 直接转化成氢化可的松，11β-OH 转化率可以达到 65％～75％，大大高于用犁头霉菌的转化率 50％。

总之，甾体激素药物的生产方法目前大多数是采用化学合成与生物转化法，也有直接用微生物发酵法生产的。细菌、酵母、霉菌和放线菌都可以使甾类化合物的一定部位发生有价值的转化，因此，微生物转化已成为甾类激素药物生产的重要组成部分。

参 考 文 献

[1] 熊宗贵主编. 发酵工艺原理 [M]. 北京：中国医药科技出版社，2000.
[2] 李艳主编. 发酵工程原理与技术 [M]. 北京：高等教育出版社，2007.
[3] 俞俊棠，唐孝宣主编. 生物工艺学 [M]. 上海：华东理工大学出版社，1997.
[4] 周德庆主编. 微生物学教程 [M]. 北京：高等教育出版社，2002.
[5] 施巧琴，吴松刚主编. 工业微生物育种学 [M]. 北京：科学出版社，2003.
[6] 诸葛健，沈微主编. 工业微生物育种学 [M]. 北京：化学工业出版社，2006.
[7] 肖冬光主编. 微生物工程原理 [M]. 北京：中国轻工业出版社，2004.
[8] 郑善良，胡宝龙，盛宗斗编著. 微生物学基础 [M]. 北京：化学工业出版社，1994.
[9] 杜连祥编著. 工业微生物学实验技术 [M]. 天津：天津科学技术出版社，1992.
[10] 张克旭，陈宁，张蓓等编著. 代谢控制发酵 [M]. 北京：中国轻工业出版社，1998.
[11] 白秀峰主编. 发酵工艺学 [M]. 北京：中国医药科技出版社，2003.
[12] 高孔荣主编. 发酵设备 [M]. 北京：中国轻工业出版社，1996.
[13] 陈洪章编著. 生物过程工程与设备 [M]. 北京：化学工业出版社，2004.
[14] 俞俊棠主编. 新编生物工艺学 [M]. 北京：化学工业出版社，2003.
[15] 曹军卫，马辉文编著. 微生物工程 [M]. 北京：科学出版社，2002.
[16] 梁世中主编. 生物工程设备 [M]. 北京：中国轻工业出版社，2002.
[17] 戚以政，夏杰编著. 生物反应工程 [M]. 北京：化学工业出版社，2004.
[18] 张元兴，许学书编著. 生物反应器工程 [M]. 上海：华东理工大学出版社，2001.
[19] 王凯军，秦人伟编著. 发酵工业废水处理 [M]. 北京：化学工业出版社，2001.
[20] 陶兴无主编. 生物工程概论 [M]. 北京：化学工业出版社，2005.
[21] 奚旦立主编. 清洁生产与循环经济 [M]. 北京：化学工业出版社，2005.
[22] 李继珩主编. 生物工程 [M]. 北京：中国医药科技出版社，1998.
[23] 姚汝华主编. 微生物工程工艺原理 [M]. 广州：华南理工大学出版社，1996.
[24] 李浚明编译. 植物细胞培养教程 [M]. 北京：中国农业大学出版社，2002.
[25] 贾士儒编著. 生物反应工程原理 [M]. 北京：科学出版社，2003.
[26] 邬行彦，熊宗贵，胡章助主编. 抗生素生产工艺学 [M]. 北京：化学工业出版社，1994.
[27] 陈声明，张立钦主编. 微生物学研究技术 [M]. 北京：科学出版社，2006.
[28] 张学仁主编. 微生物学 [M]. 天津：天津科技出版社，1992.
[29] 曲音波主编. 微生物技术开发原理 [M]. 北京：化学工业出版社，2005.
[30] 贺小贤主编. 现代生物工程技术导论 [M]. 北京：科学出版社，2005.
[31] 贾士儒主编. 生物工程专业实验 [M]. 北京：中国轻工业出版社，2004.
[32] 杨汝德主编. 现代工业微生物学教程 [M]. 北京：高等教育出版社，2006.
[33] 俞文和主编. 新编抗生素工艺学 [M]. 北京：中国建材出版社，1996.
[34] 贺小贤主编. 生物工艺学原理 [M]. 北京：化学工业出版社，2008.
[35] 尤新主编. 淀粉糖品生产与应用手册 [M]. 第 2 版. 北京：中国轻工出版社，2010.
[36] 邱立友主编. 发酵工程与设备 [M]. 北京：中国农业出版社，2007.
[37] 诸葛健，李华钟，王正祥编. 微生物遗传育种学 [M]. 北京：化学工业出版社，2009.